高等职业教育 土建类专业项目式教材

GAODENG ZHIYE JIAOYU TUJIANLEI ZHUANYE XIANGMUSHI JIAOCAI

U0190615

装饰装修工程施工

ZHUANGSHI ZHUANGXIU
GONGCHENG SHIGONG

主　编　邵元纯　邱海燕　董　伟
副主编　陈世宁　方章亮　胡　凯
参　编　丁志胜　王　燕　徐燕丽　王中发
主　审　钟汉华

重庆大学出版社

内容提要

本书作为高职高专建筑施工技术专业及相关专业的专业课教材,主要介绍抹灰工程施工、轻质隔墙工程施工、饰面砖(板)工程施工、门窗工程施工、吊顶工程施工、楼地面工程施工及幕墙工程施工等学习情境和任务的准备、要求、工艺流程、操作要点和质量要求。

本书既可作大专院校建筑类相关专业的教材,也可作为建筑装饰施工技术的培训教材,另外也可供建筑装饰技术人员工作中查阅参考使用。

图书在版编目(CIP)数据

装饰装修工程施工/邵元纯,邱海燕,董伟主编.—重庆:重庆
大学出版社,2016.6
高等职业教育土建类专业项目式教材
ISBN 978-7-5624-9757-8

Ⅰ.①装… Ⅱ.①邵…②邱…③董… Ⅲ.①建筑装饰—工程施工—
高等职业教育—教材 Ⅳ.①TU767

中国版本图书馆 CIP 数据核字(2016)第 092042 号

高等职业教育土建类专业项目式教材
装饰装修工程施工
主 编 邵元纯 邱海燕 董 伟
副主编 陈世宁 方章亮 胡 凯
主 审 钟汉华
策划编辑:范春青 林青山
责任编辑:王 婷 钟祖才 版式设计:王 婷
责任校对:贾 梅 责任印制:赵 晟

*

重庆大学出版社出版发行
出版人:易树平
社址:重庆市沙坪坝区大学城西路 21 号
邮编:401331
电话:(023) 88617190 88617185(中小学)
传真:(023) 88617186 88617166
网址:http://www.cqup.com.cn
邮箱:fxk@ cqup.com.cn(营销中心)
全国新华书店经销
重庆华林天美印务有限公司印刷

*

开本:787mm×1092mm 1/16 印张:16.25 字数:356千
2016 年 6 月第 1 版 2016 年 6 月第 1 次印刷
印数:1—3 000
ISBN 978-7-5624-9757-8 定价:32.00 元

编审委员会

前　言

　　我国建筑装饰行业是在改革开放的过程中,根据经济发展和社会化分工的需要从建筑业中分离出来的新兴行业。经过30多年的快速发展,建筑装饰行业已经成长为一个市场需求旺盛、就业人数众多、产业关联度较高、对国民经济贡献较大、发展前景广阔的新兴行业。装饰装修施工技术水平的高低,直接关系装饰工程项目施工的进度和质量及广大用户的生命与财产安全,因此,装饰装修施工方面的理论知识与实践技能的学习很有必要。在此大环境下,我们编写了此书。

　　全书基于工作过程和学习情境任务来编写,在编写过程中,严格执行装饰施工工艺的基本标准,使学生在领会装饰构造图纸的基础上掌握装饰施工操作要点及质量要求。

　　本书内容系统全面,注重基础理论知识与基本实践操作技能两方面的融会贯通,突出技能实用性,贴近岗位实际,同时反映当前最新的材料和规范要求。

　　本书由湖北水利水电职业技术学院邵元纯、董伟,以及湖北轻工职业技术学院邱海燕担任主编;武汉船舶职业技术学院陈世宁、黄河水利委员会河南水文水资源局方章亮、长江工程职业技术学院胡凯担任副主编;湖北水利水电职业技术学院丁志胜、王燕、徐燕丽、王中发老师参编。其中,学习情境1、7由邵元纯、董伟、徐燕丽编写,学习情境2、3由方章亮、丁志胜编写,学习情境6由邱海燕编写,学习情境4由胡凯、王燕编写,学习情境5、8由陈世宁编写。全书由邵元纯、王中发统稿。湖北水利水电职业技术学院钟汉华教授对此书进行了审定。

　　由于编者水平有限,书中难免有错误和不足之处,恳请读者、同行批评指正。

编　者

2016 年 1 月

目　录

学习情境 1　准备知识 ································ 1
　任务单元 1.1　装饰装修工程施工流程 ···················· 2
　任务单元 1.2　装饰装修工程施工图识读 ·················· 5
　任务单元 1.3　装饰装修工程施工常用规范、标准、规程 ······· 13
　任务单元 1.4　装饰装修工程施工常用材料和工器具 ········· 14

学习情境 2　抹灰工程施工 ························· 26
　任务单元 2.1　一般抹灰工程 ·························· 26
　任务单元 2.2　室外水泥砂浆抹灰工程施工 ··············· 33
　任务单元 2.3　水刷石抹灰工程施工 ···················· 40
　任务单元 2.4　外墙斩假石抹灰工程施工 ················· 45
　任务单元 2.5　干粘石抹灰工程施工 ···················· 50
　任务单元 2.6　假面砖工程施工 ······················· 56

学习情境 3　轻质隔墙工程施工 ····················· 62
　任务单元 3.1　木龙骨板材隔墙施工 ···················· 62
　任务单元 3.2　玻璃隔断墙施工 ······················· 68
　任务单元 3.3　轻钢龙骨隔断墙施工 ···················· 73
　任务单元 3.4　金属、玻璃、复合板隔断墙施工 ············· 81

学习情境 4　饰面砖(板)工程施工 ··················· 91
　任务单元 4.1　室外贴面砖施工 ······················· 91
　任务单元 4.2　室内贴面砖施工 ······················· 99
　任务单元 4.3　墙面贴陶瓷锦砖施工 ··················· 104

任务单元 4.4　大理石、磨光花岗岩饰面施工 ·· 110

任务单元 4.5　墙面干挂石材施工 ··· 118

学习情境 5　门窗工程施工 ·· 127

任务单元 5.1　木门窗制作与安装施工 ·· 128

任务单元 5.2　钢门窗安装施工 ··· 136

任务单元 5.3　铝合金门窗安装施工 ·· 139

任务单元 5.4　塑料门窗安装施工 ··· 144

任务单元 5.5　全玻门安装施工 ··· 148

任务单元 5.6　卷帘门安装施工 ··· 151

任务单元 5.7　自动门安装施工 ··· 154

任务单元 5.8　防火门安装施工 ··· 158

任务单元 5.9　门窗玻璃安装施工 ··· 161

学习情境 6　吊顶工程施工 ·· 169

任务单元 6.1　木龙骨吊顶施工 ··· 170

任务单元 6.2　轻钢龙骨吊顶施工 ··· 176

任务单元 6.3　金属装饰板吊顶施工 ·· 181

任务单元 6.4　铝格栅吊顶施工 ··· 184

学习情境 7　楼地面工程施工 ··· 190

任务单元 7.1　概述 ··· 190

任务单元 7.2　水泥砂浆面层施工 ··· 192

任务单元 7.3　水磨石面层施工 ··· 195

任务单元 7.4　大理石面层和花岗岩面层施工 ·· 199

任务单元 7.5　木楼地面施工 ·· 203

任务单元 7.6　软质制品楼地面施工 ·· 208

任务单元 7.7　楼地面特殊部位的装饰构造 ··· 214

学习情境 8　幕墙工程施工 ·· 219

任务单元 8.1　玻璃幕墙工程施工 ··· 219

任务单元 8.2　金属幕墙工程施工 ··· 233

任务单元 8.3　石材幕墙工程施工 ··· 241

参考文献 ··· 249

学习情境 1

准备知识

- **教学目标**

(1)了解建筑装饰装修工程施工流程。

(2)通过对装饰装修施工图的深刻理解,掌握建筑装饰装修工程图纸的识读方法。

(3)熟悉现行装饰装修工程相关的规范图集。

(4)了解常见装饰装修材料和机具。

- **教学要求**

能力目标	知识要点	权重
装饰装修图纸识读的能力	装饰装修识图	30%
装饰装修相关标准的应用能力	装饰装修相关标准	40%
常用装饰装修材料和机具的应用能力	装饰装修材料和机具	30%

　　建筑装饰装修是指为保护建筑物的主体结构、完善建筑物的使用功能和美化建筑物,而采用装饰装修材料或饰物,对建筑物的内外表面及空间进行的各种处理的过程。关于建筑装饰装修,目前还有几种习惯性说法,如建筑装饰、建筑装修、建筑装潢等。在讲解装饰装修工程施工之前,我们首先熟悉下相关的准备知识,包括装饰装修工程施工顺序,装饰装修工程施工图识读方法,装饰装修工程施工常用规范、标准、规程,装饰装修工程施工常用材料和工器具等。

任务单元 1.1　装饰装修工程施工流程

在进行某一装饰装修项目施工之前,首先要搞清楚其施工流程,再来进行分部分项工程的装饰装修具体施工,装饰装修施工流程大概分为 8 个阶段,装修顺序见图 1.1。

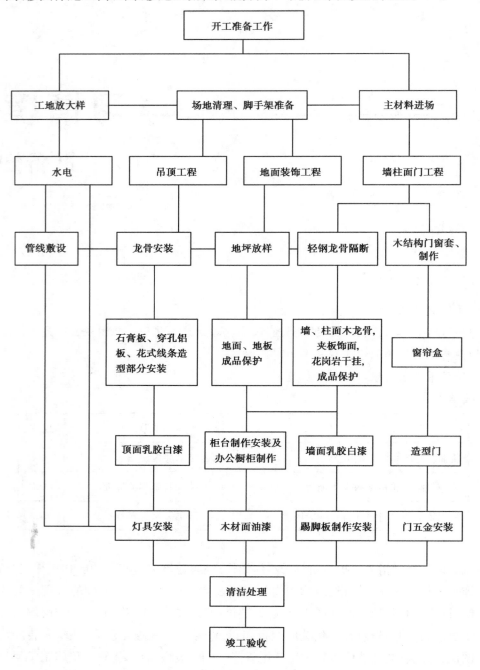

图 1.1　建筑装饰装修施工顺序图

1）方案设计阶段

该阶段的具体成果主要体现为完整图纸,包括平面布置图和效果图。

2）施工阶段

（1）签订施工合同

施工合同中应明确约定以下内容:

①标的金额。一般用大小写标注,注明由谁负责收取。

②付款方式。一般分 4 次,必须明确付款时间、付款条件,核实总价是否正确。

③施工对象。一般应详细写明房屋所在地。

④结算方式。一般有两种:一是"单价包干,工程量按实结算",即单价是固定的,工程量在施工完毕后测量确定;二是"一口价",即预算价格就是最终装修费用。

⑤合同联系人员。合同中必须明确合同履行人(一般是施工项目总负责人),这对明确责任意义重大。

⑥质量验收标准。一般是北京市最新的质量验收标准,以及一些强制性标准。

⑦进度标准。一般 3/2 型房在 60 天左右,一般中小型别墅在 80 天以上。

⑧违约责任。违约责任应是双方的,尤其应明确施工方对质量缺陷、进度拖延的赔偿责任,以及人员伤亡、房屋结构损害的责任。

⑨空气环保质量。

⑩保修条款。

（2）进场

①与施工负责人、房产物业人员约好办手续时间。

②明确装修业主须知,请业主与物业签订有关责任合同。

③物业单位与施工队签订施工责任合同。

④业主付清垃圾清运费(根据预算洽谈的情况来办)。

⑤由业主或装修公司自己为装修队伍办理《小区出入证》、施工人员押金。

⑥明确装修期限,适当加 3~7 天以避免延期。

3）水电阶段

①水电阶段人员安排。

②水电阶段之前的工作:空调工人完成管道铺设;其他设备如地暖、中央吸尘系统、智能布线系统、净水系统等,安排进场。

③工作程序

画水平线、管路走向线(各工种)→敲墙、砌墙(小工或泥工)→验收(专业人员+业主,严格符合规范要求,且合格率应 100% 才能通过)→测量水电项目的工程量(预算人员+业主,完成工程量确认和增减项目确认)。

4）毛坯施工（木工）阶段

该阶段主要工作内容包括:

①制作吊顶基层。

②制作造型木作基层。

③制作门、窗套基层。

④制作木制柜体。

⑤覆盖表面木作工程。

⑥覆盖石膏板吊顶。

⑦贴门套线(泥工完成之后)。

⑧安装门(泥工完成之后)。

⑨厨房、卫生间吊顶(泥工完成之后)。

5) 毛坯施工(泥工)阶段

该阶段主要工作内容包括：

①铺贴卫生间墙砖(门套安装前)。

②铺贴阳台地面砖。

③铺贴厨房墙砖(门套安装前、橱柜安装前)。

④浴缸基础砌筑。

⑤卫生间、厨房地面防水层。

⑥卫生间地面。

⑦厨房地面。

6) 油漆施工阶段

该阶段主要工作内容包括：

①木作面腻子。

②木作面封底。

③木作面面漆。

④墙壁表面打磨处理。

⑤墙壁表面腻子。

⑥墙壁表面底漆。

⑦墙壁表面面漆。

⑧墙纸粘贴。

7) 安装阶段

该阶段主要工作内容包括：

①安装灯具。

②安装插座、开关。

③安装洁具。

④安装龙头。

⑤玻璃制品安装。

⑥电器安装(厨卫电器)。

⑦安装晾衣架。

⑧全面清洁。

8）竣工验收

该阶段主要工作内容包括：
①检查灯具、插座、电话、电视、计算机、音响线。
②检查水管、龙头、洁具,工程量确认。
③检查地面砖、墙砖,工程量确认。
④检查吊顶石膏板、金属扣板,工程量确认。
⑤检查木造型、门窗、橱柜、门等部位油漆,工程量确认。
⑥检查墙面涂料、壁纸,工程量确认。

任务单元 1.2 装饰装修工程施工图识读

建筑室内设计是建筑设计的有机组成部分,是建筑设计的继续和深化,它与建筑设计的概念在本质上是一样的。室内设计是在了解建筑设计意图的基础上,运用室内设计手段,对其加以丰富和发展,创造出理想的室内空间环境。

装修施工图是建筑室内设计的成果,一般包括图纸目录、装修施工说明、平面布置图、楼地面装修平面图、顶棚平面图、墙(柱)装修立面图以及必要的细部装修节点详图等内容。本节主要介绍平面布置图、楼地面装修平面图、顶棚平面图、墙(柱)装修立面图及节点详图等。

1）平面图

平面布置图是根据室内设计原理中的使用功能、精神功能、人体工程学以及使用者的要求等,对室内空间进行布置的图样。由于空间的划分、功能的分区是否合理会直接影响到使用的效果和精神的感受,因此,在室内设计中首先要绘制室内平面的布置图。以住宅为例,平面布置图需要表达的内容有:建筑主体结构,如墙、柱、门窗、台阶等;各功能空间(如客厅、餐厅、卧室等)的家具,如沙发、餐桌、餐椅、酒柜、衣柜、梳妆台、床、书柜、茶几、电视柜等的形状、位置;厨房、卫生间的橱柜、操作台、洗手台、浴缸、坐便器等的形状、位置;各种家电的形状、位置,以及各种隔断、绿化、装饰构件等的布置;标注建筑主体结构的开间和进深等尺寸、主要的装修尺寸、必要的装修要求等。

【例1】内视符号的识读。

为了表示室内立面在平面图上的位置,应在平面布置图上用内视符号注明视点位置、方向及立面编号,如图1.2所示。

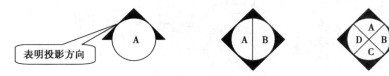

图 1.2 内视符号

符号中的圆圈应用细实线绘制,根据图面比例,圆圈直径可选择8~12 mm。立面编号宜用拉丁字母或阿拉伯数字。相邻90°的两个方向或三个方向,可用多个单面内视符号或一个四面内视符号表示,此时四面内视符号中的四个编号格内,只根据需要标注两个或三个即可。

如果所画出的室内立面图与平面布置图不在同一张图纸上时,则可以参照索引符号的表示方法,在内视符号圆内画一细实线水平直径,上方注写立面编号,下方注写立面图所在图纸编号,如图 1.3 所示。

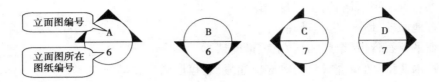

图 1.3　立面图与平面图不在同一张图纸上时的内视符号

【例 2】平面布置图的识读。

如图 1.4 所示是某三室一厅住宅的平面布置图。

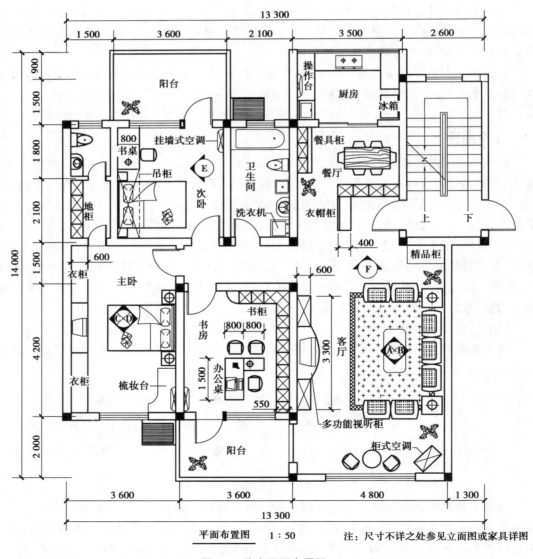

平面布置图　　1 : 50　　　　注:尺寸不详之处参见立面图或家具详图

图 1.4　住宅平面布置图

该住宅由主卧、次卧、书房、客厅、餐厅、厨房、阳台和卫生间组成,图中标注了各功能房间的内视符号。

客厅是家庭生活和接人待客的中心,主要有沙发、茶几、视听电器柜、空调机等家具和设备。

餐厅是家庭成员进餐的空间,主要有餐桌、餐椅、隔断、餐具柜等家具,隔断的作用是阻挡客厅视线,进行空间的分隔。

书房是学习、工作的场所,主要有简易沙发、茶几、办公桌椅、书柜、计算机等家具和设备,该书房南面有一阳台,具有延伸、宽敞、通透的感觉。

主卧室主要有床、床头柜、组合衣柜(与电视机柜、影碟机柜等组合使用)、桌椅等家具和设备。该卧室内置挂墙式空调机,位置与书房内的空调机相对。主卧室还带有一卫生间,内设地柜、洗面盆、坐便器等。

次卧室主要有床、床头柜、桌椅、挂墙式空调机等家具和设备,北面与阳台相连。

厨房主要有洗菜盆、操作台、橱柜、电冰箱、灶台等,均沿墙边布置,操作台之上有一挂墙式空调机。

卫生间内有洗衣机、洗面盆、洗涤池、坐便器、浴盆等。

可以看出,与建筑平面图相比,平面布置图省略了门窗编号和与室内布置无关的尺寸标注,增加了各种家具、设备、绿化、装饰构件的图例。这些图例一般都是简化的轮廓投影,并且按比例用中粗实线画出,对于特征不明显的图例,需用文字注明它们的名称。一些重要或特殊的部位还需标注出其细部或定位尺寸。为了美化图面效果,还可在无陈设品遮挡的空余部位画出地面材料的铺装效果。由于表达的内容较多较细,一般都选用较大的比例作图,通常选用1∶50。

2)楼地面装修图

【例3】楼地面装修图的识读。

楼地面是使用最为频繁的部位,而且根据使用功能的不同,对材料的选择、工艺的要求、地面的高差等都有着不同的要求。楼地面装修主要是指楼板层和地坪层的面层装修。

楼地面的名称一般是以面层的材料和做法来命名的,如面层为花岗岩石材,则称为花岗岩地面,若面层为木材,则称为木地面。其中,木地面中按其板材规格又分为条木地面和拼花木地面。

楼地面装修图主要表达地面的造型、材料的名称和工艺要求。对于块状地面材料,可用细实线画出块材的分格线,以表示施工时的铺装方向。对于台阶、基座、坑槽等特殊部位,还应画出剖面详图,表示构造形式、尺寸及工艺做法。

楼地面装修图不但是施工的依据,同时也是地面材料采购的参考图样,楼地面装修图的比例一般与平面布置图一致。

图1.5即为对应图1.4平面布置图的"地面装修图",主要表达客厅、卧室、书房、厨房、卫生间等的地面材料和铺装形式,并注明所选材料的规格,有特殊要求的还应加详图索引或详细注明工艺做法等;在尺寸标注方面,主要标注地面材料的拼花造型尺寸、地面的标高等。

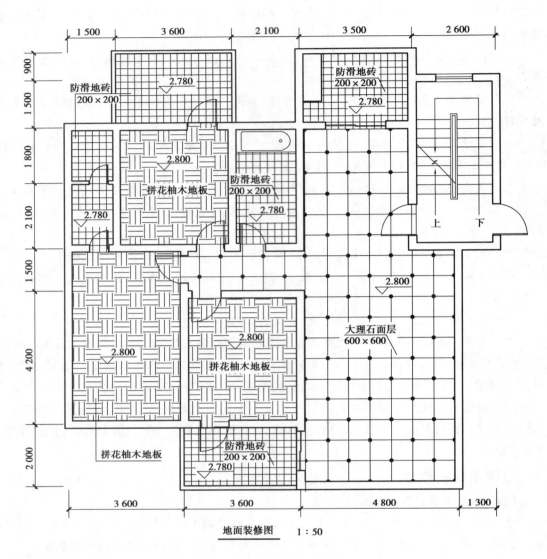

图 1.5　地面装修图

图 1.5 中,在客厅、餐厅、过道等使用频繁的部位,考虑其耐磨和清洁的需要,选用 600 mm×600 mm 的大理石块材进行铺贴。同时为避免色彩图案单调,又选用了边长为 100 mm 的暗红色正方形磨光花岗岩作为点缀。卧室和书房为了营造和谐、温馨的气氛,选用拼花柚木地板。厨房、卫生间考虑到防滑的需要,采用了 200 mm×200 mm 防滑地砖。

3) 顶棚平面图

同墙面和楼地面一样,顶棚是建筑物的主要装修部位之一。顶棚分为直接式顶棚和悬吊式顶棚两种。直接式顶棚是指在楼板(或屋面板)板底直接喷刷、抹灰或贴面;悬吊式顶棚(简称吊顶)主要用在较大空间和装饰要求较高的房间中,因建筑声学、保温隔热、清洁卫生、管道敷设、室内美观等特殊要求,常用吊顶将屋架、梁板等结构构件及设备遮盖起来,形成一个完整的表面。

顶棚平面图(表达室内顶棚的装修等构造)通常采用镜像投影法进行绘制。

当某些工程构造或布置在向下投影不易清楚表达时(如图1.6所示的梁、板、柱构造节点),其平面图会出现太多虚线,给识图带来不便。假想将一镜面放在物体的下面来替代水平投影面,则可在镜面中反射得到一视图,此称为镜像视图,这种方法就称为镜像投影法。

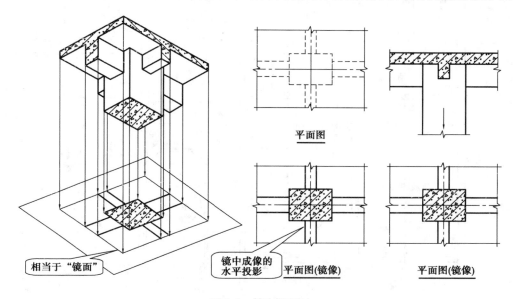

图1.6 镜向投影法

【例4】顶棚平面图的识读。

顶棚平面图的主要内容包括:顶棚的造型(如藻井、跌级、装饰线等)、灯饰、空调风口、排气扇、消防设施(如烟感器等)的轮廓线、条块状饰面材料的排列方向线;建筑主体结构的主要轴线、编号和主要尺寸;顶棚的各类设施的定型定位尺寸、标高;顶棚的各类设施、各部位的饰面材料、涂料的规格、名称、工艺说明等;索引符号或剖面及断面等符号的标注。

藻井是中国建筑民族风格在室内装饰上的重要造型手段之一。常在顶棚中最显眼的位置作一个多角形或圆形或方形或其他形状的凹陷(实际上是空间升高)部分,然后进行描绘图案、安装灯饰等,从而产生精美华丽的视觉效果。图1.7中在客厅与餐厅都作了藻井处理。

由图1.7可以看出,次卧室、书房以及南北阳台的顶棚均采用乳胶漆饰面,表面标高为5.500,次卧室和书房顶棚的四周还用了60 mm宽的石膏顶棚线进行处理。卫生间和厨房的顶棚均采用长条扣板吊顶,表面标高为5.260。客厅和餐厅的顶棚采用石膏板吊顶,并用乳胶漆进行饰面,表面标高为5.200,顶棚的四周用60 mm宽的实木顶棚线进行处理,在中间均做出了空间高度的变化(通过标高表示)。

顶棚平面图中对各个房间的照明方式及灯具选择也作了布置。南边次卧室采用了2盏$\phi300$吸顶灯;书房采用了1盏$\phi300$吸顶灯;北卧室采用了1盏$\phi400$工艺吊灯(型号为CH2800);客厅中心采用了大型工艺吊灯,藻井周边内置暗藏灯带(虚线部位),客厅靠近南

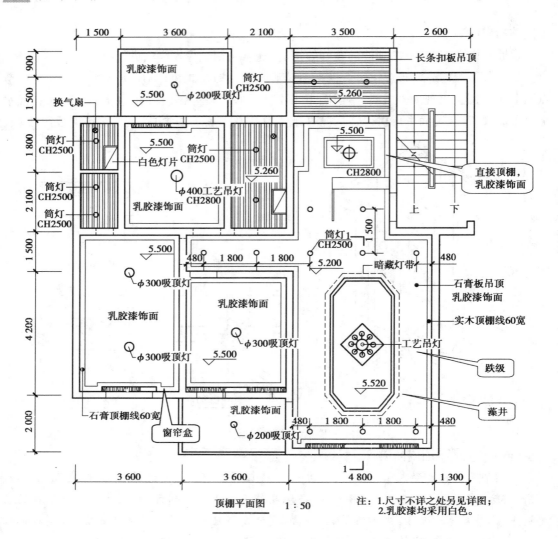

顶棚平面图　　1：50

注：1.尺寸不详之处另见详图；
　　2.乳胶漆均采用白色。

图1.7　顶棚平面图

侧窗位置设置了3盏筒灯,在客厅与餐厅之间还有两排共7盏筒灯,筒灯的型号为CH2500,餐厅选用了与北卧室相同的灯具;厨房与卫生间均采用了型号为CH2500的筒灯+白色灯片;南北阳台上的灯具各选择了1盏φ200吸顶灯。

图中还表达清楚了厨房和卫生间内换气扇的位置,同时对各个房间的窗帘盒也进行了表示(这一部分构造一般都有详图表示)。

4）室内立面装修图

室内立面装修图主要表示建筑主体结构中铅垂立面的装修做法。对于不同性质、不同功能、不同部位的室内立面,其装修的繁简程度差别比较大。

室内立面装修图包括投影方向可见的室内轮廓线和装修构造、门窗、构配件、墙面做法、固定家具、灯具、必要的尺寸和标高,以及需要表达的非固定家具、灯具、装饰物件等。室内立面装修图不表示其余各楼层的投影,只重点表达室内墙面的造型、用料、工艺要求等。室内顶棚的轮廓线,可根据具体情况只表达吊平顶或同时表达吊平顶及结构顶棚。

【例5】客厅A向立面图的识读。

图1.8是该住宅客厅沿A向所作出的立面图。由于室内立面的构造都较为细小,其作图比例一般都大于1:50,因此该立面图的作图比例为1:40。室内立面图的主要内容有:立面(墙、柱面)造型(如壁饰、套、装饰线、固定于墙身的柜、台、座等)的轮廓线、壁灯、装饰件等;吊顶棚及其以上的主体结构;立面的饰面材料、涂料名称、规格、颜色、工艺说明等;必要的尺寸标注;索引符号、剖面、断面的标注;立面两端墙(柱)的定位轴线编号。

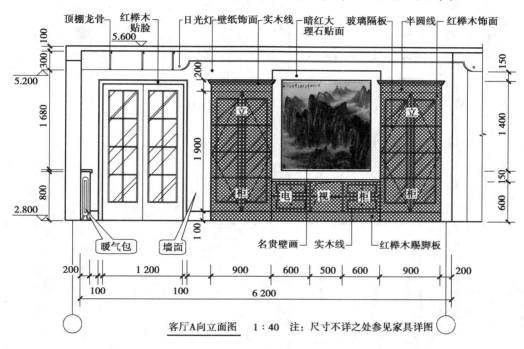

图1.8 客厅A向立面图

5)节点装修详图

节点装修详图是指装修细部的局部放大图、剖面图、断面图等。由于在装修施工中常有一些复杂或细小的部位,在上述平、立面图中未能表达或未能详尽表达时,就需要用节点详图来表示该部位的形状、结构、材料名称、规格尺寸、工艺要求等。虽然在一些设计手册中会有相应的节点详图可以选用,但是由于装修设计往往带有鲜明的个性,再加上装修材料和装修工艺做法的不断变化,以及室内设计师的新创意,因此节点详图在装修施工图中是不可缺少的。

【例6】门装修详图的识读。

在室内装修中,门占有重要的地位。除门扇外,还有筒子板及贴脸等门套构造。门的装修详图不仅能够表达出门的立面特点,还能够详细表示这些构造的形状、材料、规格、工艺要求等。如图1.9所示,门洞侧边共做了3个层次,最内层是用40 mm×50 mm木筋作为骨架,共3根;中间层是用2层大芯板(40 mm厚)作为面层的基层,主要是加固和整平;最外层是

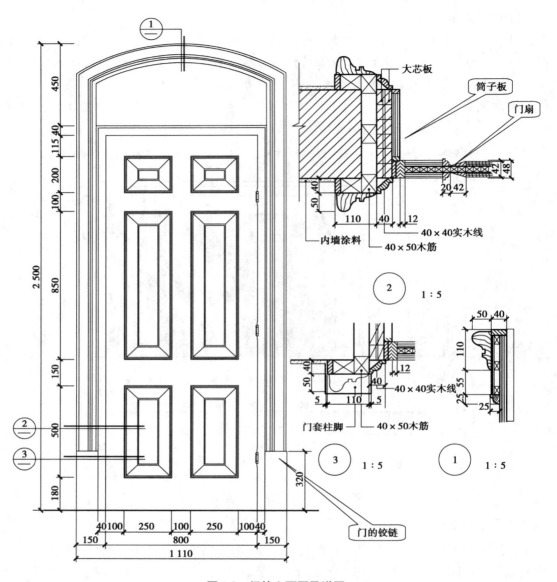

图 1.9　门的立面图及详图

筒子板,表面光滑富有质感,主要起美观的作用。其余构造,希望读者能够结合实际工作经验进行分析,这里不再赘述。

除厨房详图(主要体现卫生设备及厨房设备的规格、尺寸、布置等情况)及特殊部位的详图外,有一些详图是可以参考某些标准图集选用,对于一些能反映装修特色的详图,请根据本书所学习的投影知识以及有关国家标准进行识读。

任务单元 1.3 装饰装修工程施工常用规范、标准、规程

目前,我国现行建筑工程装饰装修常用规范、标准如表 1.1 所示。

表 1.1 现行建筑工程装饰装修常用规范、标准一览表

序号	规范名称	规范编号	实施日期
1	住宅装饰装修工程施工规范	GB 50327—2001	2002.05.01
2	木骨架组合墙体技术规范	GB 50361—2005	2006.03.01
3	纤维增强复合材料建设工程应用技术规范	GB 50608—2010	2011.06.01
4	木骨架综合墙体技术规范	GB/T 50361—2005	2006.03.01
5	环氧树脂自流平地面工程技术规范	GB/T 50589—2010	2010.12.01
6	玻璃幕墙工程技术规范	JGJ 102—2003	2004.01.01
7	塑料门窗工程技术规程	JGJ 103—2008	2008.11.01
8	建筑玻璃应用技术规程	JGJ 113—2009	2009.12.01
9	外墙饰面砖工程施工及验收规程	JGJ 126—2000	2000.08.01
10	金属与石材幕墙工程技术规范	JGJ 133—2001	2001.06.01
11	建筑外墙清洗维护技术规程	JGJ 168—2009	2009.06.01
12	铝合金门窗工程技术规范	JGJ 214—2010	2011.03.01
13	建筑遮阳工程技术规范	JGJ 237—2011	2011.12.01
14	采光顶与金属屋面技术规程	JGJ 255—2012	2012.10.01
15	点挂外墙板装饰工程技术规程	JGJ 321—2014	2015.03.01
16	建筑涂饰工程施工及验收规程	JGJ/T 29—2003	2002.03.01
17	机械喷涂抹灰施工规程	JGJ/T 105—2011	2012.04.01
18	建筑涂饰工程施工及验收规程	JGJ/T 29—2003	2003.04.01
19	建筑轻质条板隔墙技术规程	JGJ/T 157—2014	2014.12.01
20	建筑陶瓷薄板应用技术规程	JGJ/T 172—2012	2012.08.01
21	自流平地面工程技术规程	JGJ/T 175—2009	2009.08.01
22	抹灰砂浆技术规程	JGJ/T 220—2010	2011.03.01
23	混凝土基层喷浆处理技术规程	JGJ/T 238—2011	2011.12.01
24	建筑地面工程防滑技术规程	JGJ/T 331—2014	2015.03.01
25	建筑装饰装修工程质量验收规范	GB 50210—2001	2002.03.01
26	房屋建筑室内装饰装修制图标准	JGJ/T 244—2011	2012.03.01

任务单元 1.4　装饰装修工程施工常用材料和工器具

1.4.1　装饰装修工程施工常用材料

1) 木工板材

木质建材是家装中经常使用的材料,但由于各方面的因素造成各类板材品质不同,加上用户对材料的不熟悉,往往容易造成一系列的问题。

（1）木板的分类

木板按材质分类可分为实木板和人造板两大类。目前除了地板和门扇会使用实木板外,一般我们所使用的板材都是人工加工出来的人造板。另外,木板按成型分类可分为实心板、夹板、纤维板、装饰面板、防火板等。

（2）木板的品种

①实木地板。实木地板是近几年装修中最常见的一种地面装饰材料,它是中国家庭生活质量提高的一个非常显著的象征。实木地板因其由工厂的工业化生产线生产,规格统一,所以施工容易,甚至比其他的板材施工都要快速,但其缺点是对工艺要求比较高。如果施工者的水平不够,常会造成一系列的问题,如起拱、变形等。实木地板名称由木材名称与接边处理名称组成。接边处理主要分为平口(无企口)、企口、双企口三种。平口地板属于淘汰产品,而双企口地板由于技术不成熟尚不能成气候。目前多数铺设的地板属于单企口地板,一般所说的企口地板也是指单企口地板。

②复合地板,也称强化木地板,市面上一些企业出于一些不同的目的,往往会自己命名一些名字,例如超强木地板、钻石型木地板等,但实际上这些板材都属于复合地板。国家对于此类地板的标准名称是:浸渍纸层压木地板。复合地板一般都是由 4 层材料复合组成的:底层、基材层、装饰层和耐磨层,其中耐磨层的转数决定了复合地板的寿命。

③装饰面板,俗称面板,是将实木板精密刨切成厚度为 0.2 mm 左右的微薄木皮,以夹板为基材,经过胶粘工艺制作而成的具有单面装饰作用的装饰板材。它是夹板存在的特殊方式,厚度为 30 mm。装饰面板是目前有别于混油做法的一种高级装修材料。

④细木工板,行内俗称大芯板。大芯板是由两片单板中间粘压拼接木板而成的。大芯板的价格比细芯板要便宜,其竖向(以芯材走向区分)抗弯压强度差,但横向抗弯压强度较高。

⑤刨花板。刨花板是用木材碎料为主要原料,再掺加胶水,添加剂经压制而成的薄型板材,按压制方法可分为挤压刨花板、平压刨花板两类。此类板材主要优点是价格极其便宜,其缺点也很明显——强度极差,因此一般不适宜制作较大型或者有力学要求的家具。

⑥密度板,也称纤维板。是以木质纤维或其他植物纤维为原料,施加脲醛树脂或其他适用的胶黏剂制成的人造板材,按其密度的不同,分为高密度板、中密度板和低密度板。密度板由于质软耐冲击,也容易再加工。在国外,密度板是制作家具的一种良好材料,但由于国家关于高度板的标准比国际的标准低数倍,所以,密度板在我国的使用质量还有待提高。

⑦防火板。防火板是采用硅质材料或钙质材料为主要原料,与一定比例的纤维材料、轻

质骨料、黏合剂和化学添加剂混合,经蒸压技术制成的装饰板材,具有良好的防火性能,是目前使用越来越多的一种新型材料。防火板的施工对于粘贴胶水的要求比较高,质量较好的防火板价格比装饰面板更贵。防火板的厚度一般为 0.8 mm、1 mm 和 1.2 mm。

⑧三聚氰胺板,全称是三聚氰胺浸渍胶膜纸饰面人造板,它是将带有不同颜色或纹理的纸放入三聚氰胺树脂胶粘剂中浸泡,然后干燥到一定固化程度,将其铺装在刨花板、中密度纤维板或硬质纤维板表面,经热压而成的装饰板。

2) 瓷砖

市面上有五花八门的砖,但基本上都可以划入以下几类。

（1）釉面砖

①陶制釉面砖,由陶土烧制而成,吸水率较高,强度相对较低,其主要特征是背面颜色为红色。

②瓷制釉面砖,由瓷土烧制而成,吸水率较低,强度相对较高,其主要特征是背面颜色为灰白色。

正方形釉面砖规格有 152 mm×152 mm 和 200 mm×200 mm,长方形釉面砖规格有 152 mm×200 mm、200 mm×300 mm 等,常用的釉面砖厚度为 5 mm 及 6 mm。

（2）通体砖

通体砖的表面不上釉,而且正面和反面的材质和色泽一致,因此而得名。通体砖是一种耐磨砖,虽然现在还有渗花通体砖等品种,但相对来说,其花色比不上釉面砖。由于目前的室内设计越来越倾向于素色设计,所以通体砖也越来越成为一种时尚,被广泛使用于厅堂、过道和室外走道等装修项目的地面,一般较少会使用于墙面。多数的防滑砖都属于通体砖。通体砖常用的规格有 300 mm×300 mm、400 mm×400 mm、500 mm×500 mm、600 mm×600 mm、800 mm×800 mm 等。

（3）抛光砖

抛光砖就是通体坯体的表面经过打磨而成的一种光亮的砖种。抛光砖属于通体砖的一种。相对于通体砖的平面粗糙而言,抛光砖就要光洁多了。抛光砖性质坚硬耐磨,适合在除洗手间、厨房和室内环境以外的多数室内空间中使用。在运用渗花技术的基础上,抛光砖可以做出各种仿石、仿木效果。抛光砖的常用规格是 400 mm×400 mm、500 mm×500 mm、600 mm×600 mm、800 mm×800 mm、900 mm×900 mm、1 000 mm×1 000 mm。

（4）玻化砖

为了解决抛光砖的易脏问题,市面上又出现了一种名为玻化砖的品种。玻化砖其实就是全瓷砖,其表面光洁但又不需要抛光,所以不存在抛光气孔的问题。可以说,玻化砖是一种强化的抛光砖,采用高温烧制而成,质地比抛光砖更硬更耐磨,当然,其价格也更高。玻化砖主要是地面砖,常用规格是 400 mm×400 mm、500 mm×500 mm、600 mm×600 mm、800 mm×800 mm、900 mm×900 mm、1 000 mm×1 000 mm。

（5）马赛克

马赛克(Mosaic)是一种特殊存在方式的砖,它一般由数十块小块的砖组成一个相对的大砖。它小巧玲珑、色彩斑斓,被广泛使用于室内小面积地墙面和室外大小幅墙面和地面。

它主要分为：

①陶瓷马赛克。这是最传统的一种马赛克，以小巧玲珑著称，但较为单调，档次较低。

②大理石马赛克。这是中期发展的一种马赛克品种，丰富多彩，但其耐酸碱性差、防水性能不好，所以市场反映并不是很好。

③玻璃马赛克。玻璃马赛克用玻璃的色彩斑斓给马赛克带来蓬勃生机。

马赛克的常用规格有 20 mm×20 mm、25 mm×25 mm、30 mm×30 mm，厚度依次为 4～4.3 mm。

3）涂料

（1）涂料的用途

对于被施用的对象来说，涂料的第一个用途是保护表面，第二就是起修饰作用。以木制品来说，由于木制品表面属多孔结构，不耐脏污，同时木制品的表面多节眼，不够美观，所以需用涂料来解决这些问题。

（2）涂料的分类

①按部位不同，可主要分为墙漆、木器漆和金属漆。墙漆包括了外墙漆、内墙漆和顶面漆，它主要有乳胶漆等品种；木漆主要有硝基漆、聚氨酯漆等，金属漆主要是磁漆。

②按状态不同，可分为水性漆和油性漆。乳胶漆是主要的水性漆，而硝基漆、聚氨酯漆等多属于油性漆。

③按功能不同，可分为很多种：防水漆、防火漆、防霉漆、防蚊漆及多功能漆等。

④按作用形态不同，可分为挥发性漆和不挥发性漆。

⑤按表面效果来分，又可分为透明漆、半透明漆和不透明漆。

（3）涂料的品种

①硝基清漆。硝基清漆是一种由硝化棉、醇酸树脂、增塑剂及有机溶剂调制而成的透明漆，属挥发性油漆，具有干燥快、光泽柔和等特点。硝基清漆分为亮光、半哑光和哑光三种，可根据需要选用。硝基漆也有缺点：高湿天气易泛白、丰满度低，硬度低。

②手扫漆。手扫漆属于硝基清漆的一种，是由硝化棉、各种合成树脂、颜料及有机溶剂调制而成的一种非透明漆。此漆专为人工施工而配制，更具有快干特征。

③聚氨酯漆。聚氨酯漆聚氨酯漆即聚氨基甲酸酯漆，它漆膜强韧，光泽丰满，附着力强，耐水、耐磨、耐腐蚀，被广泛用于高级木器家具，也可用于金属表面。其缺点主要是遇潮起泡和漆膜粉化，且与聚氨酯漆一样存在着变黄的问题。聚氨酯漆的清漆品种称为聚氨酯清漆。

④内墙漆。内墙漆主要可分为水溶性漆和乳胶漆，一般装修采用的是乳胶漆。乳胶漆即是乳液性涂料，按照基材的不同，分为聚醋酸乙烯乳液和丙烯酸乳液两大类。乳胶漆以水为稀释剂，是一种施工方便、安全、耐水洗、透气性好的漆种，它可根据不同的配色方案调配出不同的色泽。乳胶漆的制作成分中基本上由水、颜料、乳液、填充剂和各种助剂组成，这些原材料是不含毒性的。作为乳胶漆而言，可能含毒的主要是成膜剂中的乙二醇和防霉剂中的有机汞。

⑤外墙漆。外墙乳胶漆基本性能与内墙乳胶漆差不多，但漆膜较硬，抗水能力更强。外墙乳胶漆一般使用于外墙，也可以使用于洗手间等潮湿的地方。当然，外墙乳胶漆可以内

用,但请不要尝试将内墙乳胶漆外用。

⑥防火漆。防火漆是由成膜剂、阻燃剂、发泡剂等多种材料制造而成的一种阻燃涂料。由于目前家居中大量使用木材、布料等易燃材料,所以防火已经成为一个重要的议题。

4)石材

（1）天然石

日常使用的天然石,主要分为大理石和花岗石两种。从广义上来说,凡是有纹理的,称为大理石,以点斑为主的称为花岗石。这二者也可以从地质概念来区分。花岗石是火成岩,也称酸性结晶深成岩,是火成岩中分布最广的一种岩石,由长石、石英和云母组成,其成分以二氧化硅为主,占 65%～75%,岩质坚硬密实。所谓的火成岩,就是地下的岩浆或火山喷溢的熔岩冷凝结晶而成的岩石。火成岩中二氧化硅的含量、长石的性质及其含量决定了石材的性质。当二氧化硅的含量大于 65%,就属于酸性岩,这种岩石中正长石、斜长石、石英等基本矿物形成晶体时,呈粒状结构,就称为花岗岩。而大理石是地壳中原有的岩石经过地壳内高温高压作用形成的变质岩。

（2）人造石

人造石材是以不饱和聚酯树脂为黏结剂,配以天然大理石或方解石、白云石、硅砂、玻璃粉等无机物粉料,以及适量的阻燃剂、颜色等,经配料混合、浇铸、振动压缩、挤压等方法成型固化制成的一种人造石材。人造石材是根据实际使用中的问题而研究出来的,它在防潮、防酸、防碱、耐高温、拼凑性方面都有长足的进步。当然,人造的东西自然有人造的缺点,通常其自然性显然不足,所以,在橱柜等对于实用要求较高的场所使用得较多,对于窗台、地面等强调装饰性的地方就用得较少。选购人造石,最好是先拿一块样板进行恶劣性试验,例如倒酱油或者油污,以及进行磨损试验。

5)玻璃

在装修中玻璃的使用是非常普遍的,从外墙窗户到室内屏风、门扇等都会使用到。玻璃简单分类主要分为平板玻璃和特种玻璃。平板玻璃主要分为三种:即引上法平板玻璃（分有槽/无槽两种）、平拉法平板玻璃和浮法玻璃。浮法玻璃由于厚度均匀、上下表面平整平行,再加上劳动生产率高及利于管理等方面的因素影响,正成为玻璃制造方式的主流。

（1）普通平板玻璃

①3～4 厘玻璃,这种规格的玻璃主要用于画框表面。mm 也俗称为"厘",如我们所说的 3 厘玻璃,就是指厚度为 3 mm 的玻璃。

②5～6 厘玻璃,主要用于外墙窗户、门扇等小面积透光造型等。

③7～9 厘玻璃,主要用于室内屏风等具较大面积但又有框架保护的造型之中。

④9～10 厘玻璃,可用于室内大面积隔断、栏杆等装修项目。

⑤11～12 厘玻璃,可用于地弹簧玻璃门和一些活动人流较大的隔断之中。

⑥15 厘以上玻璃,一般市面上销售较少,往往需要订货,主要用于较大面积的地弹簧玻璃门和外墙整块玻璃墙面。

（2）其他玻璃

其他玻璃一说,只是笔者在分类时相对于平板玻璃而言,并非业内正式分类,主要包括:

①钢化玻璃。是普通平板玻璃经过再加工处理而成的一种预应力玻璃。钢化玻璃相对于普通平板玻璃来说,具有两大特征:一是前者的强度是后者的数倍,抗拉度是后者的 3 倍以上,抗冲击力是后者的 5 倍以上;二是钢化玻璃不容易破碎,即使破碎也会以无锐角的颗粒形式破裂,对人体的伤害大大降低。

②磨砂玻璃。也是在普通平板玻璃上面再磨砂加工而成,一般厚度多在 9 厘以下,以 5 厘和 6 厘的厚度居多。

③喷砂玻璃。性能上基本上与磨砂玻璃相似,不同的是改磨砂为喷砂。由于二者视觉上类同,很多业主甚至装修专业人员都把它们混为一谈。

④压花玻璃。是采用压延方法制造的一种平板玻璃,其最大的特点是透光不透明,多使用于洗手间等装修区域。

⑤夹丝玻璃。是采用压延方法,将金属丝或金属网嵌于玻璃板内制成的一种具有抗冲击平板玻璃,受撞击时只会形成辐射状裂纹而不至于坠下伤人,故多用于高层楼宇和震荡性强的厂房。

⑥中空玻璃。多采用胶接法将两块玻璃保持一定间隔,间隔中是干燥的空气,周边再用密封材料密封而成,主要用于有隔音要求的装修工程之中。

⑦夹层玻璃。一般由两片普通平板玻璃(也可以是钢化玻璃或其他特殊玻璃)和玻璃之间的有机胶合层构成。当受到破坏时,碎片仍黏附在胶层上,避免了碎片飞溅对人体的伤害,多用于有安全要求的装修项目。

⑧防弹玻璃。实际上就是夹层玻璃的一种,只是构成的玻璃多采用强度较高的钢化玻璃,而且夹层的数量也相对较多,多用于银行或者豪宅等对安全要求非常高的装修工程之中。

⑨热弯玻璃。是由平板玻璃加热软化在模具中成型,再经退火制成的曲面玻璃。在一些高级装修中出现的频率越来越高,需要预订,没有现货。

⑩玻璃砖。玻璃砖的制作工艺基本和平板玻璃一样,不同的是成型方法。其中间为干燥的空气,多用于装饰性项目或者有保温要求的透光造型之中。

⑪玻璃纸。也称玻璃膜,具有多种颜色和花色。根据纸膜的性能不同,具有不同的性能。绝大部分玻璃纸能起隔热、防红外线、防紫外线、防爆等作用。

6) 水泥

水泥依据颜色可分为黑色水泥、白色水泥和彩色水泥。黑色水泥多用于砌墙、墙面批烫和粘贴瓷砖;白色水泥大部分用于填补砖缝等修饰性的用途;彩色水泥多用于水面或墙面具有装饰性的装修项目和一些人造地面,例如水磨石。水泥依照成分的不同,也可分为硅酸盐水泥、普通硅酸盐水泥、矿渣水泥、火山灰水泥和粉煤灰水泥。我们常用的水泥是普通硅酸盐水泥及硅酸盐水泥,一般使用的是普通硅酸盐水泥,普通袋装 50 kg。

7) 沙

沙也称砂,是水泥砂浆里面的必需材料。如果水泥砂浆里面没有沙,那么水泥砂浆的凝固强度将几乎是零。按规格分类沙可分为细沙、中沙和粗沙,粒径 0.25～0.35 mm 的为细沙,粒径 0.35～0.5 mm 的为中沙,大于 0.5 mm 的称为粗沙。一般家装中推荐使用中沙。

按来源分类沙可分为海沙、河沙和山沙。在建筑装饰中,国家是严禁使用海沙的。海沙虽然洁净,但盐分高,会对工程质量造成很大的影响。要分辨是否是海沙,主要是看沙里面是否含有海洋细小贝壳。山沙表面粗糙,所以水泥附着效果好,但山沙成分复杂,多数含有泥土和其他有机杂质。因此,一般装饰工程中都推荐使用河沙,河沙表面粗糙度适中,而且较为干净,含有杂质较少。从市面上购买回来的沙通常都需用网子进行筛选后方可使用。

8) 添加剂

水泥砂浆添加剂的作用是加强粘力和弹性,主要的品种有:

①107 胶(聚乙烯醇缩甲醛),由于 107 胶含毒,污染环境,目前国内一些城市已经开始禁止 107 的继续使用。

②白乳胶(聚醋酸乙烯乳液),性能要比 107 胶要好,但价格也相对较高。

9) 红砖

红砖一般由红土制成,依据各地土质的不同,颜色也不完全一样。一般来说,红土制成的砖及煤渣制成的砖比较坚固。

由于制造红砖需取黏土,在特定角度来说,会破坏农田或自然植被,再加上结构承重的问题,所以现在国家已经开始禁止红砖在建筑中使用,但笔者对于在厨卫内墙使用空心砖的做法有保留意见,因为因此引起的问题不胜其烦。红砖规格通常为 225 mm×105 mm×70 mm(公差±5 mm)。

10) 管道

(1)镀锌铁管

镀锌铁管是目前使用量最多的一种材料,但由于镀锌铁管的锈蚀会造成水中重金属含量过高,从而影响人体健康。许多发达国家和地区的政府部门已开始明令禁止使用镀锌铁管,目前我国正在逐渐淘汰这种类型的管道。

(2)铜管

铜管是一种比较传统但价格比较昂贵的管道材质,耐用,而且施工较为方便。在很多进口卫浴产品中,铜管都是首选。但价格是影响其使用量的最主要原因,另外铜蚀也是一方面的因素。

(3)不锈钢管

不锈钢管是一种较为耐用的管道材料,但其价格较高,且施工工艺要求比较高,尤其是材质强度较硬,现场加工非常困难,所以在装修工程中被选择的几率较低。

(4)铝塑复合管

铝塑复合管是目前市面上较为畅销的一种管材,它质轻、耐用而且施工方便,具有可弯曲性因而更适合在家装中使用。但主要缺点是在用作热水管使用时,由于长期的热胀冷缩会造成管壁错位以致渗漏。

(5)不锈钢复合管

不锈钢复合管与铝塑复合管在结构上差不多,在一定程度上,性能也比较相近。但由于钢的强度问题,施工工艺仍然是一个问题。

（6）PVC 管

PVC（聚氯乙烯）塑料管是一种现代合成材料管材。但近年来科技界发现，能使 PVC 变得更为柔软的化学添加剂酞，对人体内肾、肝、睾丸影响甚大，会导致癌症、肾损坏，破坏人体功能再造系统，影响发育。大部分情况下，PVC 管适用于电线管道和排污管道。一般来说，由于其强度远远不能满足水管的承压要求，所以极少使用于自来水管。

（7）PP 管

PP（Poly Propylene）管分为多种，下面主要介绍常用的 3 种：

①PP-B（嵌段共聚聚丙烯）由于在施工中采用熔接技术，所以也俗称热熔管。由于其无毒、质轻、耐压、耐腐蚀，正在成为一种推广的材料，但目前装修工程中选用的还比较少。一般来说，这种材质不但适用于冷水管道，也适合用于热水管道，甚至可用于纯净饮用水管道。

②PP-C（改性共聚聚丙烯）管，性能基本同上。

③PP-R（无规共聚聚丙烯）管，性能基本同上。

PP-C（B）与 PP-R 的物理特性基本相似，应用范围基本相同，工程中可替换使用。主要差别为：PP-C（B）材料耐低温脆性优于 PP-R；PP-R 材料耐高温性优于 PP-C（B）。在实际应用中，当液体介质温度≤5 ℃时，优先选用 PP-C（B）管；当液体介质温度≥65 ℃时，优先选用 PP-R 管；当液体介质温度为 5~65 ℃时，PP-C（B）与 PP-R 的使用性能基本一致。

1.4.2　装饰装修工程施工常用材料工器具

（1）检查尺

2 m 垂直检测尺主要用于检查室内墙面垂直度、平整度及地面平整度。

垂直度检测：推下仪表盖，活动销推键向上推，将检测尺左侧面靠紧被测面，（注意：握尺要垂直，观察红色活动销外露 3~5 mm，摆动灵活即可）待指针自行摆动停止时，直读指针所指刻度下行刻度数值，每格为 1 mm。如被测面不平整，可用右侧上下靠脚（中间靠脚旋出不要）检测。

平整度检测：需与塞尺搭配使用。检测尺侧面靠紧被测面，其缝隙大小用楔形塞尺检测，其数值即平整度偏差，见图 1.10。

图 1.10　检查尺示意图

（2）游标塞尺

游标塞尺一般用来检查平整度、缝隙等，还可直接检查门窗缝。方法是：将塞尺头部插入缝隙中,插紧后退出,游码刻度就是缝隙大小,见图1.11。

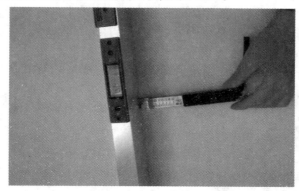

图 1.11 游标塞尺

(3)内外直角检测尺

内外直角检测尺用于检测物体内外(阴阳)直角的偏差,以及一般平面的垂直度和水平度,在装饰工程中通常用来检测墙地砖、墙面基层、门窗等阴阳角方正。方法是:将推键向左推,拉出活动尺,旋转270°即可检测,检测时主尺及活动尺都应紧靠刻度数值被测面,指针所指刻度牌数值即被测面130 mm长度处的直角度偏差,每格为1 mm,见图1.12。

图 1.12 内外直角检测尺

(4)小锤

①响鼓锤:锤头质量为25 g,用于检测抹灰后墙面的空鼓程度,见图1.13。

②钢针小锤:锤头质量为10 g,用于检测玻璃、马赛克、瓷砖等的黏合质量。拔出手柄,里面是尖头钢针。用尖头钢针向被检物上戳几下,可探查出多孔板缝隙、砖缝等砂浆是否饱满等,见图1.14。

图 1.13 响鼓锤示意图

图 1.14 钢针小锤示意图

（5）钢尺

①钢卷尺：主要用于门窗、玻璃等的对角线、长度、宽度等的测量，见图 1.15。

②钢直尺：主要用于高低差、墙地砖接缝宽度等检查，也和 5 m 线配合使用来检查直线度等，见图 1.16。

图 1.15　钢卷尺示意图 　　　　　　　　图 1.16　钢直尺示意图

（6）兆欧表

兆欧表用于测量各种绝缘材料的电阻值及变压器、电机、电缆及电器设备等的绝缘电阻。在装饰工程中主要用于电路改造隐蔽验收，见图 1.17。

（7）打压泵

装饰工程中多用打压泵来检查给水管渗漏，见图 1.18。

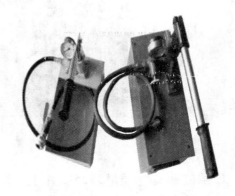

图 1.17　兆欧表示意图 　　　　　　　　图 1.18　打压泵示意图

（8）木材干湿仪

木材干湿仪用于测量木材的含水率，见图 1.19。

（9）网线测试仪

网线测试仪用于检查网线通断、短路、错接等，见图 1.20。

（10）相位测试仪

相位测试仪检查单项三眼插座接线，检查漏电保护器是否能正常工作，见图 1.21。

（11）游标卡尺

装饰工程中多用游标卡尺来检查材料厚度等，见图 1.22。

图 1.19　木材干湿仪示意图

图 1.20　网线测试仪示意图

图 1.21　相位测试仪示意图

图 1.22　游标卡尺示意图

（12）装饰固定工具

①扎丝:绑扎用铁丝最粗不宜超过 16#号,否则不便绑扎,常用 20#号左右,见表 1.2。

表 1.2　绑扎扎丝规格表

线号	15#	16#	17#	18#	19#	20#	21#	22#
直径/mm	1.80	1.65	1.40	1.20	1.00	0.90	0.80	0.70

②水泥钉:水泥钉的硬度很大,粗而短,穿凿能力很强,见图 1.23。

图 1.23　水泥钉示意图

③射钉:利用射钉枪可将射钉直接打入钢铁、混凝土砌体等硬质基体中,见图1.24。

图1.24　射钉示意图

④射钉枪:目前常见的是气动射钉枪。气动射钉枪要连接一个气泵,气泵和射钉枪之间有一根较长的通气半软管(可承压的)连接,每次扣动扳机时,靠气体的压力将射钉打入,见图1.25。

⑤排钉:采用一系列生产工艺,把规则排列的钉子进行有效整合,通过特殊的黏性胶进行黏合从而形成一整块排列固定规整的排钉,见图1.26。

图1.25　射钉枪示意图

⑥码钉:是气动枪钉的一种,一般是用镀锌铁丝做成的,外形与订书钉相似,型号一般带有J字头表示。码钉主要用于工程、家居装潢、家具制造、包装、皮革、制鞋工艺品等多个行业,见图1.27。

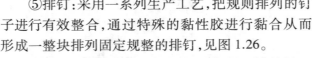

图1.26　排钉示意图

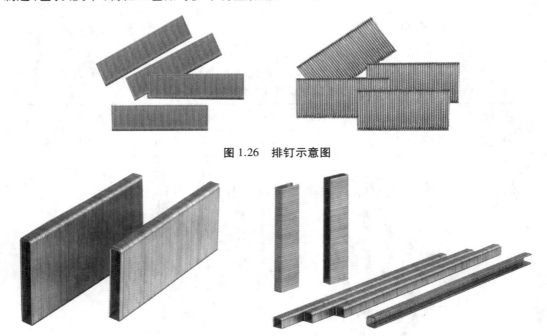

图1.27　码钉示意图

⑦排钉枪:枪体为动力源,高压气体带动钉枪气缸里的撞针做锤击运动,将排钉夹中的排钉钉入物体中或者将排钉射出去,见图1.28。

图 1.28　排钉枪示意图

⑧冲击钻:依靠旋转和冲击来工作,可用于天然的石头或混凝土。冲击钻工作时在钻头夹头处有调节旋钮,可调为普通手电钻和冲击钻两种方式,见图 1.29。

图 1.29　冲击钻示意图

学习情境小结

　　本学习情境主要介绍了装饰装修工程施工的一些准备知识,主要有:装饰装修施工流程、装饰装修施工图的识图方法、装饰装修施工常用材料和机具及装饰装修施工相关图集标准等。通过本章学习,可以让学生掌握建筑装饰装修工程的准备知识,为接下来学习装饰装修工程施工打下基础。

习题 1

1.装饰装修施工流程大致分为哪几个阶段?

2.请简述装饰装修施工顺序。

3.简要介绍装饰装修施工图的识读方法。

4.常用的装饰装修材料有哪些?

5.乳胶漆的常用品牌有哪些?

6.装饰的固定工具有哪些?

学习情境 2
抹灰工程施工

- **教学目标**
  (1)了解建筑抹灰工程的常见类型及其特点。
  (2)通过对各类抹灰工程施工工艺的深刻理解,掌握抹灰工程的施工工艺流程。
  (3)掌握抹灰工程质量检验的方法。
- **教学要求**

能力目标	知识要点	权重
选用抹灰施工机具的能力	抹灰工程施工机具	15%
常见类型抹灰工程的施工操作及指导技能	常见抹灰工程施工工艺及方法	50%
常见抹灰工程质量验收技能	常见抹灰工程质量验收标准	35%

任务单元 2.1 一般抹灰工程

一般抹灰工程的施工流程大致为:施工准备→湿润→拉毛、贴灰饼→抹灰找平→养护,如图 2.1 所示。

2.1.1 施工准备

1)技术准备

①抹灰工程的施工图、设计说明及其他设计文件已完成。

| 1.施工准备 | 2.润湿 | 3.拉毛、贴饼冲筋 |

4.抹灰找平　　　　　　5.养护

图 2.1　抹灰工程施工流程

②材料的产品合格证书、性能检测报告、进场验收记录和复验报告已完成。

③施工技术交底(作业指导书)已完成。

2) 材料要求

(1)水泥(图 2.2)

宜采用普通水泥或硅酸盐水泥,也可采用矿渣水泥、火山灰水泥、粉煤灰水泥及复合水泥。水泥强度等级宜采用 32.5 组级以上,颜色一致、同一批号、同一品种、同一强度等级、同一厂家生产的产品。

水泥进厂需对产品名称、代号、净含量、强度等级、生产许可证编号、生产地址、出厂编号、日期等进行外观检查,同时验收合格证。

(2)砂(图 2.3)

宜采用平均粒径为 0.35～0.5 mm 的中砂,在使用前应根据使用要求过筛,筛好后保持洁净。

图 2.2　水泥　　　　　　　　　　　图 2.3　砂

(3)磨细石灰粉

其细度过 0.125 mm 的方孔筛,累计筛余量不大于 13%。使用前应用水浸泡使其充分熟化,熟化时间最少不小于 3 d。

浸泡方法:提前备好大容器,均匀地往容器中撒一层生石灰粉,浇一层水,然后再撒一层,再浇一层水,依次进行,当达到容器的2/3时,将容器内放满水,使之熟化。

(4)石灰膏(图2.4)

石灰膏与水调和后具备凝固时间快、在空气中硬化、硬化时体积不收缩的特性。

用块状生石灰淋制时,应用筛网过滤,储存在沉淀池中,使其充分熟化。熟化时间常温一般不少于15 d,用于罩面灰时不少于30 d,使用时石灰膏内不得含有未熟化的颗粒和其他杂质。在沉淀池中的石灰膏要加以保护,防止其干燥、冻结和污染。

(5)纸筋(图2.5)

采用白纸筋或草纸筋施工时,使用前要用水浸透纸筋(时间不少于3周),并将其捣烂成糊状,要求洁净、细腻。用于罩面时,宜用机械碾磨细腻(也可制成纸浆),要求稻草、麦秆应坚韧、干燥、不含杂质,其长度不得大于30 mm,稻草、麦秆应经石灰浆浸泡处理。

图2.4 石灰膏

(6)麻刀(图2.6)

麻刀必须柔韧干燥,不含杂质,行缝长度一般为10~30 mm,用前4~5 d将其敲打松散并用石灰膏调好,也可采用合成纤维。

图2.5 纸筋

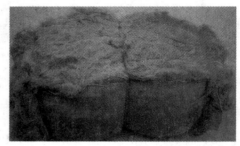

图2.6 麻刀

3)主要机具

麻刀机、砂浆搅拌机、纸筋灰拌和机、窄手推车、铁锹、筛子、水桶(大小)、灰槽、灰勺、刮杠(大2.5 m,中1.5 m)、靠尺板(2 m)、线坠、钢卷尺(标、验*)、方尺(标、验*)、托灰板、铁抹子、木抹子、塑料抹子、八字靠尺、方口尺(标、验*)、阴阳角抹子、长舌铁抹子、金属水平尺(标、验*)、捋角器、软水管、长毛刷、鸡腿刷、钢丝刷、钳子、钉子、托线板等。①

4)作业条件

①主体结构必须经过相关单位(建筑单位、施工单位、质量监理、设计单位)检验合格。

②抹灰前应检查门窗框安装位置是否正确,需埋设的接线盒、电箱、管线、管道、管道套管是否固定牢固。连接处缝隙应用1:3水泥砂浆或1:1:6水泥混合砂浆分层嵌实,若缝隙较

① 验:指量具在使用前应进行检验合格。标:指检验合格后进行的标志。

大,应在砂浆中掺少量麻刀嵌塞,将其填塞密实,并用塑料贴膜或铁皮将门窗框加以保护。

③将混凝土过梁、梁垫、圈梁、混凝土柱、梁等表面凸出部分剔平,将蜂窝、麻面、露筋、疏松部分剔到实处,并刷胶黏性素水泥浆或界面剂,然后用1:3的水泥砂浆分层抹平。脚手眼和废弃的孔洞应堵严,外露钢筋头、铅丝头及木头等要剔除,窗台砖补齐,墙与楼板、梁底等交接处应用斜砖砌严补齐。

④配电箱(柜)、消火栓(柜)以及卧在墙内的箱(柜)等背面露明部分应加钉钢丝网固定好,涂刷一层胶黏性素水泥浆或界面剂,钢丝网与最小边搭接尺寸不应小于10 cm。窗帘盒、通风篦子、吊柜、吊扇等埋件、螺栓位置,标高应准确牢固,且防腐、防锈工作完成。

⑤对抹灰基层表面的油渍、灰尘、污垢等应清除干净,对抹灰墙面结构应提前浇水均匀湿透。

⑥抹灰前屋面防水及上一层地面最好已完成,如未完成防水及上一层地面而需进行抹灰的,必须有防水措施。

⑦抹灰前应熟悉图纸、设计说明及其他设计文件,制订好方案,做好样板间,经检验达到要求标准后方可正式施工。

⑧抹灰前应先搭好脚手架或准备好高马凳,架子应离开墙面20~25 cm,以利于操作。

2.1.2　材料和质量要点

1)材料要求

①水泥:使用前或出厂日期超过3个月必须复验,合格后方可使用。不同品种、不同强度等级的水泥不得混合使用。

②砂:要求颗粒坚硬,不含有机有害物质,含泥量不大于3%。

③石灰膏:使用时不得含有未熟化颗粒及其他杂质,质地洁白、细腻。

④纸筋:要求品质洁净,细腻。

⑤麻刀:要求纤维柔韧干燥,不含杂质。

⑥进入施工现场的材料应按相关标准规定要求进行检验。

2)技术要求

①冬期施工现场温度最低不低于5 ℃。

②抹灰前基层处理,必须经验收合格,并填写隐蔽工程验收记录。

③不同材料基体交接处表面的抹灰,应采取防止开裂的加强措施。当采用加网时,加强网与各基体的搭接宽度不应小于100 mm,见图2.7。

3)质量要点

①抹灰工程的质量关键是黏结牢固,无开裂、空鼓和脱落,在施工过程应注意。

②抹灰基体表面应彻底干净,对于表面光滑的基体应进行毛化处理。抹灰前应将基体充分浇水均匀使之润透,防止基体浇水不透而使抹灰砂浆中的水分很快被基体吸收,造成质量问题。

③严格控制各层抹灰厚度,防止一次抹灰过厚,使干缩率增大,造成空鼓、开裂等质量问题。

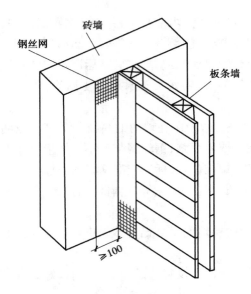

图 2.7　钢丝网铺钉示意图

④抹灰砂浆中使用材料应充分水化,防止影响黏结力。

2.1.3　施工工艺

1)工艺流程

基层清理→浇水湿润→吊垂直、套方、找规矩、抹灰饼→抹水泥→踢脚或墙裙→做护角、抹水泥窗台→墙面充筋→抹底灰→修补预留孔洞、电箱槽、盒等→抹罩面灰。

2)操作工艺

(1)基层清理

①砖砌体:应清除表面杂物,残留灰浆、舌头灰、尘土等。

②混凝土基体:表面凿毛或在表面洒水润湿后涂刷 1∶1 水泥砂浆(加适量胶粘剂或界面处理剂)。

③加气混凝土基体:应在湿润后边涂刷界面剂,边抹强度不大于 M5 的水泥混合砂浆。

(2)浇水湿润

一般在抹灰前一天,用软管或胶皮管或喷壶顺墙自上而下浇水湿润,每天宜浇两次。

(3)吊垂直、套方、找规矩、做灰饼

根据设计图纸要求的抹灰质量,根据基层表面平整垂直情况,用一面墙作基准,吊垂直、套方、找规矩,确定抹灰厚度,抹灰厚度不应小于 7 mm。当墙面凹度较大时应分层衬平,每层厚度不大于 7~9 mm。操作时应先抹上灰饼,再抹下灰饼。抹灰饼时应根据室内抹灰要求,确定灰饼的正确位置,再用靠尺板找好垂直与平整。灰饼宜用 1∶3 水泥砂浆抹成 5 cm 见方形状。

房间面积较大时应先在地上弹出十字中心线,然后按基面平整度弹出墙角线,随后在距墙阴角 100 mm 处吊垂线并弹出铅垂线,再按地上弹出的墙角线往墙上引弹出阴角两面墙上的墙面抹灰层厚度控制线,以此做灰饼,然后根据灰饼充筋。

（4）抹水泥踢脚（或墙裙）

根据已抹好的灰饼充筋（此筋可以冲得宽一些,8~10 cm 为宜,此筋即为抹踢脚或墙裙的依据,同时也作为墙面抹灰的依据）,底层抹 1∶3 水泥砂浆,抹好后用大杠刮平,木抹搓毛,常温第二天用 1∶2.5 水泥砂浆抹面层并压光,抹踢脚或墙裙厚应符合设计要求,无设计要求时凸出墙面 5~7 mm 为宜。凡凸出抹灰墙面的踢脚或墙裙上口,必须保证光洁顺直。踢脚或墙面抹好将靠尺贴在大面与上口平,然后用小抹子将上口抹平压光,凸出墙面的棱角要做成钝角,不得出现毛茬和飞棱。

（5）做护角

墙、柱间的阳角应在墙、柱面抹灰前用 1∶2 水泥砂浆做护角（做法详见图 2.8）,其高度为自地面以上 2 m,然后将墙、柱的阳角处浇水湿润。第一步在阳角正面立上八字靠尺,靠尺突出阳角侧面,凸出厚度与成活抹灰面平;然后在阳角侧面,依靠尺边抹水泥砂浆,并用铁抹子将其抹平,按护角宽度（不小于 5 cm）将多余的水泥砂浆铲除。第二步待水泥砂浆稍干后,将八字靠尺移至抹好的护角面上（八字坡向外）。在阳角的正面,依靠尺边抹水泥砂浆,并用铁抹子将其抹平,按护角宽度将多余的水泥砂浆铲除。抹完后去掉八字靠尺,用素水泥浆涂刷护角尖角处,并用捋角器自上而下捋一遍,使其形成钝角。

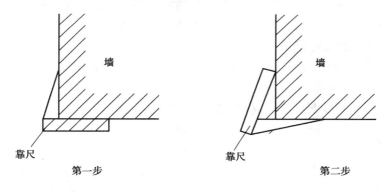

图 2.8　水泥护角做法示意图

（6）抹水泥窗台

先将窗台基层清理干净,松动的砖要重新补砌好。砖缝划深,用水润透,然后用 1∶2∶3 豆石混凝土铺实,厚度宜大于 2.6 cm,次日刷胶黏性素水泥一遍,随后抹 1∶2.5 水泥砂浆面层。待表面达到初凝后,浇水养护 2~3 d。窗台板下口抹灰要平直,没有毛刺。

（7）墙面充筋

当灰饼砂浆达到七八成干时,即可用与抹灰层相同砂浆充筋,充筋根数应根据房间的重视高度确定,一般标筋宽度为 5 cm,两筋间距不大于 1.5 m。当墙面高度小于 3.5 m 时宜做立筋,大于 3.5 m 时宜做横筋,做横向冲筋时做灰饼的间距不宜大于 2 m。

（8）抹底灰

一般情况下充筋完成 2 h 左右可开始抹底灰。抹前应先抹一层薄灰,要求将基体抹严,抹时用力压实使砂浆挤入细小缝隙内;接着分层装档、抹与充筋平,用木杠刮找平整,用木抹子搓毛;然后全面检查底子灰是否平整,阴阳角是否方正、整洁,管道后与阴角交接处、墙顶板交接处是否光滑平整、顺直,并用托线板检查墙面垂直与平整情况。散热器后面的墙面抹灰,应在散热器安装前进行,抹灰面接槎应平顺。地面踢脚板或墙裙,以及管道背后应及时清理干净。

(9)修抹预留孔洞、配电箱、槽、盒

底灰抹平后,要随即由专人将预留孔洞、配电箱、槽、盒周边5 cm宽的石灰砂刮掉,并清除干净,用大毛刷蘸水沿周边压抹平整、光滑。

(10)抹罩面灰

应在底灰六七成干时开始抹罩面灰(抹时如底灰过干应浇水湿润)。罩面灰两遍成活,厚度约2 mm。操作时最好两人同时配合进行,一人先刮一遍薄灰,另一人随即抹平,依先上后下的顺序进行,然后赶实压光。压时要掌握火候,既不要出现水纹,也不可压活,压好后随即用毛刷蘸水将罩面灰污染处清理干净。施工时整面墙不宜甩破活,如遇有预留施工洞时,可甩下整面墙待抹为宜。

2.1.4 质量标准

1)主控项目

①抹灰前基层表面的尘土、污垢、油渍等应清除干净,并应洒水润湿。

检查要求:抹灰前基层必须经过检查验收,并填写隐蔽验收记录。

检查方法:检查施工记录。

②一般抹灰材料的品种和性能应符合设计要求。水泥凝结时间和安定性应合格。砂浆的配合比应符合设计要求。

检验要求:材料复验要由监理或相关单位负责人见证取样,并签字认可。配制砂浆时应使用相应的量器,不得估配或采用经验配制。对配制使用的量器使用前应进行检查标志,并进行定期检查,做好记录。

检查方法:检查产品合格证,进行现场验收并记录,复验报告和施工记录。

③抹灰层与基层之间的各抹灰层之间必须黏结牢固,抹灰层无脱层、空鼓,面层应无爆灰和裂缝。

检验要求:操作时严格按规范和工艺标准操作。

检查方法:观察,用小锤轻击检查,检查施工记录。

2)一般项目

①一般抹灰工程的表面质量应符合下列规定:

a.普通抹灰表面应光滑、洁净,接槎平整,分格缝应清晰。

b.高级抹灰表面应光滑、洁净、颜色均匀、无抹纹,分格缝和灰线应清晰美观。

检验要求:抹灰等级应符合设计要求。

检查方法:观察,手摸检查。

②护角、孔洞、槽、盒周围的抹灰应整齐、光滑,管道后面抹灰表面平整。

检验要求:组织专人负责孔洞、槽、盒周围、管道背后抹灰工作、抹完后应由质检部门检验,并填写工程验收记录。

检查方法:观察。

③抹灰总厚度应符合设计要求,水泥砂浆不得抹在石灰砂浆上,罩面石膏灰不得抹在水泥砂浆层上。

检验要求:施工时要严格按施工工艺要求操作。

检查方法:检查施工记录。

④一般抹灰工程质量的允许偏差和检验方法应符合表 2.1 的规定。

表 2.1　一般抹灰的允许偏差和检验方法　　　　　　　　　　单位:mm

项次	项　目	允许偏差		检验方法
		普通	高级	
1	立面垂直度	3	2	用 2 m 垂直检测尺检查
2	表面平整度	3	2	用 2 m 靠尺和塞尺检查
3	阴阳角方正	3	2	用直角检测尺检测
4	分格条(缝)直线度	3	2	拉 5 m 线,不足 5 m 拉通线,用钢直尺检查
5	墙裙、勒脚上口直线度	3	2	拉 5 m 线,不足 5 m 拉通线,用钢直尺检查

任务单元 2.2　室外水泥砂浆抹灰工程施工

水泥砂浆抹灰工程施工一般分层进行,以利于抹灰牢固、抹面平整和保证质量。如果一次抹得太厚,由于内外收水快慢不同,容易出现干裂、起鼓和脱落现象。抹灰的构造分为底层、中层和面层 3 个构造层次,如图 2.9 所示。

①底层:底层主要起与基层的黏结和初步找平作用,底层所使用材料随基层不同而异。室内砖墙面常用石灰砂浆、水泥石灰混合砂浆;室外砖墙面和有防潮防水的内墙面常用水泥砂浆或混合砂浆;对混凝土基层,宜先刷素水泥浆一道,采用混合砂浆或水泥砂浆打底,更易于黏结牢固,而高级装饰工程的预制混凝土板顶棚,宜用掺 108 胶的水泥砂浆打底;对木板条、钢丝网基层等,宜用混合砂浆、麻刀灰和纸筋灰,并将灰浆挤入基层缝隙内,保证黏结牢固。

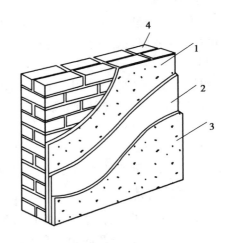

图 2.9　抹灰层的构造
1—底层;2—中层;3—面层;4—基层

②中层:中层主要起找平作用。中层抹灰所使用砂浆的稠度为 70~80 mm。根据基层材料的不同,其做法基本上与底层的做法相同。按照施工质量要求可一次抹成,也可分遍进行。

③面层:面层主要起装饰作用,所用材料根据设计要求的装饰效果而定。

2.2.1　施工准备

1）技术准备

①抹灰工程的施工图、设计说明及其他设计文件已完成。

②材料的产品合格证书、性能检测报告、进场验收记录和复验报告已完成。

③施工组织设计（方案）已完成，经审核批准并已完成交底工作。

④施工技术交底（作业指导书）已完成。

2）材料要求

（1）水泥

宜采用普通水泥或硅酸盐水泥，彩色抹灰宜采用白色硅酸盐水泥。水泥强度等级宜采用 32.5 级以上颜色一致、同一批号、同一品种、同一强度等级、同一生产厂家的产品。

水泥进厂需对产品名称、代号、净含量、强度等级、生产许可证编号、生产地址、出厂编号、执行标准、日期等进行检查，同时验收合格证。

（2）砂

宜采用平均粒径为 0.35~0.5 mm 的中砂，在使用前应根据使用要求过筛，筛好后保持洁净。

（3）磨细石灰粉

其细度过 0.125 mm 的方孔筛，累计筛余量不大于 13%。使用前用水浸泡使其充分熟化，熟化时间最少不小于 3 d。

浸泡方法：提前备好大容器，均匀地往容器中撒一层生石灰粉，浇一层水，然后再撒一层，再浇一层水，依次进行。当达到容器的 2/3 时，将容器内放满水，使之熟化。

（4）石灰膏

用块状生石灰淋制时，用筛网过滤，贮存在沉淀池中，使其充分熟化，使用时石灰膏内不得含有未熟化的颗粒和其他杂质。在沉淀池中的石灰膏要加以保护，防止其干燥、冻结和污染。

（5）掺加材料

当使用胶粘剂或外加剂时，必须符合设计及国家规范要求。

3）主要机具

①砂浆搅拌机：可根据现场使用情况选择强制式或小型鼓筒混凝土搅拌机等。

②手推车：室内抹灰时采用窄式卧斗或翻斗式，室外可根据使用情况选择窄式或普通式斗车。手推车宜采用胶胎轮或充气胶胎轮，不宜采用硬质胎轮。

③施工工具：铁锹、筛子、水桶（大小）、灰槽、灰勺、刮杠（大 2.5 m，中 1.5 m）、靠尺板、线坠、钢卷尺（标、验*）、方尺（标、验*）、托灰板、铁抹子、木抹子、塑料抹子、八字靠尺、方口尺（标、验*）、阴阳角抹子、长舌铁抹子、金属水平尺（标、验*）、捋角器、软水管、长毛刷、鸡腿刷、钢丝刷、扫帚、喷壶、小线、钻子（尖、扁）、粉线袋、铁锤、钳子、钉子、托线板等。[①]

---

①验：指量具在使用前应进行检验合格。标：指检验合格后进行的标志。

图 2.10 砂浆搅拌机

图 2.11 手推车

4) 作业条件

①主体结构必须经过相关单位(建设单位、施工单位、质量监理、设计单位)检验合格并已验收。

②抹灰前应检查门窗框安装位置是否正确,需埋设的接线盒、电箱、管线、管道套管是否固定牢固:连接处缝隙应用1:3水泥砂浆或1:1:6水泥混合砂浆分层嵌塞密实,若缝隙较大时,应在砂浆中掺少量麻刀嵌塞,将其填塞密实。

③将混凝土过梁、梁垫、圈梁、混凝土柱、梁等表面凸出部分剔平,将蜂窝、麻面、露筋、疏松部分剔到实处,用胶黏性素水泥浆或界面剂涂刷表面;然后用1:3的水泥砂浆分层抹平。脚手架和废弃的孔洞应堵严,窗台砖补齐,墙与楼板、梁底等交接处应用斜砖砌严补齐。

④配电箱、消火栓等背后裸露部分应加钉铅丝网固定好,可涂刷一层界面剂,铅丝网与最小边搭接尺寸不应小于100 mm。

⑤对抹灰基层表面的油渍、灰尘、污垢等清除干净。

⑥抹灰前屋面防水最好是提前完成,如未完成防水及上一层地面而需进行抹灰时,必须有防水措施。

⑦抹灰前应熟悉图纸、设计说明及其他文件,制订方案,做好样板间,经检验达到要求标准后方可正式施工。

⑧外墙抹灰施工要提前按安全操作规范搭好外架子。架子离墙20~25 cm,以利于操作。为减少抹灰接槎,使抹灰面平整,外架宜铺设三步板,以满足施工要求。为保证抹灰不出现接缝和色差,严禁使用单排架子,同时不得在墙面上预留临时孔洞等。

⑨抹灰开始前应对建筑整体进行表面垂直、平整度检查,在建筑物的大角两面、阳台、窗台、镶脸等两侧吊垂直弹出抹灰层控制线,以作为抹灰的依据。

2.2.2 材料和质量要点

1) 材料要求

①水泥:使用前或出厂日期超过3个月必须复验,合格后方可使用。不同品种、不同强度等级的水泥不得混合使用。

②砂:颗粒坚硬,不含有机有害物质,含泥量不大于3%。

③石灰膏:质地洁白、细腻,不含未熟化颗粒及其他杂质。

④胶粘剂:应符合环保要求。

⑤进入现场的材料应按相关标准规定要求进行检验。

2)技术要求

①冬期施工温度最低不低于 5 ℃。

②抹灰前基层处理,必须经验收合格,并填写隐蔽工程验收记录。

③不同材料基体交接处表面的抹灰,应采取防止开裂的加强措施。当采用加网时,加强网与各基体的搭接宽度不应小于 100 mm(做法同石灰砂浆抹灰做法)。

④当施工砂浆采用外加剂时,应符合设计或相关标准规范的要求。

3)质量要点

①注意防止出现空鼓、开裂、脱落。

a.基体表面要认真清理干净,浇水湿润。

b.基体表面光滑的要进行毛化处理。

c.准确控制各抹灰层的厚度,防止一次抹灰过厚。

d.大面积抹灰应分格、防止砂浆收缩,造成开裂。

e.加强养护。

②注意防止阳台、雨罩、窗台等抹灰面水平和垂直方向出现不一致。

a.抹灰前拉通线,吊垂直线检查调整,确定抹灰层厚度。

b.抹灰时在阳台、雨罩、窗口、柱垛等处水平和垂直方向拉通线找平、找正套方。

③注意防止抹灰面不平整,阴阳角不方正、不垂直。

a.抹灰前应认真对整个抹灰部位进行测量,确定抹灰总厚度,对坑洼不平的应分层补平。

b.抹阴阳角时要充筋,并使用专用工具操作以控制其方正。

2.2.3 施工工艺

1)工艺流程

墙面基层清理、浇水湿润→堵门窗缝及脚手眼、孔洞→吊垂直、套方、找规矩、抹灰饼、充筋→抹底层灰、中层灰→弹线分格、嵌分格条→抹面层灰、起分格条→抹滴水线→养护。

2)操作工艺

(1)墙面基层清理、浇水湿润

①砖墙基层处理:将墙面上残存的砂浆、舌头灰剔除干净,污垢、灰尘等清理干净,用清水冲洗墙面,将砖缝中的浮砂、尘土冲掉,并均匀湿润墙面。

②混凝土墙基层处理:因混凝土墙面在结构施工时大都使用脱膜隔离剂,表面比较光滑,故应对其表面进行处理。处理方法:采用脱污剂将墙面的油污脱除干净,晾干后采用机械喷涂或扫帚涂刷一层薄的胶黏性水泥浆或涂刷一层混凝土界面剂,使其凝固在光滑的基层上,以增加抹灰层与基层的附着力,不出现空鼓开裂。另一种方法是将其表面用尖钻子均

匀剔成麻面,使其表面粗糙不平,然后浇水湿润。

③加气混凝土墙基层处理:加气混凝土砌体其本身强度较低,孔隙率较大,在抹灰前应对松动及灰浆不饱满的拼缝或梁、板下的顶头缝,用砂浆填塞密实。将墙面凸出部分或舌头灰剔凿平整,并将缺棱掉角、坑洼不平和设备管线槽、洞等同时用砂浆整修密实、平顺。用托线板检查墙面垂直偏差及平整度,根据要求将墙面抹灰基层处理到位,然后喷水湿润。

(2)堵门窗口缝及脚手眼、孔洞等

堵缝工作要作为一道工序安排专人负责,门窗框安装位置准确牢固,用1:3水泥砂浆将缝隙塞严。堵脚手眼和废弃的孔洞时,应将洞内杂物、灰尘等物清理干净,浇水湿润,然后用砖将其补齐砌严。

(3)吊垂直、套方、找规矩、做灰饼、充筋

根据建筑高度确定放线方法,高层建筑可利用墙大角、门窗口两边,用经纬仪打直线找垂直。多层建筑时,可从顶层用大线坠吊垂直,绷铁丝找规矩。横向水平线可依据楼层标高或施工+50 cm线为水平基准线进行交圈控制,然后按抹灰操作层抹灰饼(见图2.12)。做灰饼时应注意横竖交圈,以便操作。每层抹灰时则以灰饼做基准充筋,使其保证横平竖直。

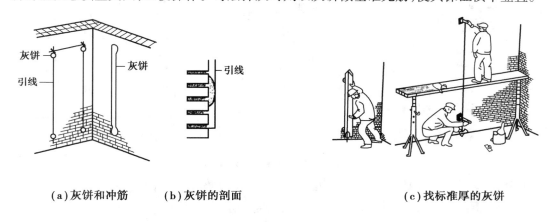

(a)灰饼和冲筋   (b)灰饼的剖面   (c)找标准厚的灰饼

图2.12 墙面抹灰操作示意图

(4)抹底层灰、中层灰

根据不同的基体,抹底层灰前可刷一道胶黏性水泥浆,然后抹1:3水泥砂浆(加气混凝土墙应抹1:1:6混合砂浆),每层厚度控制在5~7 mm为宜。分层抹灰抹与充筋平时用木杠刮平找直,木抹搓毛,每层抹灰不宜跟得太紧,以防收缩影响质量。

(5)弹线分格、嵌分格条

根据图纸要求弹线分格、粘分格条。分格条宜采用红松制作,粘前应用水充分浸透,粘时在条两侧用素水泥浆抹成45°八字坡形。粘分格条时注意竖条应粘在所弹立线的同一侧,防止左右乱粘,出现分格不均匀。条粘好后待底层呈七八成干后可抹面层灰。

(6)抹面层灰、起分格条

待底灰呈七八成干时开始抹面层灰,将底从墙面浇水均匀湿润,先刮一层薄的素水泥浆,随即抹罩面灰与分格条平,并用木杠横竖刮平,木抹子搓毛,铁抹子溜光、压实。待其表面无明水时,用软毛刷蘸水垂直于地面向同一方向轻刷一遍,以保证面层灰颜色一致,避免

出现收缩裂缝,随后将分格条起出,待灰层干后,用素水泥膏将缝勾好。难起的分格条不要硬起,防止棱角损坏,待灰层干透后补起,并补勾缝。

(7)抹滴水线

在抹檐口、窗台、窗楣、阳台、雨篷、压顶和突出墙面的腰线以及装饰凸线时,应将其上面做成向外的流水坡度,严禁出现倒坡,下面做滴水线(槽)。窗台上面的抹灰层应深入窗框下坎裁口内,堵塞密实,流水坡度及滴水线(槽)距外表面不小于 40 cm,滴水线深度和宽度一般不小于 10 mm,并应保证其流水坡度方向正确,做法见图 2.13。

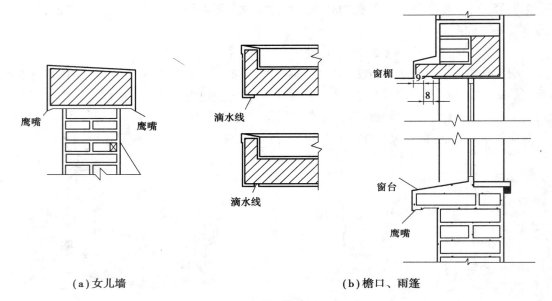

(a)女儿墙　　　　　　　　　　　　　(b)檐口、雨篷

图 2.13　滴水线槽做法示意图

抹滴水线(槽)应先抹立面,后抹顶面,再抹底面。分格条在底面灰层抹好后即可拆除。采用"隔夜"拆条法时,需待抹灰砂浆达到适当强度后方可拆除。

(8)养护

水泥砂浆抹灰常温 24 h 后应喷水养护。冬期施工要有保温措施。

2.2.4　质量标准

1)主控项目

①抹灰前基层表面尘土、污垢、油渍等应清除干净,并应洒水润湿。

检验要求:抹灰前基层必须经过检查验收,并填写隐蔽工程验收记录。

检查方法:检查施工记录。

②一般抹灰材料的品种和性能应符合设计要求。水泥凝结时间和安定性应合格。砂浆的配合比应符合设计要求。

检验要求:材料复验要由监理或相关单位负责人见证取样,并签字认可。配制砂浆时应使用相应的量器,不得估配或采用经验配制法配置。对配制使用的量器使用前应进行检查标志,并进行定期检查,做好记录。

检查方法:检查产品合格证书,进场验收记录,复验报告和施工记录。

③抹灰层与基层之间的各抹灰层之间必须黏结牢固,抹灰层无脱层、空鼓,面层应无爆灰和裂缝。

检验要求:操作时严格按规范和工艺标准操作。

检查方法:观察,用小锤轻击检查,检查施工记录。

2) 一般项目

①一般抹灰工程的表面质量应符合下列规定:

a.普通抹灰表面应光滑、洁净,接槎平整,分格缝应清晰。

b.高级抹灰表面应光滑、洁净,颜色均匀、无抹纹,分格缝和灰线应清晰美观。

检验要求:抹灰等级应符合设计要求。

检查方法:观察,手摸检查。

②抹灰总厚度应符合设计要求,水泥砂浆不得抹在石灰砂浆上,罩面石膏灰不得抹在水泥砂浆层上。

检验要求:施工时要严格按设计要求或施工规范标准执行。

检查方法:检查施工记录。

③抹灰分格缝的设置应符合设计要求,宽度和深度应均匀,表面光滑,棱角应整齐。

检验要求:面层灰完成后,随将分格条起出,然后用水泥膏勾缝,当时难起出的分格条,待灰层干透再起,并补勾格缝。分格条使用前应用水充分泡透。

检查方法:观察,尺量检查。

④有排水要求的部位应做滴水线(槽)。滴水线(槽)应整齐顺直,滴水线应内高外低,滴水槽的宽度和深度,均不应小于 10 mm,滴水槽应用红松制作,使用前用水充分泡透。

检查方法:观察,尺量检查。

⑤一般抹灰工程质量的允许偏差和检验方法应符合表 2.2 的规定。

表 2.2 一般抹灰的允许偏差和检验方法　　　　单位:mm

项次	项　目	允许偏差		检验方法
		普通抹灰	高级抹灰	
1	立面垂直度	3	2	用 2 m 垂直检测尺检查
2	表面平整度	3	2	用 2 m 靠尺和塞尺检查
3	阴阳角方正	3	2	用直角检测尺检测
4	分格条(缝)直线度	3	2	拉 5 m 线,不足 5 m 拉通线,用钢直尺检查
5	墙裙、勒脚上口直线度	3	2	拉 5 m 线,不足 5 m 拉通线,用钢直尺检查

任务单元2.3 水刷石抹灰工程施工

2.3.1 施工准备

1)技术准备

①设计施工图、设计说明及其他设计文件已完成。

②施工方案已完成,并通过审核、批准。

③施工设计交底、施工技术交底(作业指导书)已签订完成。

2)材料要求

(1)水泥

宜采用普通硅酸盐水泥或硅酸盐水泥,也可采用普通矿渣水泥、火山灰水泥、粉煤灰水泥及复合水泥,彩色抹灰宜采用白色硅酸盐水泥。水泥强度等级宜采用32.5级颜色一致、同一批号、同一品种、同一强度等级、同一厂家生产的产品。

水泥进厂需对产品名称、代号、净含量、强度等级、生产许可证编号、生产地址、出厂编号、执行标准、日期等进行外观检查,同时验收合格证。

(2)砂子

宜采用粒径为0.35~0.5 mm的中砂,要求颗粒坚硬、洁净,含泥量小于3%。使用前应过筛,除去杂质和泥块等。

(3)石渣

要求颗粒坚实、整齐、均匀、颜色一致,不含黏土及有机、有害物质。所使用的石渣规格、级配应符合规范和设计要求。一般所称的"中八厘"为6 mm,"小八厘"为4 mm。使用前应用清水洗净,按不同规格、颜色分堆晾干后,用苫布苫盖或装袋堆放。施工采用彩色石渣时,要求采用同一品种、同一产地的产品,宜一次进货备足。

(4)小豆石

用小豆石做水刷石墙面材料时,其粒径在5~8 mm为宜,其含泥量不大于1%,要求坚硬、粒径均匀。使用前宜过筛,筛去粉末,清除僵块,用清水洗净,晾干备用。

(5)石灰膏

宜采用熟化后的石灰膏。

(6)生石灰粉

使用前要将石灰粉闷透、熟化,时间应不少于7 d,使其充分熟化,使用时不得含有未熟化的颗粒和杂质。

(7)颜料

应采用耐碱性和耐光性较好的矿物质颜料,使用时应采用同一配比与水泥干拌均匀,装袋备用。

(8)胶黏剂

应符合国家规范标准要求,掺加量应通过试验。

3)主要机具

①砂浆搅拌机:可根据现场情况选用适应的机型。

②手推车:室内抹灰时宜采用窄式卧斗或翻斗式,室外可根据使用情况选择窄式或普通式。无论采用哪种形式,其车轮都宜采用胶胎轮或充气胶胎轮,不宜采用硬质胎轮。

③主要工具:水压泵(可根据施工情况确定数量)、喷雾器、喷雾器软胶管(根据喷嘴大小确定口径)、铁锹、筛子、木杠(大小)、钢卷尺(标、验)、线坠、画线笔、方口尺(标、验)、水平尺(标、验)、水桶(大小)、小压子、铁溜子、钢丝刷、托线板、粉线袋、钳子、钻子(尖、扁)、扫帚、木抹子、软(硬)毛刷、灰勺、铁板、铁抹子、托灰板、灰槽、小线、钉子、胶鞋等。

4)作业条件

①抹灰工程的施工图、设计说明及其他设计文件已完成。

②主体结构应经过相关单位(建筑单位、施工单位、监理单位、设计单位)检验合格。

③抹灰前按施工要求搭好双排外架子或桥式架子,如果采用吊篮架子,必须满足安装要求。架子距墙面 200~250 mm,以利于操作。墙面不应留有临时孔洞,架子必须经安全部门验收合格后方可开始抹灰。

④抹灰前应检查门窗框安装位置是否正确、门窗框是否固定牢固,并用 1:3 水泥砂浆将门窗口缝堵塞严密,对抹灰墙面预留孔洞、预埋穿管等已处理完毕。

⑤已将混凝土过梁、梁垫、圈梁、混凝土柱、梁等表面凸出部分剔到实处,将蜂窝、麻面、露筋、疏松部分剔到实处,然后用 1:3 的水泥砂浆分层抹平。

⑥抹灰基层表面的油渍、灰尘、污垢等应清除干净,墙面提前浇水均匀湿透。

⑦抹灰前应先熟悉图纸、设计说明及其他文件,制订好方案要求,做好技术交底,确定配合比和施工工艺,责成专人统一配料,并把好配合比关。按要求做好施工样板并经相关部门检验合格后,方可大面积施工。

2.3.2 材料和质量要点

1)材料要求

①水泥:使用前或出厂日期超过 3 个月必须复验,合格后方可使用。不同品种、不同强度等级的水泥不得混合使用。

②所使用胶黏剂必须符合环保产品要求。

③颜料:应选用耐碱、耐光的矿物性颜料。

④砂:要求颗粒坚硬,洁净,含泥量不大于 3%。

⑤进入施工现场的材料应按相关标准规定要求进行检验。

2)技术要求

①分格要符合设计要求,粘条时要顺序粘在分格线的同一侧。

②抹灰前要对基体进行处理检查,并做好隐蔽工程验收记录。

③配置砂浆时,材料配比应用计量器具,不得采用估量法。

④喷刷水刷石面层时,要正确掌握喷水时间和喷头角度。

3)质量要点

①注意防止水刷石墙面出现石子不均匀或脱落,表面混浊不清晰。

a.石渣使用前应冲洗干净。

b.分格条应在分格线同一侧贴牢。

c.掌握好水刷石冲洗时间,不宜过早或过迟,喷洗要均匀,冲洗不宜过快或过慢。

d.掌握喷刷石子深度,一般使石粒露出表面1/3为宜。

②注意防止水刷石面层出现空鼓、裂缝。

a.待底层灰至六七成干时才开始抹面层石渣灰,抹前若底层灰干燥应浇水均匀润湿。

b.抹面层石渣灰前应满刮一道胶黏剂素水泥浆,注意不要有漏刮处。

c.抹好石渣灰后应轻轻拍压使其密实。

③注意防止阴阳角不垂直,出现黑边。

a.抹阳角时,要使石渣灰浆接槎正交在阳角的尖角处。

b.阳角卡靠尺时,要比上段已抹完的阳角高出1~2 mm。

c.喷洗阳角时要骑角喷洗,并注意喷水角度,同时喷水速度要均匀。

d.抹阳角时先弹好垂直线,然后根据弹线确定的厚度为依据抹阳角石渣灰。同时要掌握喷洗时间和喷水角度,特别注意喷刷深度。

④注意防止水刷石与散水、腰线等接触部位出现烂根。

a.应将接触的平面基层表面浮灰及杂物清理干净。

b.抹根部石渣灰浆时注意认真抹压密实。

⑤注意防止水刷石墙面留槎混乱,影响整体效果。

a.水刷石槎子应留在分格条缝或落水管后边或独立装饰部分的边缘。

b.不得将槎子留在分格块中间部位。

2.3.3 施工工艺

1)工艺流程

堵门窗口缝→基层处理→浇水湿润墙面→吊垂直、套方、找规矩、抹灰饼、充筋→分层抹底层砂浆→分格弹线、粘分格条→做滴水线条→抹面层石渣浆→修整、赶实压光、喷刷→起分格条、勾缝→养护。

2)操作工艺

(1)堵门窗口缝

抹灰前应检查门窗口位置是否符合设计要求、安装牢固、四周缝按设计及规范要求已填塞完成,然后用1∶3水泥砂浆塞实抹严。

(2)基层清理

①混凝土墙基层处理。

a.凿毛处理:用钢钻子将混凝土墙面均匀凿出麻面,并将板面酥松部分剔除干净,用钢丝刷将粉尘刷掉,用清水冲洗干净,然后浇水湿润。

b.清洗处理:用10%的火碱水将混凝土表面油污及污垢清刷除净,然后用清水冲洗晾干,采用涂刷素水泥浆或混凝土界面剂均可。如采用混凝土界面剂施工,应按所使用产品要求使用。

②砖墙基层处理。抹灰前需将基层上的尘土、污垢、灰尘、残留砂浆、舌头灰等清除干净。

③浇水湿润。基层处理完后,要认真浇水湿润。浇水时应将墙面清扫干净,浇透浇均匀。

④吊垂直、套方、找规矩、做灰饼、充筋。根据建筑高度确定放线方法,高层建筑可利用墙大角、门窗口两边,用经纬仪打直线找垂直。多层建筑时,可从顶层用大线坠吊垂直,绷铁丝找规矩,横向水平线可依据楼层标高或施工+50 cm 线为水平基准线交圈控制,然后按抹灰操作层抹灰饼,做灰饼时应注意横竖交圈,以利于操作。每层抹灰时则以灰饼做基准充筋,保证其横平竖直。

⑤分层抹底层砂浆。

a.对于混凝土墙:先刷一道胶黏性素水泥浆,然后用 1∶3 水泥砂浆分层装档抹与筋平,然后用木杠刮平,木抹子搓毛或花纹。

b.对于砖墙:抹 1∶3 水泥砂浆,在常温时可用 1∶0.5∶4 混合砂浆打底,抹灰时以充筋为准,控制抹灰层厚度,分层分遍装档与充筋抹平,用木杠刮平,然后木抹子搓毛或做花纹。底层灰完成 24 h 后应浇水养护。抹头遍灰时,应用力将砂浆挤入砖缝内使其黏结牢固。

⑥弹线分格、粘分格条。根据图纸要求弹线分格、粘分格条,分格条宜采用红松制作,粘前应用水充分浸透,粘时在条两侧用素水泥浆抹成 45°八字坡形,粘分格条时注意竖条应粘在所弹立线的同一侧,防止左右乱粘,出现分格不均匀,条粘好后待底层灰呈七八成干后可抹面层灰。

⑦做滴水线。在抹檐口、窗台、窗楣、阳台、雨棚、压顶和凸出墙面的腰线以及装饰凸线等时,应将其上面作成向外的流水坡度,严禁出现倒坡,下面做滴水线(槽)。窗台上面的抹灰层应深入窗框下槛裁口内,堵密实。流水坡度及滴水线(槽)距外表面不小于 4 cm,滴水线深度和宽度一般不小于 10 mm,并应保证其坡度方向正确。

抹滴水线(槽)应先抹立面,后抹顶面,再抹底面。分格条在其面层灰抹好后即可拆除。采用"隔夜"拆条法时,需待面层砂浆达到适当强度后方可拆除。

滴水线做法同水泥砂浆抹灰做法。

⑧抹面层石渣浆。待底层灰六七成干时,首先将墙面润湿涂刷一层胶黏性素水泥浆,然后开始用钢抹子抹面层石渣浆。自下往上分两遍与分格条抹平,并及时用靠尺或小杠检查平整度(抹石渣层高于分格条 1 mm 为宜),有坑凹处要及时填补,边抹边拍打揉平。

⑨修整、赶实压光、喷刷。将抹好在分格条块内的石渣浆面层拍平压实,并将内部的水泥浆挤压出来,压实后尽量保证石渣大面朝上,再用铁抹子溜光压实,反复 3~4 遍。拍压时特别要注意阴阳角部位石渣饱满,以免出现黑边。待面层初凝时(指按无痕),用水刷子刷不掉石粒为宜。然后开始刷洗面层水泥浆,喷刷分两遍进行,第一遍先用毛刷蘸水刷掉面层水泥浆,露出石粒,第二遍紧随其后用喷雾器将四周相邻部位喷湿,然后自上而下顺序喷水冲洗,喷头一般距墙面 100~200 mm,喷刷要均匀,使石子露出表面 1~2 mm 为宜。最后用水壶从上往下将石渣表面冲洗干净,冲洗时不宜过快,同时注意避开大风天,以避免造成墙面污

染发花。若使用白水泥砂浆做水刷石墙面,在最后喷刷时可用草酸稀释液冲洗一遍,再用清水洗一遍,使墙面更显洁净、美观。

⑩起分格条、勾缝。喷刷完成后,待墙面水分控干后,小心将分格条取出,然后根据要求用线抹子将分格缝溜平抹顺直。

⑪养护。待面层达到一定强度后可喷水养护,以防止脱水、收缩造成空鼓、开裂。

⑫阳台、雨罩、门窗镟脸部位做法。门窗镟脸、窗台、阳台、雨罩等部位水刷石施工时,应先做小面、后做大面,刷石喷水应由外往里喷刷,最后用水壶冲洗,以保证大面的清洁美观。檐口、窗台、镟脸、阳台、雨罩等底面应做滴水槽,滴水线(槽)应做成上宽 7 mm、下宽 10 mm、深 10 mm 的木条,便于抹灰时取出木条,保持棱角不受损坏。淌水线距外皮不应小于 4 mm,且应顺直。当大面积墙面做水刷石一天不能完成时,在继续施工冲刷新活前,应将前面做的刷石用水淋湿,以保证喷刷时粘上水泥浆后便于清洗,防止对原墙面造成污染。施工楂子应留在分格缝上。

2.3.4 质量标准

1) 主控项目

①抹灰前基层表面的尘土、污垢、油渍等应清除干净,并浇水均匀润湿。

检验要求:抹灰前应由质量部门对其基层处理质量进行检验,并填写隐蔽工程记录,达到要求后方可施工。

检验方法:检查施工记录。

②装饰抹灰工程所用材料的品种和性能应符合设计要求。水泥的凝结时间和安定性复验应合格。砂浆的配合比应符合设计要求。

检验要求:复试取样应由相关单位"见证取样",并由见证人员签字认可、记录。

检验方法:检查产品合格证书,进场验收记录,复验报告和施工记录。

③抹灰工程应分层进行。当抹灰总厚度大于或等于 35 mm 时,应采取加强措施。不同材料基体交接处表面的抹灰,应采取防止开裂的加强措施。当采用加强网时,加强网与各基体的搭接宽度不应小于 100 mm。

检验要求:不同材料基体交接面抹灰,宜采用铺钉金属网加强措施,保证抹灰质量不出现开裂。

检验方法:检查隐蔽工程验收记录和施工记录。

④各抹灰层之间及抹灰层与基体之间必须黏结牢固,抹灰层应无脱层、空鼓和裂缝。

检验要求:严格过程控制,每道工序完成后应进行"工序检验",并填写记录。

检验方法:观察,用小锤轻击检查;检查施工记录。

2) 一般项目

①水刷石表面应石粒清晰,分布均匀、紧密严整,色泽一致,应无掉粒和接楂痕迹。

检验要求:操作时应反复揉挤压平,选料应颜色一致、一次备足,正确掌握喷刷时间,最后用清水清洗面层。

检查方法:观察,手摸检查。

②分格条(缝)的设置应符合设计要求,宽度和深度应均匀,表面应平整光滑,棱角应整齐。

检验要求:勾缝时要小心认真,将勾缝膏溜压平整、顺直。

检查方法:观察。

③有排水要求部位应做滴水线(槽),滴水线(槽)应整齐顺直,滴水应内高外低,滴水线(槽)的宽度和深度应不小于 10 mm。

检验要求:分格条宜用红松木制作,做成上宽 7 mm,下宽 10 mm,厚(深)度为 10 mm。用前必须用水浸透,木条起出后立即将粘在条上的水泥浆刷净浸水,以备再用。

检查方法:观察,尺量检查。

④水刷石工程的允许偏差和检验方法应符合表 2.3 的规定。

表 2.3 水刷石抹灰的允许偏差和检验方法 单位:mm

项次	项 目	允许偏差	检验方法
1	立面垂直度	5	用 2 m 垂直检测尺检查
2	表面平整度	3	用 2 m 靠尺和塞尺检查
3	阴阳角方正	3	用直角检测尺检测
4	分格条(缝)直线度	3	拉 5 m 线,不足 5 m 拉通线,用钢直尺检查
5	墙裙、勒脚上口直线度	3	拉 5 m 线,不足 5 m 拉通线,用钢直尺检查

任务单元 2.4 外墙斩假石抹灰工程施工

2.4.1 施工准备

1)技术准备

①设计施工图、设计说明及其他设计文件已完成。

②施工方案已完成,并通过审核、批准。

③施工设计交底、施工技术交底(作业指导书)已签订完成。

2)材料要求

(1)水泥

宜采用 32.5 级以上普通硅酸盐水泥或矿渣水泥,要求选用颜色一致、同一强度等级、同一品种、同一厂家生产、同一批进场的水泥。水泥进厂需对产品名称、代号、净含量、强度等级、生产许可证编号、生产地址、出厂编号、执行标准、日期等进行外观检查,同时验收合格证。

(2)砂子

宜采用粒径为 0.35~0.5 mm 的中砂,要求颗粒坚硬、洁净。使用前应过筛,除去杂质和泥块等,筛好备用。

(3)石渣

宜采用"小八厘",要求石质坚硬、耐光、无杂质,使用前应用清水洗净晾干。

(4)磨细石灰粉

使用前应充分熟化、闷透,不得含有未熟化的颗粒和杂质,熟化时间不应少于 3 d。

(5)胶黏剂、混凝土界面剂

应符合国家质量规范标准要求,严禁使用非环保型产品。

(6)颜料

应采用耐碱性和耐光性较好的矿物质颜料,使用前与水泥干拌均匀,配合比计算要准确,然后过筛装袋备用,保存时应避免受潮。

3)主要机具

①手推车:根据现场情况可采用窄式卧斗或翻斗式及普通式手推车。要求手推车车轮采用胶胎轮或充气胶胎轮,不宜采用硬质胎轮手推车。

②砂浆搅拌机:根据现场情况可选择砂浆搅拌机或利用小型鼓筒式混凝土搅拌机。

③主要工具有:筛子、磅秤、水桶(大小)、铁板、喷壶、铁锹、灰槽、灰勺、托灰板、水勺、木抹子、铁抹子、阴阳角抹子、砂磨石(磨斧石)、钢丝刷、钢卷尺(标、验)、水平尺（标、验)、方口尺(标、验)、靠尺(标、验)、扫帚、米厘条、杠(大、中、小)、施工小线、粉线包、线坠、钢筋卡子、钉子、单刃或多刃剁斧、棱点锤(花锤)、斩斧(剁斧)、开口凿（扁平、凿平、梳口、尖锤)等。

4)作业条件

①主体结构必须经过相关单位(建筑单位、施工单位、监理单位、设计单位)检验合格,并已验收。

②做台阶、门窗套时,门窗框应安装牢固,并按设计或规范要求将四周门窗口缝塞严嵌实,门窗框应已做好保护,然后用 1:3 水泥砂浆塞严抹平。

③抹灰工程的施工图、设计说明及其他设计文件已完成,施工作业方案已完成。

④抹灰架子已搭设完成并已经验收合格。抹灰架子宜搭双排架,采用吊篮或桥式架子,架子应距墙面 200~250 mm,以利于操作。

⑤墙面基层已按要求清理干净,脚手眼、临时孔洞已堵好,窗台、窗套等已补修整齐。

⑥所用石渣已过筛,除去杂质、杂物,洗净备足。

⑦抹灰前已根据施工方案完成作业指导书(即施工技术交底)工作。

⑧根据方案确定的最佳配合比及施工方案做好样板,并经相关单位检验认可。

2.4.2 材料和质量要点

1)材料要求

①水泥:使用前或出厂日期超过 3 个月的必须进行复验,合格后方可使用。复验取样应由相关单位见证取样。

②砂子:要求颗粒坚硬,洁净,含泥量不大于 3%。

③石渣：要求颜色一致、质地坚硬、清洁无杂质，含泥量小于11%。

④颜料：要符合设计要求，宜选用耐碱、耐光性较强的矿物质颜料。

2) 技术要求

①分格弹线应符合设计要求，分格条凹槽深度和宽度应一致，槽底勾缝应平顺光滑，棱角应通顺、整齐，横竖缝交接应平整顺直。

②斩假石表面要颜色一致，剁纹要均匀、无漏剁现象。

③剁线留边顺直一致，棱角无损坏。

④表面要求平整，花纹清晰、整齐、颜色均匀，无缺棱掉角、脱皮、起砂现象。

3) 质量要点

①注意斩假石不能出现空鼓、裂缝。

a.基层要认真清理干净，表面光滑的基层应做毛化处理，抹灰前应浇水均匀湿润。

b.抹灰前应先抹一道水泥胶灰浆，以加强与底层灰的黏结强度。

c.底层灰与基层及每层与每层之间抹灰不宜跟得太紧，各层抹完灰后要洒水养护，待达到一定强度(七八成干)时再抹上面一层灰。

d.当面层抹灰厚度超过40 mm时应增加钢筋网片、钢筋网，宜用φ6钢筋，间距为20 cm。

e.首层地面、台阶回填土应按施工规范夯填密实，台阶凝土垫层厚度应不小于80 mm。

f.对于两种不同材料的基层，抹灰前应加钢丝网，以增加基体的整体性。

g.夏季施工面层防止暴晒，冬季0 ℃以下不宜施工。

②注意防止斩假石面层剁纹凌乱不匀和表面不平整。

a.施工时按图纸要求留边放线。

b.大面积施工前，应先斩剁样板，然后按样板进行大面施工。

c.加强过程控制，设专人勤检查斩剁质量，发现不合格则返工重剁。

d.准确掌握斩剁时间，不应过早。

e.斩剁时应勤磨斧刃，使剁斧锋利，以保证剁纹质量。剁时用力应均匀，不要用力过大或过小，造成剁纹深浅不一致、凌乱、表面不平整。

③注意防止斩剁石面层颜色不一致，出现花感。

a.所使用材料要统一，掺颜料用的水泥应使用同一批号、同一品种、同一配比，并一次性干拌、备足，保存时注意防湿。

b.斩剁石面层剁好后，应用硬毛刷顺剁纹刷净。清刷时应蘸水或用水冲，雨天不宜施工。

2.4.3 施工工艺

1) 工艺流程

工艺流程如下：基层处理→吊垂直、套方、找规矩、做灰饼充筋→抹底层砂浆→弹线分格、粘分格条→抹面层石渣灰→浇水养护→弹线分条快→面层斩剁(剁石)。

2) 操作工艺

（1）基层处理

①砖墙基层处理。将墙面上残存的砂浆、舌头灰剔除干净，污垢、灰尘等清理干净。用

清水清洗墙面,将砖缝中的浮砂、尘土冲掉,并使墙面均匀湿润。

②混凝土墙基层处理。因混凝土墙面在结构施工时大都使用脱膜隔离剂,表面比较光滑,故应对其表面进行处理。方法是:采用脱污剂将面层的油污脱除干净,晾干后涂刷一层胶黏性水泥砂浆或涂刷混凝土界面剂,使其凝固在光滑的基层上,以增加抹灰层与基层的附着力。另一种方法是用尖钻子将其面层均匀剔麻,使其表面粗糙不平成毛面,然后浇水均匀湿润。

（2）吊垂直、套方、找规矩、做灰饼、充筋

根据设计要求,在需要做斩假石的墙面、柱面中心线或建筑物的大角、门窗口等部位用线坠从上到下吊通线作为垂直线,水平横线可利用楼层水平线或施工+50 cm标高线为基线作为水平交圈控制。为便于操作,做整体灰饼时要注意横竖交圈,然后每层打底时以此灰饼为基准,进行层间套方、找规矩、做灰饼、充筋,以便控制各层间抹灰与整体平直。施工时要特别注意保证檐口、腰线、窗口、雨篷等部位的流水坡度。

（3）抹底层砂浆

抹灰前基层要均匀浇水湿润,先刷一道水溶性胶黏剂水泥素浆(配合比根据要求或实验确定),然后依据充筋分层分遍抹1∶3水泥砂浆,分两遍抹与充筋平,然后用抹子压实,木杠刮平,再用木抹子搓毛或划纹。打底时要注意阴阳角的方正垂直,待抹灰层终凝后设专人浇水养护。

（4）弹线分格、粘分格条

根据图纸要求弹线分格、粘分格条。分格条宜采用红松制作,粘前应用水充分浸透,粘时在条两侧用素水泥浆抹成45°八字坡形。粘竖条应粘在所弹立线的同一侧,防止左右乱粘,出现分格不均匀,条粘好后待底层呈七八成干后方可抹面层灰。

（5）抹面层石渣灰

首先将底层浇水均匀湿润,满刮一道水溶性胶黏性素水泥膏(配合比根据要求或实验确定),随即抹面层石渣灰。抹与分格条平,用木杠刮平,待收水后用木抹子用力赶压密实,然后用铁抹子反复赶平压实,并上下顺势溜平,随即用软毛刷蘸水将表面水泥浆刷掉,使石渣均匀露出。

（6）浇水养护

斩剁石抹灰完成后,养护非常重要,如果养护不好,会直接影响工程质量。因此,施工时要特别重视这一环节,设专人负责养护工作,做好施工记录。斩剁石抹灰面层养护,夏日要防暴晒,冬日要防冰冻,且最好不要在冬日施工。

（7）面层斩剁（剁石）

①掌握斩剁时间,在常温下经3 d左右或面层达到设计强度60%~70%时即可进行。大面积施工应先试剁,以石子不脱落为宜。

②斩剁前应先弹顺线,并离开剁线适当距离按线操作,以避免剁纹跑斜。

③斩剁应自上而下进行,首先将四周边缘和棱角部位仔细剁好,再剁中间大面。若有分格,每剁一行应随时将上面和竖向分格条取出,并及时将分块内的缝隙、小孔用水泥浆修补平整。

④斩剁时宜先轻剁一遍,再盖着前一遍的剁纹剁出深痕。操作时用力应均匀,移动速度

图 2.14 剁斧面

应一致,不得出现漏剁。

⑤柱子、墙角边棱斩剁时,应先横剁出边缘横斩纹或留出窄小边条(边宽为 30~40 mm)不剁。剁边缘时应使用锐利的小剁斧轻剁,以防止掉边掉角,影响质量。

⑥用细斧斩剁墙面饰花时,斧纹应随剁花走势而变化,严禁出现横平竖直的剁斧纹。花饰周围的平面上应剁成垂直纹,边缘应剁成横平竖直的围边。

⑦用细斧剁一般墙面时,各格块体中间部分应剁成垂直纹,纹路相互平行,上下各行之间均匀一致。

⑧斩剁完成后面层要用硬毛刷顺剁纹刷净灰尘,分格缝按设计要求做归整。

⑨斩剁深度一般以剁掉 1/3 石渣比较适宜,这样可使剁出的假石成品美观大方。

2.4.4 质量标准

1)主控项目

①抹灰前基层表面的尘土、污垢、油渍等应清除干净,并洒水润湿。

检验要求:加强过程控制,确保抹灰前基层表面处理完成,已进行"工序交接"检查验收并记录。

检验方法:检查施工记录。

②装饰抹灰工程所用材料的品种和性能应符合设计要求。水泥的凝结时间和安定性复验应合格。砂浆的配合比应符合设计要求。

检验要求:建立材料进场验收制度,材料复验取样应由相关单位"见证取样"签字认可。

检验方法:检查产品合格证书、进场验收记录、复验报告和施工记录。

③抹灰工程应分层进行。当抹灰总厚度大于或等于 35 mm 时,应采取加强措施。不同材料基体交接处表面的抹灰,应采取防止开裂的加强措施。当采用加强网时,加强网与各基体的搭接宽度不应小于 100 mm。

检验要求:加强措施应编入施工方案,施工过程中做好隐蔽工程验收记录。

检验方法:检查隐蔽工程验收记录和施工记录。

④各抹灰层之间及抹灰层与基体之间必须黏结牢固,抹灰层应无脱层、空鼓和裂缝。

检验要求:抹灰前必须由技术负责人或责任工程师向操作人员进行技术交底(作业指导

书),同时加强过程质量检验制度。

检验方法:观察,用小锤轻击检查,检查施工记录。

2)一般项目

①斩假石表面剁纹应均匀顺直、深浅一致,应无漏剁处,阳角处应横剁并留出宽窄一致的不剁边条,棱角应无损坏。

检验要求:加强过程检验,发现不合格应返工重剁,阳角放线时应拉通线。

检查方法:观察,手摸检查。

②装饰抹灰分格条(缝)的设置应符合设计要求,宽度应均匀,表面应平整光滑,棱角应整齐。

检验要求:分格条起出后,应用水泥膏将缝勾平,并保证棱角整齐,完成后应检验。

检查方法:观察。

③有排水要求的部位应做滴水线(槽)。滴水线(槽)应整齐顺直,滴水线应内高外低,滴槽的宽度和深度应均匀不应小于 10 mm。

检验要求:应严格按操作规范施工,严禁抹完灰后用钉子划出线(槽)。

检查方法:观察,尺量检查。

④斩假石装饰抹灰工程质量的允许偏差和检验方法应符合表 2.4 的规定。

表 2.4　斩假石装饰抹灰的允许偏差和检验方法　　　　　　　　单位:mm

项次	项　目	允许偏差	检验方法
1	立面垂直度	3	用 2 m 垂直检测尺检查
2	表面平整度	2	用 2 m 靠尺和塞尺检查
3	阴阳角方正	2	用直角检测尺检测
4	分格条(缝)直线度	2	拉 5 m 线,不足 5 m 拉通线,用钢直尺检查
5	墙裙、勒脚上口直线度	2	拉 5 m 线,不足 5 m 拉通线,用钢直尺检查

任务单元 2.5　干粘石抹灰工程施工

2.5.1　施工准备

1)技术准备

①设计施工图、设计说明及其他设计文件已完成。

②施工方案已完成,并通过审核、批准。

③施工设计交底、施工技术交底(作业指导书)已完成。

2) 材料要求

（1）水泥

宜采用 32.5 级和 42.5 级普通水泥、硅酸盐水泥或白水泥，要求使用同一批号、同一品种、同一生产厂家、同一颜色的产品。

水泥进场时需对产品名称、代号、净含量、强度等级、生产许可证编号、生产地址、出厂编号、执行标准、日期等进行外观检查，同时验收合格证。

（2）砂子

宜采用中砂，要求颗粒坚硬、洁净，含泥量应小于 3%，使用前应过筛，筛好备用。

（3）石渣

所选用的石渣品种、规格、颜色应符合设计规定。要求颗粒坚硬、不含泥土、软片、碱质及其他有害有机物等。使用前应用清水洗净晾干，按颜色、品种分类堆放，并加以保护。

（4）石灰膏

石灰膏中不得含有未熟化的颗粒和杂质，要求使用前进行熟化，时间不少于 30 d，质地应洁白细腻。

（5）磨细石灰粉

使用前用水熟化闷透，时间应在 7 d 以上，不得含有未熟化的颗粒和杂质。

（6）颜料

颜料应采用耐碱性和耐光性较好的矿物质颜料，进场后要经过检验，其品种、货源要符合要求，数量要一次进够。

（7）胶黏剂

所使用胶粘剂必须符合国家环保质量要求。

3) 主要机具

①砂浆搅拌机：可根据现场使用情况选择强制式砂浆搅拌机或利用小型鼓筒式混凝土搅拌机等。

②手推车：根据现场情况可采用窄式卧斗、翻斗式或普通式手推车。手推车车轮宜采用胶胎轮或充气胶胎轮，不宜采用硬质胎轮手推车。

③主要工具有：磅秤、筛子、水桶（大小）、铁板、喷壶、铁锹、灰槽、灰勺、托灰板、水勺、木抹子、铁抹子、钢丝刷、钢卷尺（标、验）、水平尺（标、验）、方口尺（标、验）、靠尺（标、验）、扫帚、米厘条、木杠、施工小线、粉线包、线坠、钢筋卡子、钉子、小压子、接石渣筛、拍板（见图 2.15）。

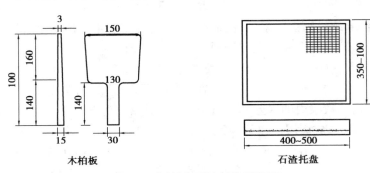

图 2.15　木柏板、石渣托盘示意图

4) 作业条件

①主体结构需经过相关单位(建设单位、施工单位、监理单位、设计单位)检验合格,并已验收。

②抹灰工程的施工图、设计说明及其他设计文件已完成,施工作业指导书(技术交底)已完成。

③施工所使用的架子已搭好,并已经过安全部门验收合格。架子距墙面应保持200~250 mm,操作面脚手板宜满铺,距墙空档处应放接落石子的小筛子。

④门窗口位置正确,安装牢固并已采取保护、预留孔洞。预埋件等位置尺寸符合设计要求。

⑤墙面基层及混凝土过梁、梁垫、圈梁、混凝土柱、梁等表面凸出部分已剔平,表面已处理完成,坑洼部分已按要求补平。

⑥施工前应根据要求做好施工样板,并经过相关部门检验合格。

2.5.2 材料和质量要点

1) 材料要求

①水泥:进场或出厂日期超过3个月的必须进行复验,合格后方可使用。复验由相关单位见证取样。

②砂:要求颗粒坚硬,洁净,含泥量小于3%。

③石渣:要求颗粒坚硬,不含泥土、软片、碱质及其他有害物质及有机物等。使用前应用清水洗涤晾干。

④胶黏剂:采用水溶性胶粘剂,掺加量应经过试验确定。

2) 技术要求

①抹灰前应认真将基层清理干净,坚持"工序交接检验"。

②粘分格条时注意粘在竖线的同一侧,分格要符合设计要求。

③甩石子时注意甩板与墙内保持垂直,甩时用力均匀。

④各层间抹灰不宜跟得太紧,底层灰七八成干时再抹上一层。注意抹面层灰前应将底层均匀润湿。

3) 质量要点

①注意防止干粘石面层不平,表面出现坑洼,颜色不一致。

a.施工前石渣必须过筛去掉杂质,保证石粒均匀,并用清水冲洗干净。

b.底灰不要抹得太厚,避免出现坑洼现象。

c.甩石渣时要掌握好力度,不可硬砸、硬甩,应用力均匀。

d.面层石渣灰厚度控制在8~10 mm为宜,并保证石渣浆的稠度合适。

e.甩完石渣后,待灰浆内的水分洇到石渣表面时用抹子轻轻将石渣压入灰层,不可用力过猛,造成局部返浆,形成面层颜色不一致。

②注意防止粘石面层出现石渣不均匀和部分露灰层,造成表面出现花感。

a.操作时将石渣均匀用力甩在灰层上,然后用抹子轻拍,使石渣进入灰层1/2、外留1/2,

使其牢固、表面美观。

b.合理采用石渣浆配合比,最好选择掺入既能增加强度,又能延缓初凝时间的外加剂,以便于操作。

c.注意天气变化,遇有大风或雨天应采取保护措施或停止施工。

③注意防止干粘石出现开裂、空鼓。

a.根据不同的基体采取不同的处理方法,基层处理必须到位。

b.抹灰前基层表面应刷一道胶凝性素水泥浆,分层抹灰,每层厚度控制在 5~7 mm为宜。

c.每层抹灰前应将基层均匀浇水润湿。

d.冬季施工应采取防冻保温措施。

④注意防止干粘石面层接槎明显、有滑坠。

a.面层灰抹后应立即甩粘石渣。

b.遇有大块分格,应事先计划好,最好一次做完一块分格块,中间避免留槎。

c.施工脚手架搭设要考虑分格块操作因素,应满足格块粘石操作合适而分步格设架子。

d.施工前熟悉图纸,确定施工方案,避免分格不合理,造成制作困难。

⑤注意防止干粘石面出现棱角不通顺和黑边现象。

a.抹灰前应严格按工艺标准,根据建筑物情况整体吊垂直、套方、找规矩、做灰饼、充筋,不得采用一楼层或一步架分段施工的方法。

b.分格条要充分浸水泡透,抹面层灰时应先抹中间、再抹分格条四周,并及时甩粘石渣,确保分格条侧面灰层未干时甩粘石渣,使其饱满、均匀、黏结牢固、分格清晰美观。

c.阳角粘石起尺时动作要轻缓,抹大面边角黏结层时要特别细心地操作,防止操作不当碰损棱角。当拍好小面石渣后应当立即起卡,在灰缝处撒些小石渣,用钢抹子轻轻拍压平直。如果灰缝处稍干,可淋少许水,随后粘小石渣,即可防止出现黑边。

⑥注意防止干粘石面出现抹痕。

a.根据不同基体掌握好浇水量。

b.面层灰浆稠度配合比要合理,使其干稀适合。

c.甩粘面层石渣时要掌握好时间,随粘随拍平。

⑦注意防止分格条、滴水线(槽)不清晰、起条后不勾缝。

a.施工操作前要认真做好技术交底,签发作业指导书。

b.坚持施工过程管理制度,加强过程检查、验收。

2.5.3 施工工艺

1)工艺流程

工艺流程如下:基层处理→吊垂直、套方、找规矩→抹灰饼、充筋→抹底层灰→分格弹线、粘分格条→抹黏结层砂浆→撒石粒→拍平、修整→起条、勾缝→喷水养护。

2)操作工艺

(1)基层处理

①砖墙基层处理。抹灰前需将基层上的尘土、污垢、灰尘等清除干净,并浇均匀湿润。

②混凝土墙基层处理。

a.凿毛处理:用钢钻子将混凝土墙面均匀凿出麻面,并将酥松部分剔除干净。用钢丝刷将粉尘刷掉,用清水冲洗干净,然后浇水均匀湿润。

b.清洗处理:用10%的火碱水将混凝土表面油污及污垢清除净,然后用清水冲洗晾干。刷一道胶黏性素水泥浆,或涂刷凝土界面剂等均可。如采用混凝土界面剂,施工时应按产品要求使用。

(2)吊垂直、套方、找规矩

当建筑物为高层时,可用经纬仪利用墙大角、门窗两边打直线找垂直。建筑为多层时,应从顶层开始用特制大线坠吊垂直,绷铁丝找规矩,横向水平线可按楼层标高或施工+50 cm线为水平基准交圈控制。

(3)做灰饼、充筋

根据垂直线在墙面的阴阳角、窗台两侧、柱、垛等部位做灰饼,并在窗口上下弹水平线。灰饼要横竖垂直交圈,然后根据灰饼充筋。

(4)抹底层、中层砂浆

用1:3水泥砂浆抹底灰,分层抹与充筋平,用木杠刮平木抹子压实、搓毛。待终凝后浇水养护。

(5)弹线分格、粘分格条

根据设计图纸要求弹出分格线,然后粘分格条。分格条使用前要用水浸透,粘时在条两侧用素水泥浆抹成45°八字坡形,粘分格条应注意粘在所弹立线的同一侧,防止左右乱粘,出现分格不均匀。弹线、分格应设专人负责,以保证分格符合设计要求。

(6)抹黏结层砂浆

为保证黏结层砖石质量,抹灰前应用水湿润墙面,黏结层厚度以所使用石子粒径确定。抹灰时如果底面湿润后有干得过快的部位应再补水湿润,然后抹黏结层。抹黏结层宜采用两遍抹成,第一道用同强度等级水泥素浆薄刮一遍,保证结合层粘牢,第二遍抹聚合物水泥砂浆,然后用靠尺测试。应严格按照高刮低添的原则操作,否则易使面层出现大小波浪,造成表面不平整,影响美观。在抹黏结层时宜使上下灰层厚度不同,并不宜高于分格条,最好是在下部约1/3高度范围内比上面薄些。整个分格块面层应比分格条低1 mm左右,这样石子撒上压实后,不但可保证平整度,且条边整齐,而且可避免下部出现鼓包皱皮现象。

(7)撒石粒(甩石子)

抹完黏结层后,紧跟其后一手拿装石子的托盘,一手用木拍板向黏结层甩粘石子。要求甩严、甩均匀,并用托盘接住掉下来的石粒。甩完后随即用钢抹子将石子均匀地拍入黏结层。石子嵌入砂浆的深度应不小于粒径的1/2为宜,并应拍实、拍严。操作时要先甩两边、后甩中间,从上到下快速均匀地进行。甩出的动作应快、用力均匀,不使石子下溜,并应保证左右搭接紧密、石粒均匀。甩石粒时要使拍板与墙面垂直平行,让石子垂直嵌入黏结层内,如果甩时偏上偏下、偏左偏右,则效果不佳,石粒浪费也大。甩出用力过大会使石粒陷入太紧形成凹陷;用力过小则石粒黏结不牢,出现空白不易添补;动作慢则会造成部分不合格,修整后宜出接梯痕迹和"花脸"。阳角甩石粒,可将薄靠尺粘在阳角一边,选做邻面干粘石,然后取下薄靠尺抹上水泥腻子,一手持短靠尺靠在已做好的邻面上,一手甩石子,并用钢抹子轻轻拍平、拍直,使棱角挺直。

门窗镟脸、阳台、雨罩等部位应留置滴水槽,其宽度深度应满足设计要求。粘石时应先做好小面,后做大面。

(8)拍平、修整、处理黑边

拍平、修整要在水泥初凝前进行,先拍压边缘,而后拍压中间。拍压要轻重结合、均匀一致。拍压完成后,应对已粘石面层进行检查,发现阴阳角不顺挺直、表面不平整、黑边等问题应及时处理。

(9)起条、勾缝

前工序全部完成并检查无误后,随即将分格条、滴水线条取出。取分格条时要认真小心,防止碰损边棱。分格条起出后用抹子轻轻地按一下粘石面层,以防拉起面层造成空鼓现象,然后待水泥达到初凝强度后,用素水泥膏勾缝。格缝要保持平顺挺直、颜色一致。

(10)喷水养护

砖石面层完成后常温 24 h 后喷水养护,养护期不少于 2~3 d。夏日阳光强烈,气温较高时,应适当遮阳,避免阳光直射,并适当增加喷水次数,以保证工程质量。

2.5.4 质量标准

1) 主控项目

①抹灰前基层表面的尘土、污垢、油渍等应清除干净,并洒水润湿。

检验要求:抹灰前应由质量部门对其基层处理质量进行检验,并填写隐蔽工程记录,达到要求后方可施工。

②装饰抹灰工程所用材料的品种和性能应符合设计要求。水泥的凝结时间和安定性复验应合格。砂浆的配合比应符合设计要求。

检验要求:送检样品取样应由相关单位见证取样,并由负责见证的人员签字认可、记录。

检验方法:检查产品合格证书、进场验收记录、复验报告和施工记录。

③抹灰工程应分层进行。当抹灰总厚度大于或等于 35 mm 时,应采取加强措施。不同材料基体交接处表面的抹灰,应采取防止开裂的加强措施。当采用加强网时,加强网与各基体的搭接宽度不应小于 100 mm。

检验要求:不同材料基体交接面抹灰,宜采用铺钉金属网加强措施,保证抹灰质量不出现开裂。

检验方法:检查隐蔽工程验收记录和施工记录。

④各抹灰层之间及抹灰层与基体之间必须黏结牢固,抹灰层应无脱层、空鼓和裂缝。

检验要求:加强过程控制,严格工序检查验收,填写记录。

检验方法:观察,用小锤轻击检查,检查施工记录。

2) 一般项目

①干粘石表面应色泽一致,不露浆、不漏粘,石粒应黏结牢固、分布均匀,阳角处无明显黑边。

检验要求:施工时严格按施工工艺标准操作,并加强过程控制检查制度。

检查方法:观察,手摸检查。

②装饰抹灰分格条(缝)的设置应符合设计要求,宽度和深度应均匀,表面应平整光滑,棱角应整齐。

检验要求:分格条宜用红白松木制作,应做成上窄下宽的形式。用前必须用水浸透,木条取出后立即将粘在条上的水泥浆刷净浸水,以备再用。

检查方法:观察。

③有排水要求的部位应做滴水线(槽)。滴水线(槽)应整齐顺直,滴水应内高外低,滴水线(槽)的宽度和深度应不小于10 mm。

检验要求:分格条宜用红白松木制作,应做成上宽7 mm,下宽10 mm,厚(深)度为10 mm。用前必须用水浸透,木条取出后立即将粘在条上的水泥浆刷净浸水,以备再用。

检查方法:观察、尺量检查。

④干粘石抹灰工程质量的允许偏差和检查方法应符合表2.5的规定。

表2.5　干粘石抹灰的允许偏差和检查方法　　　　　　单位:mm

项次	项　目	允许偏差	检验方法
1	立面垂直度	4	用2 m垂直检测尺检查
2	表面平整度	4	用2 m靠尺和塞尺检查
3	阴阳角方正	3	用直角检测尺检测
4	分格条(缝)直线度	2	拉5 m线,不足5 m拉通线,用钢直尺检查
5	墙裙、勒脚上口直线度	—	拉5 m线,不足5 m拉通线,用钢直尺检查

任务单元2.6　假面砖工程施工

2.6.1　施工准备

1)技术准备

①设计施工图、设计说明及其他设计文件已完成。

②施工方案审核、批准已完成。

③施工技术交底(作业指导书)已完成。

2)材料要求

(1)水泥

①水泥宜采用42.5级普通水泥、硅酸盐水泥或白色、彩色水泥,应选用同一厂家、同一批号、同强度等级、同品种、颜色一致的水泥。

②水泥进场时需对产品名称、代号、净含量、强度等级、生产许可证编号、生产地址、出厂

编号、执行标准、日期等进行外观检查,同时验收合格证。

（2）砂

宜采用粒径为0.35~0.5 mm的中砂,使用前应过5 mm孔径筛筛净。

（3）石灰膏

使用前应充分熟化,要求使用时不得含有未熟化的颗粒和杂质,熟化时间不少于30 d。

（4）石灰粉

石灰粉应过0.125 mm孔径筛,累计筛余量不大于13%。使用前要用水浸泡使其充分熟化,时间不少于3 d。

（5）颜料

应采用矿物质颜料,使用时按设计要求和工程用量,与水泥一次性拌均匀、备足,过筛装袋,保存时避免潮湿。

3）主要机具

假面砖抹灰施工工具除需增加铁钩子、铁梳子或铁刨、铁辊外,其他与一般抹灰工具相同。

4）作业条件

①主体结构已经过相关单位（建筑单位、施工单位、监理单位、设计单位）检验合格,并已验收。

②门窗门、预埋件、穿墙管道、预留洞口等位置正确,安装牢固,缝隙用1:3水泥砂浆堵塞严。

③施工用双排外脚手架或吊篮、桥式架已搭好。为操作方便,架子距墙面200~250 mm为宜。

④抹灰基层表面的油渍、灰尘、污垢等应清除干净,墙面提前浇水均匀湿透。

⑤根据设计、施上方案进行技术交底,按要求做好样板,并经相关单位（部门）检验认可。

⑥所需材料准备充分,操作环境达到施工条件。

⑦抹灰工程的施工图、设计说明及其他设计文件已完成。

2.6.2 材料和质量要求

1）材料要求

①水泥:进场或超过出厂日期3个月的必须进行取样复试,合格后方可使用。

②砂:要求颗粒坚硬、砂质洁净,含泥量不大于3%。

③石灰膏:要求质地洁白、细腻、无杂质。

④颜料:应选用耐碱、耐光的矿物性颜料。

2）技术要求

①分格和质感:墙面、柱面分格应与墙面砖规格一致,假面砖模数必须符合层高及墙面宽窄要求。

②面层彩色:面层彩色浆稠度必须通过试验,色调应通过做样板确定。

③施工放线:施工时假面砖放线要统一,模数要符合设计及规范要求。

3)质量要点

①抹灰砂浆超过2 h或结硬砂浆严禁使用。

②分层抹灰不宜抹得过厚或跟得太紧,防止出现空鼓和层裂缝。

③分格线应横平竖直,划沟间距及深浅一致,墙面干净整齐、质感逼真。

④施工时的关键是按面砖尺寸分格画线,随后再划沟。

⑤假面砖颜色应符合设计要求,施工前先做样板,经确认后再按样板大面积施工。

⑥施工放线时应准确控制上、中、下所弹的水平通线,确保水平通线平直,无错槎现象。

2.6.3 施工工艺

1)工艺流程

工艺流程如下:堵门窗口缝及脚手架、孔洞等→墙面基层处理→吊线、找方、做灰饼、充筋→抹底层、中层灰→抹面层灰、做面砖→清扫墙面。假面砖操作示意图如图2.16所示。

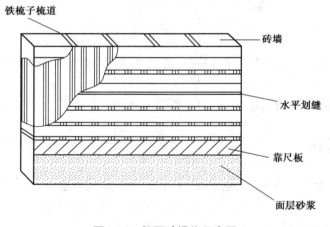

铁梳子梳道　　砖墙　　水平划缝　　靠尺板　　面层砂浆

图2.16　假面砖操作示意图

2)操作工艺

(1)堵缝

堵门窗口缝及脚手眼、孔洞等缝的工作要作为一道工序安排专人负责。门窗框安装位置应准确并安装牢固,用1:3水泥砂浆将缝隙塞严。堵脚手眼和废弃的孔洞,将洞内杂物、灰尘等物清理干净,浇水湿润,然后用砖砌严。

(2)墙面基层处理

①砖墙基层处理。抹灰前需将基层上的尘土、污垢、灰尘、残留砂浆、舌头灰清理干净。

②混凝土墙基层处理。

a.凿毛处理:用钢钻子将混凝土墙面均匀凿出麻面,并将板面酥松部分剔除干净。用钢丝刷将粉尘刷掉,用清水冲洗干净,然后浇水湿润。

b.清洗处理:用10%的火碱水将混凝土表面油污及污垢清刷除净,用清水冲洗晾干,然后采用涂刷素水泥浆或混凝土界面剂等均可。如采用混凝土界面剂施工,应按所使用产品要求使用。

③抹底灰前应将基层浇水均匀湿润。

（3）吊线、找方、做灰饼、充筋

根据建筑高度确定放线方法,高层建筑可利用墙大角、门窗口两边,用经纬仪打直线找垂直。多层建筑时,可从顶层用大线坠吊垂直,绷铁丝找规矩,横向水平线可依据楼层标高或施工+50 cm线为水平基准线进行交圈控制,然后按抹灰操作层抹灰饼。做灰饼时应注意横竖交圈,以利于操作。每层抹灰时则以灰饼做基准充筋,使其保证横平竖直。

（4）抹底层、中层灰

根据不同的基体,抹底层灰前可刷一道胶黏性水泥浆,然后抹1:3水泥砂浆,每层厚度控制在5~7 mm为宜。分层抹灰抹与充筋平时,用木杠刮平找直,木抹搓毛每层抹灰,不要跟得太紧,以防收缩影响质量。

（5）涂抹面层灰、做面砖

①涂抹面层灰前应先将中层灰浇水均匀湿润,再弹水平线。以每步架子为一个水平作业段,然后弹上、中、下三条水平通线,以便控制面层划沟平直度。随抹1:1水泥结合层砂浆,厚度为3 mm,接着抹面层砂浆,厚度为3~4 mm。

②待面层砂浆稍收水后,先用铁梳子沿木靠尺由上向下划纹,深度控制在1~2 mm为宜,然后根据标准砖的宽度用铁皮刨子沿木靠尺横向划沟,沟深为3~4 mm,深度以露出层底灰为准。

（6）清扫墙面

面砖面完成后应及时将飞边砂粒清扫干净,不得留有飞棱卷边现象。

2.6.4　质量标准

1) 主控项目

①抹灰前基层表面的尘土、污垢、油渍等应清除干净,并洒水润湿。

检验要求:抹灰前应由质量部门对其基层处理质量进行检验,并填写隐蔽工程记录,达到要求后方可施工。

检验方法:检查施工记录。

②装饰抹灰工程所用材料的品种和性能应符合设计要求。水泥的凝结时间和安定性复验应合格。砂浆的配合比应符合设计要求。

检验要求:送检取样应由相关单位进行见证取样,并由见证人员签字认可、记录。

检验方法:检查产品合格证书,进场验收记录,复验报告和施工记录。

③抹灰工程应分层进行。当抹灰总厚度大于或等于35 mm时,应采取加强措施。不同材料基体交接处表面的抹灰,应采取防止开裂的加强措施。当采用加强网时,加强网与各基体的搭接宽度不应小于100 mm。

检验要求:不同材料基体交接面抹灰,宜采用铺钉金属网加强措施,保证抹灰质量不出现开裂。金属网铺钉同一般抹灰工程做法。

检验方法:检查隐蔽工程验收记录和施工记录。

④各抹灰层之间及抹灰层与基体之间必须黏结牢固,抹灰层应无脱层、空鼓和裂缝。

检验要求:严格过程控制,每道工序完成后应进行工序检查验收并填写记录。

检验方法:观察,用小锤轻击检查,检查施工记录。

2)一般项目

①假面砖表面应平整,沟纹清晰,留缝整齐,色泽一致,无掉角、脱皮、起砂等缺陷。

检验要求:严格按施工工艺标准操作。

检验方法:观察,手摸检查。

②装饰抹灰分格条(缝)的设置应符合设计要求,宽度和深度应均匀,表面平整光滑,棱角整齐。

检验要求:分格应符合设计要求。

检查方法:观察。

③有排水要求的部位应做滴水(槽),做法与水泥砂浆同。滴水线(槽)应整齐顺直,滴水线应内高外低,滴水槽的宽度和深度均不应小于 10 mm。

检验要求:分格条宜用红、白松木制作,应做成上窄下宽的形式。使用前应用水浸透,木条取出后应立即将粘在条上的水泥浆刷净浸水,以备再用。

检验方法:观察,尺量检查。

④假面砖工程的质量允许偏差和检验方法见表 2.6。

表 2.6　假面砖允许偏差和检验方法　　　　　　　　单位:mm

项次	项　目	允许偏差	检验方法
1	立面垂直度	4	用 2 m 垂直检测尺检查
2	表面平整度	3	用 2 m 靠尺和塞尺检查
3	阳角方正	3	用直角检测尺检测
4	分隔条(缝)直线度	2	拉 5 m 线,不足 5 m 拉通线,用钢直尺检查
5	墙裙、勒脚上口直线度	—	拉 5 m 线,不足 5 m 拉通线,用钢直尺检查

学习情境小结

本学习情境主要介绍了常规几种抹灰的施工方法及要求,主要包括:一般抹灰、室外水泥砂浆抹灰、水刷石抹灰、外墙斩假石抹灰、干粘石抹灰、假面砖等装饰施工的施工准备、材料要求、施工工艺及质量标准。

通过本学习情境学习,可以获得一般抹灰、室外水泥砂浆抹灰、水刷石抹灰、外墙斩假石抹灰、干粘石抹灰、假面砖等装饰施工的施工技术能力。

习题 2

1.简要叙述抹灰工程的施工流程。

2.灰饼和标筋是什么?

3.斩假石是什么? 如何装饰装修斩假石外墙?

4.简要叙述水刷石外墙的施工工艺。

5.假面砖外墙的质量检验方法有哪些?

学习情境 3
轻质隔墙工程施工

• **教学目标**

(1)了解轻质隔墙工程施工的常见类型及其特点。

(2)通过对轻质隔墙工程施工工艺的深刻理解,掌握各类轻质隔墙施工工艺流程。

(3)掌握轻质隔墙工程质量检验的方法。

• **教学要求**

能力目标	知识要点	权重
选用轻质隔墙施工材料和机具的能力	轻质隔墙工程施工材料和机具	15%
轻质隔墙工程的施工操作及指导技能	轻质隔墙工程施工工艺及方法	50%
轻质隔墙工程质量验收技能	轻质隔墙工程质量验收标准	35%

任务单元 3.1 木龙骨板材隔墙施工

木龙骨隔墙(隔断)一般采用木方材做骨架,采用木拼板、木条板、胶合板、纤维板、塑料板等作为饰面板。它可以代替刷浆、抹灰等湿作业施工,减轻建筑物自重,增强保温、隔热、隔声性能,并可降低劳动强度、加快施工进度。木龙骨轻质罩面板隔墙基本构造如图 3.1所示。

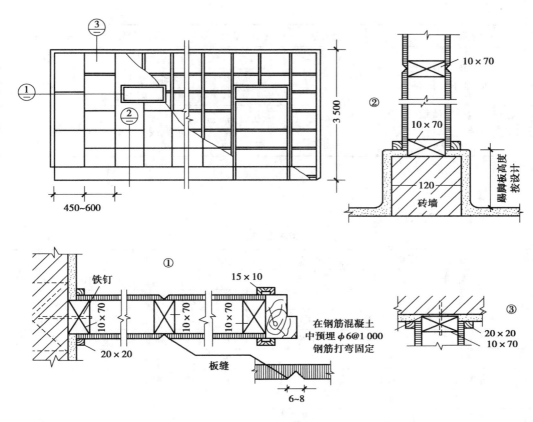

图 3.1 木龙骨轻质罩面板隔墙构造

3.1.1 施工准备

1) 技术准备

编制木龙骨板材隔墙工程施工方案,并对工人进行书面的技术及安全交底。

2) 材料要求

①罩面板应表面平整、边缘整齐、不应有污垢、裂纹、缺角、翘曲、起皮、色差、图案不完整等缺陷。胶合板、木质纤维板不应有脱胶、变色和腐朽。

②龙骨和罩面板材料的材质均应符合现行国家标准和行业标准的规定。

③罩面板的安装宜使用镀锌的螺丝、钉子。接触砖石、混凝土的木龙骨和预埋的木砖应做防腐处理。所有木作都应做好防火处理。

④质量要求:见表3.1。

表 3.1 人造板及其制品中甲醛释放试验方法及限量值

产品名称	试验方法	限量值	使用范围	限量标志 b
中密度纤维板、高密度纤维板 刨花板、定向刨花板等	穿孔萃取法	≤9 mg/100 g	可直接用于室内	E1
		≤30 mg/100 g	经饰面处理后才 可允许用于室内	E2

续表

产品名称	试验方法	限量值	使用范围	限量标志 b
胶合板、装饰单板贴面胶合板、细木工板等	干燥器法	≤1.5 mg/L	可直接用于室内	E1
		≤5.0/L	经饰面处理后才可允许用于室内	E2
饰面人造板(包括浸渍纸层木质地板、实木复合地板、竹地板、浸渍胶膜纸饰面人造板等)	气候箱法	≤0.12 mg/m³	可直接用于室内	E1
	干燥器法	≤1.5 mg/L		

3) 主要机具

主要机具见表3.2。

表3.2　主要机具一览表

序号	机械、设备名称	规格型号	定额功率或容量/kW	数量	性能	工种	备　注
1	空气压缩机	PH-10-88	7.5	1	良好	木工	按8~10人/班组计算
2	电圆锯	5008B	1.4	1	良好	木工	按8~10人/班组计算
3	手电钻	JIZ-ZD-10A	0.43	3	良好	木工	按8~10人/班组计算
4	手提式电刨	1900B	0.58	1	良好	木工	按8~10人/班组计算
5	射钉枪	SDT-A301		2	良好	木工	按8~10人/班组计算
6	曲线锯	T101AD	0.28	1	良好	木工	按8~10人/班组计算
7	铝合金靠尺	2 m		3	良好	木工	按8~10人/班组计算
8	水平尺	600 mm		4	良好	木工	按8~10人/班组计算
9	粉线包			1	良好	木工	按8~10人/班组计算
10	墨斗			1	良好	木工	按8~10人/班组计算
11	小白线			100 m	良好	木工	按8~10人/班组计算
12	卷尺	5 m		8	良好	木工	按8~10人/班组计算
13	方尺	300 mm		4	良好	木工	按8~10人/班组计算
14	线锤	0.5 kg		4	良好	木工	按8~10人/班组计算
15	托线板	2 mm		2	良好	木工	按8~10人/班组计算

①电动机械:小电锯、小台刨、手电钻、电动气泵、冲击钻。

②手动工具:木刨、扫槽刨、线刨、锯、斧、锤、螺丝刀、摇钻、直钉枪等。

4) 作业条件

①木龙骨板材隔断工程所用的材料品种、规格、颜色以及隔断的构造、固定方法,均应符合设计要求。

②隔断的龙骨和罩面板必须完好,不得有损坏、变形弯折、翘曲、边角缺损等现象,并要注意避免碰撞和受潮。

③电气配件的安装,应嵌装牢固,表面应与罩面板的底面齐平。

④门窗框与隔断相接处应符合设计要求。

⑤隔断的下端如用木踢脚板覆盖,隔断的罩面板下端应离地面20~30 mm;如用大理石、

水磨石踢脚,罩面板下端应与踢脚板上口齐平,接缝要严密。

⑥作好隐蔽工程和施工记录。

3.1.2 关键质量要点

1)材料要求

①各类龙骨、配件和罩面板材料以及胶黏剂的材质应符合现行国家标准和行业标准的规定。

②人造板、黏结剂必须有环保要求检测报告。

2)技术要求

弹线必须准确,经复验后方可进行下道工序。固定沿顶和沿地龙骨,各自交接后的龙骨应保持平整垂直、安装牢固。靠墙立筋应与墙体连接牢固紧密。边框应与隔断立筋连接牢固,确保整体刚度。按设计做好木作的防火、防腐。

3)质量要点

①沿顶和沿地龙骨与主体结构连接牢固,保证隔断的整体性。

②罩面板应经严格选材,表面应平整光洁。安装罩面板前应严格检查龙骨的垂直度和平整度。

3.1.3 施工工艺

1)工艺流程

工艺流程如下:弹隔墙定位线→划龙骨分档线→安装大龙骨→安装小龙骨→防腐处理→安装罩面板→安装压条。

2)操作工艺

(1)弹线

在基体上弹出水平线和竖向垂直线,以控制隔断龙骨安装的位置、格栅的平直度和固定点(见图3.2)。

(2)墙龙骨的安装

①如图3.3所示,沿弹线位置固定沿顶和沿地龙骨,各自交接后的龙骨应保持平直。固定点间距应不大于1 m,龙骨的端部必须固定,固定应牢固。边框龙骨与基体之间,应按设计要求安装密封条。

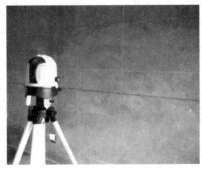

图3.2　水平仪弹线

图3.3　木龙骨安装

②门窗或特殊节点处应使用附加龙骨,其安装应符合设计要求。

③骨架安装的允许偏差应符合表 3.3 规定。

表 3.3　隔墙龙骨允许偏差

项　目	项　次	允许偏差/mm	检验方法
1	立面垂直	2	用 2 m 托线板检查
2	表面平整	2	用 2 m 直尺和楔形塞尺检查

（3）罩面板安装

①石膏板安装。

a.安装石膏板前,应对预埋隔断中的管道和附于墙内的设备采取局部加强措施。

b.石膏板宜竖向铺设,长边接缝宜落在竖向龙骨上。双面石膏罩面板安装,应与龙骨一侧的内外两层石膏板错缝排列,接缝不应落在同一根龙骨上。需要隔声、保温、防火的,应根据设计要求在龙骨一侧安装好石膏罩面板后,进行隔声、保温、防火等材料的填充。一般采用玻璃丝棉或 30~100 mm 岩棉板进行隔声、防火处理,采用 50~100 mm 苯板进行保温处理,最后再封闭另一侧的板。

c.石膏板应采用自攻螺钉固定。周边螺钉的间距不应大于 200 mm,中间部分螺钉的间距不应大于 300 mm,螺钉与板边缘的距离应为 10~16 mm。

d.安装石膏板时,应从板的中部开始向板的四边固定。钉头略埋入板内,但不得损坏纸面。钉眼应用石膏腻子抹平,钉头应做防锈处理。

e.石膏板应按框格尺寸裁割准确。就位时应与框格靠紧,但不得强压。隔墙端部的石膏板与周围的墙或柱应留有 3 mm 的槽口。施铺罩面板时,应先在槽口处加注嵌缝膏,然后铺板并挤压嵌缝膏使面板与邻近表层接触紧密。在丁字形或十字形相接处,如为阴角,应用腻子嵌满,贴上接缝带;如为阳角,应做护角。石膏板的接缝可参照钢骨架板材隔墙处理,如图 3.4 所示。

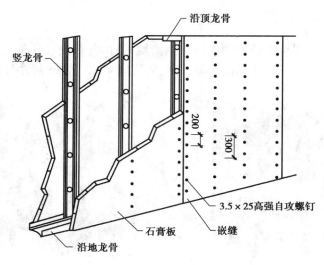

图 3.4　石膏板隔墙安装示意图

②胶合板和纤维板(埃特板)、人造木板安装(见图3.5)。

图3.5 胶合板隔墙示意图

a.安装胶合板、人造木板的基体表面,需用油毡、釉质防潮时,应铺设平整、搭接严密,不得有皱折、裂缝和透孔等。

b.胶合板、人造木板采用直钉固定。如用钉子固定,钉距为80~150 mm,钉帽应打扁并钉入板面0.5~1 mm,钉眼用油性腻子抹平。胶合板、人造木板涂刷清油等涂料时,相邻板面的木纹和颜色应近似。需要隔声、保温、防火的,应根据设计要求在龙骨安装好后,进行隔声、保温、防火等材料的填充。一般采用玻璃丝棉或30~100 mm岩棉板进行隔声、防火处理,采用50~100 mm苯板进行保温处理,最后封闭罩面板。

c.墙面用胶合板、纤维板装饰时,阳角处宜做护角。硬质纤维板应用水浸透,自然阴干后安装。

d.胶合板、纤维板用木压条固定时,钉距不应大于200 mm。钉帽应打扁,并钉入木压条0.5~1 mm,钉眼用油性腻子抹平。用胶合板、人造木板、纤维板作罩面时,应符合防火的有关规定。在湿度较大的房间,不得使用未经防水处理的胶合板和纤维板。

e.墙面安装胶合板时,阳角处应做护角,以防板边角损坏,并可增加装饰。

③塑料板安装。塑料板的安装方法一般有黏结和钉结两种。

a.聚氯乙烯塑料装饰板用胶黏剂黏结,采用聚氯乙烯胶黏剂(601胶)或聚醋酸乙烯胶作为胶黏剂。其操作方法为:用刮板或毛刷同时在墙面和塑料板背面涂刷,不得有漏刷。涂胶后见胶液流动性显著消失,用手接触胶层感到黏性较大时,即可黏结。黏结后应采用临时固定措施,同时将挤压在板缝中多余的胶液刮除,将板面擦净。

b.钉接。安装塑料贴面板复合板应预先钻孔,再用木螺丝加垫圈紧固,也可用金属压条固定。木螺丝的钉距一般为400~500 mm。排列应整齐一致。加金属压条时,应拉横竖通线拉直,并应先用钉子将塑料贴面复合板临时固定,然后加盖金属压条,用垫圈找平固定。

④铝合金装饰条板安装。用铝合金条板装饰墙面时,可用螺钉直接固定在结构层上,也可用锚固件悬挂或嵌卡的方法,将板固定在墙筋上。

3.1.4 质量标准

1)主控项目
①骨架木材和罩面板的材质、品种、规格、式样应符合设计要求和施工规范的规定。
②木骨架必须安装牢固,无松动,位置正确。
③罩面板无脱层、翘曲、折裂、缺棱掉角等缺陷,安装必须牢固。

2)基本项目
①木骨架应顺直,无弯曲、变形和劈裂。
②罩面板表面应平整、洁净,无污染、麻点、锤印,颜色一致。
③罩面板之间的缝隙或压条,宽窄应一致,整齐,平直,压条与板接缝严密。

④骨架隔墙面板安装的允许偏差见表3.4。

表3.4　骨架隔墙面板安装的允许偏差

项次	项　目	允许偏差/mm					检验方法
		纸面石膏板	埃特板	多层板	硅钙板	人造木板	
1	立面垂直度	3	3	3	3	3	用2 m垂直检测尺检查
2	表面平整度	2	2	2	2	2	用2 m靠尺和塞尺检查
3	阴阳用方正	3	3	3	3	3	用直角检测尺检查
4	接缝直线度	—				3	拉5 m线,不足5 m拉通线用钢直尺检查
5	压条直线度	2	2	2	2	2	拉5 m线,不足5 m拉通线用钢直尺检查
6	接缝高低差	1	1	1	1	1	用钢直尺和塞尺检查

任务单元3.2　玻璃隔断墙施工

玻璃隔断(墙)外观光洁、明亮,并具有一定的透光性,主要有骨架式、条板式及砌筑抹灰式等形式的隔断。装饰工程中可根据需要选用普通平板玻璃及平板玻璃加工而成的各类艺术玻璃,特殊单位或部位可用安全玻璃或节能玻璃。玻璃隔断的基本构造如图3.6所示。其下部做法按设计要求制作,除应满足分隔、装饰等要求外,还应满足对上部玻璃的承载和固定要求。

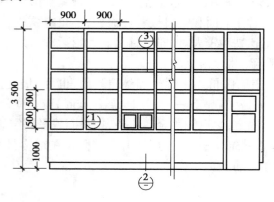

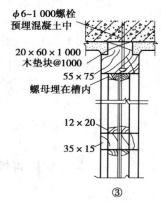

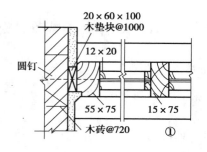

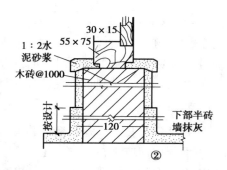

图3.6　玻璃隔断基本构造

3.2.1 施工准备

1)技术准备

编制玻璃隔断墙工程施工方案,并对工人进行书面的技术及安全交底。

2)材料要求

①各种玻璃、木龙骨(60 mm×120 mm)、玻璃胶、橡胶垫和各种压条,应符合设计要求。

②紧固材料:膨胀螺栓、射钉、自攻螺丝、木螺丝和粘贴嵌缝料,应符合设计要求。

③玻璃规格:厚度有 8,10,12,15,18,22 mm 等,长宽根据工程设计要求确定。

④质量要求:见表 3.5—表 3.9。

表 3.5 钢化玻璃规格尺寸允许偏差 单位:mm

厚度 \ 允许偏差 \ 边长度L	L≤1 000	1 000<L≤2 000	2 000<L≤3 000
4 5 6	+1 −2	±3	±4
8 10 12	+2 −3		
15	±4	±4	
19	±5	±5	±6

表 3.6 钢化玻璃的厚度及其允许偏差 单位:mm

名称	厚度	厚度允许偏差
钢化玻璃	4.0	±0.3
	5.0	
	6.0	
	8.0	±0.6
	10.0	
	12.0	±0.8
	15.0	
	19.0	±1.2

表 3.7　钢化玻璃的孔径允许偏差　　　　　　单位:mm

公称孔径	允许偏差
4~50	±1.0
51~100	±2.0
>100	供需双方商定

表 3.8　普通平板玻璃厚度偏差　　　　　　单位:mm

厚度	允许偏差	厚度	允许偏差
2	±0.20	4	±0.20
3	±0.20	5	±0.25

表 3.9　普通平板玻璃外观质量的要求

缺陷种类	说　明	优等品	一等品	合格品
波筋(包括波纹辊子花)	不产生变形的最大入射角	60°	45°(50 mm 边部),30°	30°(100 mm 边部),0°
气泡	长度 1 mm 以下的	集中的不允许	集中的不允许	不限
	长度大于 1 mm 的每平方米允许个数	≤6 mm,6	≤8 mm,8 >8~10 mm,2	≤10 mm,12 >10~20 mm,2 >20~25 mm,1
划伤	宽≤0.1 mm 每平方米允许条数	长≤50 mm 3	长≤100 mm 5	不限
	宽>0.1 每平方米允许条数	不许有	宽≤0.4 m 长<100 mm	宽≤0.8 m 长<100 mm
砂粒	非破坏性的,直径 0.5~2 mm 每平方米允许个数	不许有	3	8
疙瘩	非破坏性的疙瘩波及范围直径不大于 3 mm,每平方米允许个数	不许有	1	3
线道	正面可以看到的每片玻璃允许条数	不许有	30 mm 边部 宽≤0.5 mm	宽≤0.5 mm 2
麻点	表面呈现的集中麻点	不许有	不许有	每平方米不超过3处
	稀疏的麻点,每平方米允许个数	10	15	30

3)主要机具(见表3.10)

表3.10 主要机具一览表

序号	机械、设备名称	规格型号	定额功率或容量	数量	性能	工种	备 注
1	空气压缩机	PH-10-88	7.5 kW	1	良好	木工	按8~10人/班组计算
2	冲气钻	PSB420	0.42 kW	1	良好	木工	按8~10人/班组计算
3	手电钻	JIZ-ZD-10A	0.43 kW	3	良好	木工	按8~10人/班组计算
4	手提式电刨	1900B	0.58 kW	1	良好	木工	按8~10人/班组计算
5	射钉枪	SDT-A301		2	良好	木工	按8~10人/班组计算
6	曲线锯	T101AD	0.28 kW	1	良好	木工	按8~10人/班组计算
7	手工锯床	G-9802	2 kW	2	良好	木工	按8~10人/班组计算
8	铝合金靠尺	2 m		3	良好	木工	按8~10人/班组计算
9	水平尺	600 mm		4	良好	木工	按8~10人/班组计算
10	粉线包			1	良好	木工	按8~10人/班组计算
11	墨斗			1	良好	木工	按8~10人/班组计算
12	小白线			100 m	良好	木工	按8~10人/班组计算
13	开刀			10	良好	木工	按8~10人/班组计算
14	卷尺	5 m		8	良好	木工	按8~10人/班组计算
15	方尺	300 mm		4	良好	木工	按8~10人/班组计算
16	线锤	0.5 kg		4	良好	木工	按8~10人/班组计算
17	托线板	2 mm		2	良好	木工	按8~10人/班组计算

①机械:电动气泵、小电锯、小台刨、手电钻、冲击钻。

②手动工具:扫槽刨、线刨、锯、斧、刨、锤、螺丝刀、直钉枪、摇钻、线坠、靠尺、钢卷尺、玻璃吸盘、胶枪等。

4)作业条件

①主体结构完成及交接验收,并清理现场。

②砌墙时应根据顶棚标高在四周墙上预埋防腐木砖。

③木龙骨必须进行防火处理,并应符合有关防火规范的规定。直接接触结构的木龙骨应预先刷防腐漆。

④做隔断房间需在地面的湿作业工程前将直接接触结构的木龙骨安装完毕,并作好防腐处理。

3.2.2 关键质量要点

1) 材料要求

按设计要求可选用材料,材料品种、规格、质量应符合设计要求。

2) 技术要求

弹线必须准确,经复验后方可进行下道工序。

3) 质量要点

①隔断龙骨必须牢固、平整、垂直。

②压条应平顺光滑、线条整齐、接缝密合。

3.2.3 施工工艺

1) 工艺流程

工艺流程如下:弹隔墙定位线→划龙骨分档线→安装电管线设施→安装大龙骨→安装小龙骨→防腐处理→安装玻璃→打玻璃胶→安装压条。

2) 施工工艺要点

(1) 弹线

根据楼层设计标高水平线,顺墙高量至顶棚设计标高,沿墙弹隔断垂直标高线及天地龙骨的水平线,并在天地龙骨的水平线上画好龙骨的分档位置线。

(2) 安装大龙骨

①天地骨安装:根据设计要求固定天地龙骨,如无设计要求时,可以用 $\phi 8 \sim \phi 12$ 膨胀螺栓或 3~5 寸钉子固定,膨胀螺栓固定点间距为 600~800 mm。安装前应做好防腐处理。

②沿墙边龙骨安装:根据设计要求固定边龙骨,边龙骨应启抹灰收口槽,如无设计要求时,可以用 $\phi 8 \sim \phi 12$ 膨胀螺栓或 3~5 寸钉子与预埋木砖固定,固定点间距为 800~1 000 mm。安装前做好防腐处理。

(3) 主龙骨安装

根据设计要求按分档线位置固定主龙骨,用 4 寸的铁钉固定,龙骨每端固定应不少于 3 颗钉子,必须安装牢固。

(4) 小龙骨安装

根据设计要求按分档线位置固定小龙骨,用扣榫或钉子固定,必须安装牢固。安装小龙骨前,也可以根据安装玻璃的规格在小龙骨上安装玻璃槽。

(5) 安装玻璃

根据设计要求,按玻璃的规格安装在小龙骨上。如用压条安装,先固定玻璃一侧的压条,并用橡胶垫垫在玻璃下方,再用压条将玻璃固定;如用玻璃胶直接固定玻璃,应将玻璃先安装在小龙骨的预留槽内,然后用玻璃胶封闭固定。

(6) 打玻璃胶

首先在玻璃上沿四周粘上纸胶带,根据设计要求将各种玻璃胶均匀地打在玻璃与小龙骨之间,待玻璃胶完全干后撕掉纸胶带。

（7）安装压条

根据设计要求,将各种规格材质的压条用直钉或玻璃胶固定小龙骨上。如设计无要求,可以根据需要选用 10 mm×12 mm 木压条、10 mm×10 mm 的铝压条或 10 mm×20 mm 不锈钢压条。

3.2.4 质量标准

1）主控项目

①龙骨木材和玻璃的材质、品种、规格、式样应符合设计要求和施工规范的规定。

②木龙骨的大、小龙骨必须安装牢固,无松动,位置正确。

③压条无翘曲、折裂、缺棱掉角等缺陷,安装必须牢固。

④木龙骨的含水率必须小于8%。

2）一般项目

①木龙骨应顺直,无弯曲、变形和劈裂、节疤。

②玻璃表面应平整、洁净,无污染、麻点,颜色一致。

③压条应宽窄一致、整齐、平直,压条与玻璃要接缝严密。

④玻璃隔断墙的允许偏差项目见表 3.11。

表 3.11 玻璃隔断墙的允许偏差

项次	项类	项 目	允许偏差/mm		检验方法
1	龙骨	龙骨间距	2	—	尺量检查
2		龙骨平直	2	—	尺量检查
3	玻璃	表面平整	—	1	用 2 m 靠尺检查
4		接缝平直	2	0.5	拉 5 m 线检查
5		接缝高低	0.5	0.3	用直尺或塞尺检查
6	压条	压条平直	1	1	拉 5 m 线检查
7		压条间距	0.5	1	尺量检查

任务单元 3.3 轻钢龙骨隔断墙施工

轻钢龙骨隔墙是永久性墙体,它以轻钢龙骨为骨架,以纸面石膏板为基层面材组合而成,面部可进行乳胶漆、壁纸、木材等多种材料的装饰。如图 3.7 所示,其基本构造做法是用沿顶、沿地龙骨与沿墙（柱）龙骨构成隔墙边框,中间设立竖龙骨,如需要还可加横撑龙骨和加强龙骨。龙骨间距一般为 400~600 mm,具体间距根据面板尺寸而定。

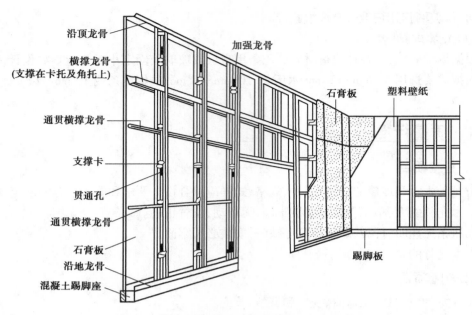

图 3.7　轻钢龙骨纸面石膏板隔墙基本构造

3.3.1　施工准备

1）技术准备

编制轻钢骨架人造板隔墙工程施工方案,并对工人进行书面的技术及安全交底。

2）材料要求

①各类龙骨、配件和罩面板材料以及胶黏剂的材质均应符合现行国家标准和行业标准的规定。装饰材料进场检验时若发现不符合设计要求及室内环保污染控制规范的有关规定,应严禁使用。人造板必须有游离甲醛含量或游离甲醛释放量检测报告。人造板面积大于 500 m² 时(民用建筑工程室内),应对不同产品分别进行复检。如使用水性胶黏剂必须有 TVOC 和甲醛检测报告。

a.轻钢龙骨主件:沿顶龙骨、沿地龙骨、加强龙骨、竖向龙骨和横撑龙骨,应符合设计要求和有关规定的标准。

b.轻钢骨架配件:支撑卡、卡托、角托、连接件、固定件、护墙龙骨和压条等附件,应符合设计要求。

c.紧固材料:拉锚钉、膨胀螺栓、镀锌自攻螺丝、木螺丝和粘贴嵌缝材,应符合设计要求。

d.罩面板应表面平整,边缘整齐,不应有污垢、裂纹、缺角、翘曲、起皮、色差、图案不完整的缺陷。胶合板、木质纤维板不应脱胶、变色和腐朽。

②填充隔声材料:玻璃棉、岩棉等,应符合设计要求选用。

③通常隔墙使用的轻钢龙骨为 C 型隔墙龙骨,C 型装配式龙骨又分为 3 个系列,经与轻质板材组合即可组成隔断墙体。

a.C50 系列可用于层高 3.5 m 以下的隔墙。

b.C75 系列可用于层高 3.5~6 m 的隔墙。

c.C100 系列可用于层高 6 m 以上的隔墙。

④质量要求:见表 3.12—表 3.20。

表 3.12　玻璃隔断墙允许偏差　　　　　　　　单位:mm

项　目	长度	宽度	9.5	
尺寸偏差	0 −6	0 −5	±0.5	

注:板面应切成矩形,两对角线长度差应不大于 5 mm。

表 3.13　纸面石膏板断裂荷载值

板材厚度/mm	断裂荷载/N	
	纵向	横向
9.5	360	140
12.0	500	180
15.0	650	220
18.0	800	270
21.0	950	320
25.0	1 100	370

表 3.14　纸面石膏板单位面积重量值

板材厚度/mm	单位面积质量/$(kg \cdot m^{-2})$
9.5	9.5
12.0	12.0
15.0	15.0
18.0	18.0
21.0	21.0
25.0	25.0

表 3.15　人造板及其制品中甲醛释放试验方法及限量值

产品名称	试验方法	限量值	使用范围	限量标志 b
中密度纤维板、高密度纤维板、刨花板、定向刨花板等	穿孔萃取法	≤9 mg/100 g	可直接用于室内	E1
		≤30 mg/100 g	经饰面处理后才可允许用于室内	E2
胶合板、装饰单板贴面胶合板、细木工板等	干燥器法	≤1.5 mg/L	可直接用于室内	E1
		≤5.0/L	经饰面处理后才可允许用于室内	E2
饰面人造板(包括浸渍纸层压木质地板、实木复合地板、竹地板、浸渍胶膜纸饰面人造板等)	气候箱法	≤0.12 mg/m³	可直接用于室内	E1
	干燥器法	≤1.5 mg/L	经饰面处理后才可允许用于室内	

表 3.16　轻钢龙骨断面规格尺寸允许偏差　　　　　单位:mm

项　目			优等品	一等品	合格品
长度 L				+30 −10	
覆面龙骨断面尺寸	尺寸 A	A≤30		±1.0	
		A>30		±1.5	
	尺寸 B		±0.3	±0.4	±0.5
其他龙骨断面尺寸	尺寸 A		±0.3	±0.4	±0.5
	尺寸 B	≤30		±1.0	
		>30		±1.5	

表 3.17　轻钢龙骨侧面和地面的平直度　　　　　单位:mm/1 000 mm

类别	品　种	检测部位	优等品	一等品	合格品
墙体	横龙骨和竖龙骨	侧面	0.5	0.7	1.0
		底面			
	贯通龙骨	侧面和底面	1.0	1.5	2.0
吊顶	承载龙骨和覆面龙骨	侧面和底面			

表 3.18　轻钢龙骨角度允许偏差

成形角的最短边尺寸/mm	优等品	一等品	合格品
10~18	±1°15′	±1°30′	±2°00′
>18	±1°00′	±1°15′	±1°30′

表 3.19　轻钢龙骨外观、表面质量　　　　　单位:g/m²

缺陷种类	优等品	一等品	合格品
黑斑、麻点腐蚀、损坏	不允许	无较严重腐蚀、损坏、黑斑、麻点。面积不大于 1 cm² 的黑斑每米长度内不多于 5 处	
项目	优等品	一等品	合格品
双面镀锌量	120	100	80

表 3.20 硅盖板的质量要求

序号	项 目		单位	标准要求
1	外观质量与规格尺寸	长度	mm	2 440±5
		宽度	mm	1 220±4
		厚度	mm	6±0.3
		厚度平均值	%	≤8
		平板边缘平直度	mm/m	≤2
		平板边缘垂直度	mm/m	≤3
		平板表面平整度	mm	≤3
		表面质量	—	平面应平整,不得有缺角、鼓泡和凹陷
2	物理力学	含水率	%	≤10
		密度	g/cm³	$0.90 < D \leqslant 1.20$
		湿涨率	%	≤0.25

3) 主要机具（见表 3.21）

表 3.21 每班组主要机具配备一览表

序号	机械、设备名称	规格型号	定额功率或容量	数量	性能	工种	备 注
1	电圆锯	5008B	1.4 kW	1	良好	木工	按 8~10 人/班组计算
2	角磨机	9523NB	0.54 kW	1	良好	木工	按 8~10 人/班组计算
3	电锤	TE-15	0.65 kW	2	良好	木工	按 8~10 人/班组计算
4	手电钻	JIZ-ZD-10A	0.43 kW	5	良好	木工	按 8~10 人/班组计算
5	电焊机	BX6-120	0.28 kW	1	良好	木工	按 8~10 人/班组计算
6	切割机	JIG-SDG-350	1.25 kW	1	良好	木工	按 8~10 人/班组计算
7	拉铆枪			2	良好	木工	按 8~10 人/班组计算
8	铝合金靠尺	2 m		3	良好	木工	按 8~10 人/班组计算
9	水平尺	600 mm		4	良好	木工	按 8~10 人/班组计算
10	扳手	活动扳手或六角扳手		8	良好	木工	按 8~10 人/班组计算
11	卷尺	5 m		8	良好	木工	按 8~10 人/班组计算
12	线锤	0.5 kg		4	良好	木工	按 8~10 人/班组计算
13	托线板	2 mm		2	良好	木工	按 8~10 人/班组计算
14	胶钳			3	良好	木工	按 8~10 人/班组计算

①电动机具:电锯、镙锯、手电钻、冲击电锤、直流电焊机、切割机。

②手动工具:拉铆枪、手锯、钳子、锤、螺丝刀、扳子、线坠、靠尺、钢尺、钢水平尺等。

4）作业条件

①轻钢骨架隔断工程施工前，应先安排外装，安装罩面板应待屋面、顶棚和墙体抹灰完成后进行。基底含水率应已达到装饰要求，一般应小于8%，并经有关单位、部门验收合格。应已办理完工种交接手续。设计有地枕时，应待地枕达到设计强度后方可在上面进行隔墙龙骨安装。

②安装各种系统的管、线盒弹线及其他准备工作已到位。

3.3.2　关键质量要点

1）材料要求

①各类龙骨、配件和罩面板材料以及胶黏剂的材质均应符合现行国家标准和行业标准的规定。

②人造板必须有游离甲醛含量或游离甲醛释放量检测报告。

2）技术要求

弹线必须准确，经复验后方可进行下道工序。固定沿顶和沿地龙骨，各自交接后的龙骨应保持平整垂直、安装牢固。

3）质量要点

①上下槛与主体结构连接牢固，上下槛不允许断开，以保证隔断的整体性。严禁采用射钉将隔断墙上的连接件固定在砖墙上，而应采用预埋件或膨胀螺栓进行连接。上下槛必须与主体结构连接牢固。

②罩面板应经严格选材，表面应平整光洁。安装罩面板前应严格检查搁栅的垂直度和平整度。

3.3.3　施工工艺

1）工艺流程

工艺流程如下：弹线→安装天地龙骨→竖向龙骨分档→安装竖向龙骨→安装系统管、线→安装横向卡档龙骨→安装门洞口框→安装罩面板（一侧）→安装隔音棉→安装罩面板（另一侧）。

2）操作工艺

（1）弹线

在基体上弹出水平线和竖向垂直线，以控制隔断龙骨安装的位置、龙骨的平直度和固定点。

（2）隔断龙骨的安装

①沿弹线位置固定沿顶和沿地龙骨，各自交接后的龙骨应保持平直。固定点间距应不大于1 000 mm，龙骨的端部必须固定牢固。边框龙骨与基体之间应按设计要求安装密封条。

②当选用支撑卡系列龙骨时，应先将支撑卡安装在竖向龙骨的开口上，卡距为400～

600 mm,距龙骨两端为 20~25 mm。

③选用通贯系列龙骨时,高度低于 3 m 的隔墙安装一道;3~5 m 时安装两道;5 m 以上时安装 3 道。

④门窗或特殊节点处应使用附加龙骨加强,其安装应符合设计要求。

⑤隔断的下端如用木踢脚板覆盖,隔断的罩面板下端应离地面 20~30 mm;如用大理石、水磨石踢脚,罩面板下端应与踢脚板上口齐平,接缝要严密。

⑥骨架安装的允许偏差应符合表 3.22 的规定。

表 3.22 骨架隔墙面板安装的允许偏差

项 次	项 目	允许偏差/mm	检验方法
1	立面垂直	3	用 2 m 托线板检查
2	表面平整	2	用 2 m 直线和楔形塞尺检查

（3）石膏板安装

①安装石膏板前,应对预埋隔断中的管道和附于墙内的设备采取局部加强措施。

②石膏板应竖向铺设,长边接缝应落在竖向龙骨上。

③双面石膏罩面板安装,应与龙骨一侧的内外两层石膏板错缝排列,接缝不应落在同一根龙骨上。需要隔声、保温、防火的,应根据设计要求在龙骨一侧安装好石膏罩面板后,进行隔声、保温、防火等材料的填充。一般采用玻璃丝棉或 30~100 mm 岩棉板进行隔声、防火处理,采用 50~100 mm 苯板进行保温处理,然后再封闭另一侧的板。

④石膏板应采用自攻螺钉固定,周边螺钉的间距不应大于 200 mm,中间部分螺钉的间距不应大于 300 mm,螺钉与板边缘的距离应为 10~16 mm。

⑤安装石膏板时,应从板的中部开始向板的四边固定。钉头略埋入板内,但不得损坏纸面,钉眼应用石膏腻子抹平。

⑥石膏板应按框格尺寸裁割准确,就位时应与框格靠紧,但不得强压。

⑦隔墙端部的石膏板与周围的墙或柱应留有 3 mm 的槽口。施铺罩面板时,应先在槽口处加注嵌缝膏,然后铺板并挤压嵌缝膏使面板与邻近表层接触紧密。

⑧在丁字形或十字形相接处,如为阴角,应用腻子嵌满,贴上接缝带;如为阳角,应做护角。

⑨石膏板的接缝一般为 3~6 mm,必须坡口与坡口相接。

（4）胶合板和纤维复合板安装

①安装胶合板的基体表面,应用油毡、釉质防潮,应铺设平整、搭接严密,不得有皱折、裂缝和透孔等。

②胶合板如用钉子固定,钉距为 80~150 mm,宜采用直钉或门型钉固定。需要隔声、保温、防火的隔墙,应根据设计要求,在龙骨一侧安装好胶合板罩面板后,进行隔声、保温、防火等材料的填充。一般采用玻璃丝棉或 30~100 mm 岩棉板进行隔声、防火处理,采用 50~100 mm苯板进行保温处理,然后再封闭另一侧的罩面板。

③胶合板在涂刷清油等涂料时,相邻板面的木纹和颜色应近似。

④墙面用胶合板、纤维板装饰时,阳角处宜做护角。

⑤胶合板、纤维板用木压条固定时,钉距不应大于 200 mm,钉帽应打扁并钉入木压条 0.5~1 mm,钉眼用油性腻子抹平。

⑥用胶合板、纤维板作罩面时,应符合防火的有关规定。在湿度较大的房间,不得使用未经防水处理的胶合板和纤维板。

(5)塑料板罩面安装

塑料板罩面的安装方法一般有黏结和钉结两种。

a.聚氯乙烯塑料装饰板用胶黏剂黏结,采用聚氯乙烯胶黏剂(601 胶)或聚醋酸乙烯胶作为胶黏剂。其操作方法为:用刮板或毛刷同时在墙面和塑料板背面涂刷,不得有漏刷。涂胶后见胶液流动性显著消失,用手接触胶层感到黏性较大时,即可黏结。黏结后应采用临时固定措施,同时将挤压在板缝中多余的胶液刮除,将板面擦净。

b.钉接。安装塑料贴面板复合板应预先钻孔,再用木螺丝加垫圈紧固,也可用金属压条固定。木螺丝的钉距一般为 400~500 mm,排列应整齐一致。加金属压条时,应拉横竖通线拉直,并应先用钉子将塑料贴面复合板临时固定,然后加盖金属压条,用垫圈找平固定。需要隔声、保温、防火的,应根据设计要求在龙骨一侧安装好塑料贴面复合板,进行隔声、保温、防火等材料的填充。一般采用玻璃丝棉或 30~100 mm 岩棉板进行隔声、防火处理,采用 50~100 mm 苯板进行保温处理,最后再封闭另一侧的罩面板。

(6)铝合金装饰条板安装

用铝合金条板装饰墙面时,可用螺钉直接固定在结构层上,也可用锚固件悬挂或嵌卡的方法将板固定在轻钢龙骨上,或将板固定在墙筋上。

(7)细部处理

墙面安装胶合板时,阳角处应做护角,以防板边角损坏。阳角的处理应采用刨光起线的木质压条,以增加装饰效果。

3.3.4 质量标准

1)主控项目

①轻钢骨架和罩面板的材质、品种、规格、式样,应符合设计要求和施工规范的规定。人造板、黏结剂必须有游离甲醛含量或游离甲醛释放量及苯含量检测报告。

②轻钢龙骨架必须安装牢固,无松动,位置正确。

③罩面板无脱层、翘曲、折裂、缺棱掉角等缺陷,安装必须牢固。

2)一般项目

①轻钢龙骨架应顺直,无弯曲、变形和劈裂。

②罩面板表面应平整、洁净,无污染、麻点、锤印,颜色一致。

③罩面板之间的缝隙或压条,宽窄应一致,整齐,平直,压条与板接缝严密。

④骨架隔墙面板安装的允许偏差见表 3.23。

表 3.23　隔断骨架允许偏差

项次	项目	允许偏差/mm					检验方法
		纸面石膏板	埃特板	多层板	硅钙板	人造木板	
1	立面垂直度	3	3	2	3	2	用 2 m 托线板检查
2	表面平整度	3	3	2	3	2	用 2 m 靠尺和塞尺检查
3	阴阳角方正	2	2	2	2	2	用直角检测尺、塞尺检查
4	接缝直线度	—	—	—	—	2	拉 5 m 线,不足 5 m 拉通线用钢直尺检查
5	压条直线度	—	—	—	—	2	拉 5 m 线,不足 5 m 拉通线用钢直尺检查
6	接缝高低差	0.5	0.5	0.5	0.5	0.5	用钢直尺和塞尺检查

任务单元 3.4　金属、玻璃、复合板隔断墙施工

金属、玻璃、复合板隔断墙是采用金属框架、玻璃和钢制面板等材料设置而成的隔断设施,例如由不锈钢和钢化玻璃组合而成的玻璃阳光房。

图 3.8　不锈钢和钢化玻璃组合成玻璃阳光房

3.4.1　施工准备

1)技术准备

编制金属、玻璃、复合板隔断工程施工方案,并对工人进行书面的技术及安全交底。

2)材料要求

(1)天轨

材质:1.2 mm 厚度之铝合金异型,多元聚酯粉体涂装,或 0.6 mm 电解镀锌钢板。

(2)直杆组(直杆+直滑杆)

材质:1.2 mm 厚度电解镀锌钢板。

(3)横杆组(横杆+横滑杆)

材质:1.2 mm 厚度电解镀锌钢板。

（4）地轨

材质：1.2 mm 厚度铝合金异型，多元聚酯粉体涂装。

（5）踢脚板

①盖板：1.2 mm 厚度铝合金异型，多元聚酯粉体涂装。

②高低调整件：2.8 mm 冲压下料成型，电解镀锌处理，12 mm 高低调整螺丝，平衡高差为 40 mm。

（6）两向转接柱

材质：1.5 mm 厚度铝合金异型，多元聚酯粉体涂装。

（7）三向转接柱

材质：1.5 mm 厚度铝合金异型，多元聚酯粉体涂装。

（8）收头

材质：1.5 mm 厚度铝合金异型，多元聚酯粉体涂装。

（9）收尾

材质：1.5 mm 厚度铝合金异型，多元聚酯粉体涂装。

（10）面板系统

①钢制面板。材质为 0.8 mmSPCC 冷轧钢板，表面为高分子线性热硬化型多元聚酯涂料，涂料厚度为 50 μm，内部材料为 12 mm 耐燃二级石膏板，以有机性热固型胶与钢板加压加热固定。

②玻璃面板。玻璃面板为双层玻璃，单片为 5 mm 厚钢化玻璃，双层玻璃之间有 60 mm 的空气层，内可置铝合金横式百叶。

a.玻璃框料：1.5 mm 厚铝合金异型，聚酯粉体涂料。

b.百叶窗：横式铝合金百叶。

c.调整旋钮：为 ABS 射出成型，控制百叶遮阳调整。

③栅面板。

a.面板材质：1.2 mm 铝合金异型，聚酯粉体涂装，涂料厚度为 50 μm。

b.面板扣件：1.2 mm 铝合金异型，聚酯粉体涂装。

④扇面板。

a.防火门材质：厚 48 mm 金属框架门扇，1.2 mmSPCC 冷轧钢板面板，聚酯粉体涂装。

b.木门材质：厚 48 mm 木制框架门扇，6 mm 夹板面板贴实木皮，三底三面优丽涂料涂装。

c.玻璃门材质：1.5 mm 厚铝异型门框，12 mm 钢化玻璃面板。

⑤门框材质。

a.防火门：1.2 mmSPCC 冷轧钢板折弯成型，聚酯粉体涂装。

b.木制门：1.5 mm 铝合金异型。

⑥五金组件。

a.门锁：水平把手。

b.铰链：厚 3 mm 自动归位铰链，与面板同色聚酯粉体涂装。

c.门弓器：门弓器。

⑦面板压条。

a.一般型面板压条:1.2 mm 铝合金异型毛料。

b.防火型面板压条:0.8 mmSECC 电解镀锌钢板冲压成型。

⑧隔间分割压条。

a.一般型:1.5 mmPVC 压出成型。

b.防火型:0.8 mmSECC 电解镀锌钢板冲压成型。

⑨面板压条固定螺钉:M4 mm×20 mm 钻尾螺钉。

⑩钢化玻璃要求见表3.24—表3.31。

表 3.24　钢化玻璃规格尺寸允许偏差　　　　　　　单位:mm

允许偏差 厚度　　边长度L	$L\leqslant 1\ 000$	$1\ 000<L\leqslant 2\ 000$	$2\ 000<L\leqslant 3\ 000$
4 5 6	+1 −2	±3	±4
8 10 12	+2 −3		
15	±4	±4	
19	±5	±5	±6

表 3.25　钢化玻璃的厚度及其允许偏差　　　　　　　单位:mm

名　　称	厚度	厚度允许偏差
钢化玻璃	4.0	±0.3
	5.0	
	6.0	
	8.0	±0.6
	10.0	
	12.0	±0.8
	15.0	
	19.0	±1.2

表 3.26　钢化玻璃的孔径允许偏差　　　　　　　单位:mm

公称孔径	允许偏差
4~50	±1.0
51~100	±2.0
>100	供需双方商定

表 3.27　普通平板玻璃厚度偏差　　　　　　　　　单位:mm

厚度	允许偏差	厚度	允许偏差
2	±0.20	2	±0.20
3	±0.20	3	±0.25

表 3.28　外观质量的要求

缺陷种类	说　明	优等品	一等品	合格品
波筋(包括纹辊子花)	不产生变形的最大入射角	60°	45°(50 mm边部),30°	30°(100 mm边部),0°
气泡	长度 1 mm 以下的	集中的不允许	集中的不允许	不限
	长度大于 1 mm 的每平方米允许个数	≤6 mm,6	≤8 mm,8 >8~10 mm,2	≤10 mm,12 >10~20 mm,2 >20~25 mm,1
划伤	宽≤0.1 mm 每平方米允许条数	长≤50 mm 3	长≤100 mm 5	不限
	宽>0.1 每平方米允许条数	不许有	宽≤0.4 m 长<100 mm	宽≤0.8 m 长<100 mm
砂粒	非破坏性的,直径0.5~2 mm 每平方米允许个数	不许有	3	8
疙瘩	非破坏性的疙瘩波及范围直径不大于 3 mm,每平方米允许个数	不许有	1	3
线道	正面可以看到的每片玻璃允许条数	不许有	30 mm 边部宽≤0.5 mm	宽≤0.5 mm 2
麻点	表面呈现的集中麻点	不许有	不许有	每平方米不超过 3 处
	稀疏的麻点,每平方米允许个数	10	15	30

表 3.29　铝塑复合板规格尺寸允许偏差

项　目	允许偏差
长度	±3 mm
宽度	±2 mm
厚度	±0.2 mm
对角线差	≤5 mm
边沿不直度	≤1 mm/m
翘曲度	≤5 mm/m

表 3.30 外观质量表

缺陷名称	缺陷规定	允许范围	
		优等品	合格品
波纹		不允许	不明显
鼓泡	≤10 mm	不允许	不超过 1 个/m²
疵点	≤3 mm	不超过 3 个/m²	不超过 10 个/m²
划伤	总长度	不允许	≤100 mm/m²
擦伤	总面积	不允许	≤300 mm/m²
划伤、擦伤总处数		不允许	≤4 处
色差		色差不明显,若用仪器检测,$\Delta E \leq 2$	

表 3.31 物理性能

项目		技术要求	
		外墙板	内墙板
涂层厚度/μm		≥25	≥16
光泽度偏差		光泽度≥70 时,极限值的误差≤5 光泽度<70 时,极限值的误差≤10	
铅笔硬度		≥HB	
涂层柔韧性/T		≤2	≤3
附着力,级		不次于 1 级	
耐冲击性		50(kg·cm)不脱气,无裂痕	
耐磨耗性/(L·μm⁻¹)		≥5	—
耐浮水性		无变化	
耐化学稳定性	耐玷污性	≤15%	—
	耐酸性	无变化	
	耐碱性	无变化	
	耐油性	无变化	
	耐溶剂性	无变化	
	耐刷洗性	≥1 000 此无变化	
耐人工候老化	色差	≤3.0	—
	失光等级	不次于 2 级	—
	其他老化性能	0 级	—
耐盐雾性		不次于 2 级	—
面密度/(kg·m⁻²)		规定值±0.5	
弯曲强度/MPa		≥100	≥60
弯曲弹性模量/MPa		≥2.0×10⁴	≥1.5×10⁴
贯穿阻力/kN		≥9.0	≥5.0
剪切强度/MPa		≥28.0	≥20.0
180°剥离强度		≥7.0	≥5.0
耐温差性		无变化	
热膨胀系数/℃⁻¹		≤4.00×10⁻⁵	
热变形温度/℃		≥105	≥95

⑪面板处理。为延长材料使用年限及避免搬运或施工中刮损,其面板应使用高分子线性热硬化型涂料处理。

⑫产品需将全部材料送至工地现场,经由监理公司抽样签认后方可施工。

3)主要机具(见表3.32)

主要机具包括:水准仪、空气钉枪、电钻、电锤、电动切割锯、直立型线锯、电焊机、扳手、螺丝刀、锤子、线坠、2 m靠尺、墨斗、铅笔、工作台等。

表 3.32　每班组主要机具配备一览表

序号	机械、设备名称	规格型号	定额功率或容量	数量	性能	工种	备　注
1	水准仪			1	良好	木工	按8~10人/班组计算
2	空气压缩机	PH-10-88	7.5 kW	1	良好	木工	按8~10人/班组计算
3	电锤	TE-15	0.65 kW	2	良好	木工	按8~10人/班组计算
4	手电钻	JIZ-ZD-10A	0.43 kW	4	良好	木工	按8~10人/班组计算
5	空气钉枪	SDT-A301		4	良好	木工	按8~10人/班组计算
6	电焊机	BX6-120	0.28 kW	1	良好	木工	按8~10人/班组计算
7	电动切割锯	JIG-SDG-350		1	良好	木工	按8~10人/班组计算
8	直立型线锯	T101AD		1	良好	木工	按8~10人/班组计算
9	铝合金靠尺	2 m		3	良好	木工	按8~10人/班组计算
10	水平尺	600 mm		4	良好	木工	按8~10人/班组计算
11	扳手	活动扳手或六角扳手		8	良好	木工	按8~10人/班组计算
12	卷尺	5 m		8	良好	木工	按8~10人/班组计算
13	线坠	0.5 kg		4	良好	木工	按8~10人/班组计算
14	托线板	2 mm		2	良好	木工	按8~10人/班组计算
15	螺丝刀			8	良好	木工	按8~10人/班组计算
16	锤子			4	良好	木工	按8~10人/班组计算
17	胶钳			3	良好	木工	按8~10人/班组计算

4)作业条件

(1)确认施工大样图

施工前需提出施工大样图,经业主、监理及设计师签认后方可制造。施工大样图应包括以下内容:

①基本结构组合及说明(隔墙式、材料使用、表面处理)。

②配合水电、空调开口留设、辅强、防火、防潮及隔声填塞说明。

③与柱、墙、玻璃外墙、窗台等界面之工法及详图。

④上述工程施工平面图、施工立面图、隔间墙断面详图。

（2）材料加工

提供材料加工单,确定承包厂商(于厂内生产加工时,应确保生产进度),指定规格,经材料检验等流程加工生产。

（3）界面协调与签认

施工前需与水电、空调、网路、顶棚、地板等相关界面开会协调,所得结论送交设计师及业主、监理签认后方可施工。

（4）现场测量与放样

施工前需先进行工地现场测量及放样,并请监理签认方可施工。

（5）人员管理

所有工作人员必须接受工地技术、安全教育。

3.4.2　关键质量要点

1）材料要求

按设计要求选用龙骨和配件及罩面板,其材料品种、规格、质量应符合设计要求。

2）技术要求

弹线必须准确,经复验后方可进行下道工序。机电安装应密切配合。

3）质量要点

①隔断龙骨必须牢固、平整。受力节点应装订严密、牢固,保证龙骨的整体刚度。龙骨的尺寸应符合设计要求。

②隔断面层必须平整,施工前应弹线,龙骨安装完毕后,应经检查合格后再安装饰面板。配件必须安装牢固,严禁松动变形。龙骨分格的几何尺寸必须符合设计要求和饰面板块的模数。饰面板的品种、规格应符合设计要求,外观质量必须符合材料技术标准的规格。

3.4.3　施工工艺

1）工艺流程

工艺流程如下:现场定位→天地轨安装→直杆、横杆组立→水平调整→面板安装→清洁→交验。

2）操作工艺

（1）弹线

依据图纸位置实地放样标示,经监理单位认可后方可施工。

（2）框架系统安装

①地轨安装。依放样地点将地轨置于恰当位置,并将门及转角之位置预留,以空气钉枪击钉于间隔 100 cm 处,固定于地坪上。如地板为瓷砖或石材,则必须以电钻钻孔,然后埋入塑料塞,以螺丝固定地轨。地轨长度必须控制在±1 mm/m 以内。将高低调整后的组件依直杆的预定位置置放于地轨凹槽内,最后盖上踢脚板盖板。

②天轨安装。以水平仪扫描地轨,将天轨平行放置于楼板或天花板下方,然后以空气钉

枪击钉或转尾螺丝固定。高差处需裁切成 45°相接,各处之相接必须平整,缝隙必须小于 0.5 mm。

③直杆安装。依图示或施工说明书上指示或需要来间隔安装直杆(一般直杆间隔为 100 cm)。将直滑杆插入直杆上方,搭接至天轨内部倒扣固定,直杆下放则卡滑至高低调整螺丝上方。

④横杆安装。将横杆两端分别插入左右直杆预设的固定孔内倒扣固定,下方第一支横杆向上倒扣,其余横杆则向下倒扣固定。非标准规格时,则截断横杆中央部分,取两端插入横滑杆,调整需求之尺寸先依次钻尾螺丝固定,再固定安装在直杆上。直杆与横杆安装完成后,以水平仪扫描,调整所有直杆的高低水平(踢脚板标准高度为 80 mm)。

⑤两向转角柱安装。在隔间之转角处,需立两向转角柱。其长度必须落地及接天轨,以 L 形固定片用空气钉枪击钉固定于地板地轨槽内,以钻尾螺丝锁固定于天轨上。

⑥一字起头安装。钢板面板或玻璃面板相接于墙面(硅酸钙墙面、石膏板墙面、木作墙面)或 T 字形相接于钢制面板,且必须是标准尺寸时,应用一字起头。施作时,间隔 90 cm 以电钻钻孔埋入塑料塞,再以螺丝固定一字起头于墙面。

⑦八字起头安装。隔间为 T 字形或十字形相接于玻璃面板的玻璃框时,或隔间为 T 字形相接于两组门扇之间时,则用八字起头处理。其固定方式为用钻尾螺丝,间隔 90 cm 锁固于面板的框架处。

⑧U 形收头。若钢制面板末端相接于 RC 墙或水泥柱时,则以 U 形收头处理。以空气钉枪击钉,或间隔 90 cm 以电钻钻孔埋入塑料塞以螺丝固定。

(3)面板系统安装

①钢制面板:直立面板,将面板下端顶靠在踢脚盖板上方,使面板两侧置于直杆之中心处,缓缓将面板推靠在框架上,再将面板压条扣接于两片钢制面板凹槽之间,以钻尾螺丝锁固面板压条于框架直杆上,且每间隔 30 cm 固定一颗螺丝。组装时尤要注意其垂直及水平。末端面板接于 RC 墙面,如非规格尺寸,则必须裁切整齐,再插入固定好的 U 形收头内(施作前,水电及空调管路需事先安装完成)。

②玻璃板:与钢制面板安装方式相同,如为低玻或半玻面板,则玻璃面板应置于钢制面板上方,再以金属压条扣接,钻尾螺丝锁紧。如有附加铝制横百叶,则必须单边玻璃面板固定,再施作百叶。将塑料射出上转输插入百叶上旋转杆后,将玻璃内侧之 PVC 塑料膜拆下,再固定另一旁玻璃面板(施作前,水电及空调管路必须已安装完成)。

③铝制面板:将铝制扣件置于铝制面板之左右两端,依钢制面板之安装方法,将其固定于框架上(施作前,水电及空调管路必须已安装完成)。

④门扇面板:先将 PVC 缓冲件插入门框沟槽内,裁切好适当长度,将门框嵌入直杆与横杆后,以钻尾螺丝固定门框与面板;然后将锁好铰链的门片安装于门框上,确定间距及稳固;待开关无杂音后,再将水平锁、门挡、门弓器安装固定。

(4)施工后段

①隔间分割线压条:所有隔间表板安装完毕后就可施作分割线压条。将压条裁切整齐,并与面板等高,以橡胶槌敲入面板压条的嵌接处,务必确保均匀嵌入。

②百叶调整旋钮:分割线压条完成后,将调整旋钮插入百叶调整件的六角螺丝上,以 M4

螺帽锁紧,盖上盖板即可。

③插座及开关开孔:依事先预设之插座及开关位置,用铅笔画出 5 cm×9 cm 之记号,于四角钻出 10 mm 圆孔,再以直立型线锯锯开。

(5)清洁

撕下表板上的保护胶膜,清扫垃圾,收回所有废料运离工地现场,擦拭有手纹或灰尘的表板,施工完成。

3.4.4 质量标准

1)主控项目

①任何可以以肉眼在 100 cm 察觉的板面凹凸、水平垂直度不足或墙面弯曲现象,均需修正。隔间墙面与铅垂面最大误差不超过 2 mm。

②钢制面板、玻璃面板、铝制面板、窗面板及转角柱,其质量必须符合设计样品要求和有关行业标准的规定。

③骨架必须安装牢固,无松动,位置正确。

④罩面板无脱层、翘曲、折裂、缺棱掉角等缺陷,安装必须牢固。

⑤复合人造板必须具有国家有关环保检验测试报告。

2)一般项目

①骨架应顺直,无弯曲、变形和劈裂。

②罩面板表面应平整、洁净,无污染、麻点、锤印,颜色一致。

③罩面板之间的缝隙或压条,应宽窄一致、整齐、平直、压条与板接封严密。

④骨架安装的允许偏差应符合表 3.33 的规定。

表 3.33 隔断骨架允许偏差

项 次	项 目	允许偏差/mm	检验方法
1	立面垂直	2	用 2 m 托线板检查
2	表面平整	1.5	用 2 m 直尺和楔形塞尺检查

⑤隔墙面板安装的允许偏差见表 3.34。

表 3.34 隔墙面板安装的允许偏差

项次	项 目	允许偏差/mm			检验方法
		钢制面板	玻璃面板	铝制面板	
1	立面垂直度	2	2	2	用 2m 垂直检测尺检查
2	表面平整度	1.5	1.5	1.5	用 2 m 靠尺和塞尺检查
3	阴阳角方正	2	2	2	用直角检测尺检查
4	接缝直线度	1.5	1.5	1.5	拉 5 m 线,不足 5 m 拉通线用钢直尺检查
5	压条直线度	1.5	1.5	1.5	拉 5 m 线,不足 5 m 拉通线用钢直尺检查
6	接缝高低差	0.3	0.3	0.3	用钢直尺和塞尺检查

学习情境小结

　　本学习情境主要介绍了几种常规的轻质隔墙的施工方法及要求,主要包括木龙骨板材隔墙、玻璃隔断墙、轻钢龙骨隔断墙及金属玻璃复合板隔断墙等装饰施工的施工准备、材料要求、施工工艺及质量验收标准。

　　通过本学习情境学习,可以获得木龙骨板材隔墙、玻璃隔断墙、轻钢龙骨隔断墙及金属玻璃复合板隔断墙等装饰施工的施工技术能力。

习题 3

1.简述木龙骨隔墙的施工工艺和操作要点。

2.简述轻钢龙骨隔墙的施工工艺和操作要点。

3.玻璃隔墙的施工准备工作有哪些?

4.简述轻钢龙骨隔墙的质量标准。

5.金属、玻璃、复合板隔断墙施工的主要机具有哪些?

学习情境 4
饰面砖（板）工程施工

- **教学目标**

(1)了解饰面砖装饰的常见类型及其特点。

(2)理解饰面砖装饰施工工艺，掌握其施工工艺流程和施工要求。

(3)掌握饰面砖装饰工程质量检验的方法。

- **教学要求**

能力目标	知识要点	权重
选用饰面材料和机具的能力	·饰面材料和施工机具	15%
饰面砖或饰面板装饰的施工操作及指导技能	饰面砖或饰面板装饰施工工艺及方法	50%
饰面砖或饰面板工程质量验收技能	饰面砖或饰面板工程质量验收标准	35%

任务单元 4.1　室外贴面砖施工

4.1.1　施工准备

1)技术准备

编制外贴面砖工程施工方案，并对工人进行书面技术及安全交底。

2)材料准备

①水泥采用 32.5 或 42.5 级矿渣水泥或普通硅酸盐水泥，应有出厂证明或复验合格单，

若出厂日期超过 3 个月或水泥已结有小块的不得使用。白水泥应采用符合《白色硅酸盐水泥》(GB 2015—2005)标准中 425 号以上的,并符合设计和规范质量标准的要求。

②砂子:粗中砂,用前过筛,其他应符合规范的质量标准。

③面砖:面砖的表面应光洁、方正、平整、质地坚固,其品种、规格、尺寸、色泽、图案应均匀一致,且符合设计规定,不得有缺棱、掉角、暗痕和裂纹等缺陷。其性能指标均应符合现行国家标准的规定,釉面砖的吸水率不得大于 10%。其质量要求详见表 4.1。

④石灰膏:用块状生石灰淋制,必须用孔径 3 mm 的筛网过滤,并储存在沉淀池中。熟化时间,常温下应不少于 15 d,用于罩面灰,应不少于 30 d。石灰膏内不得有未熟化的颗粒和其他物质。

⑤生石灰粉:磨细的生石灰粉,其细度应通过 4 900 孔/cm² 筛子,用前应用水浸泡,浸泡时间不少于 3 d。

⑥粉煤灰:细度过 0.08 mm 筛,要求筛余量不大于 5%。界面剂和矿物颜料:按设计要求配比,其质量应符合规范标准。

⑦粘贴面砖所用水泥、砂、胶黏剂等材料均应进行复验,合格后方可使用。

⑧釉面砖具体质量要求见表 4.1。

表 4.1　釉面砖质量标准

性能	试样数量		计数检验				计量检验				试验方法
			第一次抽样		第一次加第二次抽样		第一次抽样		第一次加第二次抽样		
	第一次	第二次	接收数 Acl	拒收数 Rel	接收数 Acl	拒收数 Rel	可接收	第二次抽样	可接收	有理由拒收	GB/T 3810 部分
尺寸	10	10	0	2	1	2	—	—	—	—	2
表面质量	30	30	1	3	3	4	—	—	—	—	2
	40	40	1	4	4	5	—	—	—	—	
	50	50	2	5	5	6	—	—	—	—	
	60	60	2	5	6	7	—	—	—	—	
	70	70	2	6	7	8	—	—	—	—	
	80	80	3	7	8	9	—	—	—	—	
	90	90	4	8	9	10	—	—	—	—	
	100	100	4	9	10	11	—	—	—	—	
	1 m²	1 m²	4%	9%	5%	>5%	—	—	—	—	
吸水率	5	5	0	2	1	2	—	—	—	—	3
	10	10	0	2	1	2	—	—	—	—	
断裂模数	7	7	0	2	1	2	—	—	—	—	4
	10	10	0	2	1	2	—	—	—	—	

续表

性能	试样数量		计数检验				计量检验				试验方法
			第一次抽样		第一次加第二次抽样		第一次抽样		第一次加第二次抽样		
	第一次	第二次	接收数 Acl	拒收数 Rel	接收数 Acl	拒收数 Rel	可接收	第二次抽样	可接收	有理由拒收	GB/T 3810 部分
破坏强度	7 10	7 10	0 0	2 2	1 1	2 2	— —	— —	— —	— —	4
无釉砖耐磨深度	5	5	0	2	1	2	—	—	—	—	6
线性热膨胀系数	2	2	0	2	1	2	—	—	—	—	8
抗热振性	5	5	0	2	1	2	—	—	—	—	9
耐化学腐蚀性	5	5	0	2	1	2	—	—	—	—	13
抗釉裂性	5	5	0	2	1	2	—	—	—	—	11
抗冻性	10	—	0	1	—	—	—	—	—	—	12
耐污染性	5	5	0	2	1	2					14
湿膨胀	5	—	—	由生产厂确定性能要求							10
有釉砖耐磨性	11	—	—	由生产厂确定性能要求							7
摩擦系数	12	—	—	由生产厂确定性能要求							17
小色差	5	—	—	由生产厂确定性能要求							16
抗冲击性	5	—	—	由生产厂确定性能要求							5
铅和镉的溶出量	5	—	—	由生产厂确定性能要求							15

3) 主要机具（见表 4.2）

表 4.2　每班组主要机具配备一览表

序号	机械、设备名称	规格型号	定额功率或容量	数量	性能	工种	备　注
1	砂浆搅拌机		7.5 kW	1	良好	木工	按 8~10 人/班组计算
2	手提石材切割机	410	1.2 kW	4	良好	木工	按 8~10 人/班组计算
3	角磨机	952	0.54 kW	4	良好	木工	按 8~10 人/班组计算
4	电锤	TE	0.65 kW	2	良好	木工	按 8~10 人/班组计算
5	手电钻	FDV	0.55 kW	3	良好	木工	按 8~10 人/班组计算
6	手推车			2	良好	木工	按 8~10 人/班组计算
7	铝合金靠尺	2 m		4	良好	木工	按 8~10 人/班组计算
8	水平尺	600		2	良好	木工	按 8~10 人/班组计算
9	铅丝	ϕ0.4~0.8		100 m	良好	木工	按 8~10 人/班组计算
10	粉线包			1	良好	木工	按 8~10 人/班组计算
11	墨斗			1	良好	木工	按 8~10 人/班组计算
12	小白线			200 m	良好	木工	按 8~10 人/班组计算
13	开刀			4	良好	木工	按 8~10 人/班组计算
14	卷尺	5 m		4	良好	木工	按 8~10 人/班组计算
15	方尺	300		4	良好	木工	按 8~10 人/班组计算
16	线锤	0.5		4	良好	木工	按 8~10 人/班组计算
17	托线板	2 mm		2	良好	木工	按 8~10 人/班组计算

主要机具有：砂浆搅拌机、瓷砖切割机、磅秤、铁板、孔径 5 mm 筛子、窗纱筛子、手推车、大桶、小水桶、平锹、木抹子、大杠、中杠、小杠、靠尺、方尺、铁制水平尺、灰槽、灰勺、米厘条、毛刷、钢丝刷、扫帚、錾子、锤子、粉线包、小白线、擦布或棉丝、钢片开刀、小灰铲、勾缝溜子、勾缝托灰板、托线板、线坠、盒尺、钉子、红铅笔、铅丝、工具袋等。

4) 作业条件

①主体结构施工完成，并通过验收。

②外架子（高层多用吊篮或吊架）应提前支搭和安装好，多层房屋最好选用双排架子或桥架，其横竖杆及拉杆等应离开墙面和门窗角 150~200 mm。架子的步高和支搭要符合施工要求和安全操作规程。

③阳台栏杆、预留孔洞及排水管等应处理完毕，门窗框要固定好，隐蔽部位的防腐、填嵌应处理好，并用 1:3 水泥砂浆将缝隙塞严实。铝合金、塑料门窗、不锈钢门等柜边缝所用嵌塞材料及密封材料应符合设计要求，且应塞堵密实，并事先粘贴好保护膜。

④墙面基层清理干净,脚手眼、窗台、窗套等应事先使用与基层相同的材料砌堵好。

⑤按面砖的尺寸、颜色进行选砖,并分类存放备用。

⑥大面积施工前应先放大样,并做出样板墙,确定施工工艺及操作要点,向施工人员做好交底工作。样板墙完成后必须经质检部门鉴定合格后,还要经过设计、甲方和施工单位共同认定验收,方可组织班组按照样板墙壁要求施工。

4.1.2 关键质量要点

1)材料要求

水泥采用 32.5 或 42.5 级矿渣水泥或普通硅酸盐水泥,应有出厂证明或复验合格单(见图 4.1)。若出厂日期超过 3 个月或水泥已结有小块的,则不得使用。砂子应使用粗中砂。面砖的表面应光洁、方正、平整、质地坚固,不得有缺棱、掉角、暗痕和裂纹等缺陷。

图 4.1 水泥出厂合格证

2)技术要求

弹线必须准确,经复验后方可进行下道工序。基层抹灰前,墙面必须清扫干净,浇水湿润;基层抹灰必须平整;贴砖应平整牢固,砖缝应均匀一致。

3)质量要点

①施工时,必须作好墙面基层处理,浇水充分湿润。在抹底层灰时,应根据不同基体采取分层分遍抹灰方法,并严格配合比计量,掌握适宜的砂浆稠度,按比例加界面剂胶,使各灰层之间黏结牢固。注意及时洒水养护。冬期施工时,应做好防冻保温措施,以确保砂浆不受冻,要求室外温度不得低于 5 ℃,但寒冷天气不得施工,防止空鼓、脱落和裂缝。

②结构施工期间的几何尺寸要控制好,外墙面要垂直、平整,装修前对基层的处理要认真。应加强对基层打底工作的检查,合格后方可进行下道工序。

③施工前应认真按照图纸尺寸核对结构施工的实际情况,分段分块弹线。排砖要细,贴灰饼控制点要符合要求。

4.1.3 施工工艺

1)工艺流程

工艺流程如下:基层处理→吊垂直、套方、找规矩→贴灰饼→抹底层砂浆→弹线分隔→排砖→浸砖→镶贴面砖→面砖勾缝及擦缝。

2) 操作工艺

(1) 基体为混凝土墙面时

基体为混凝土墙面时的操作方法如图 4.2 所示。

①基层处理:将凸出墙面的混凝土剔平,对大钢模施工的混凝土墙面应凿毛,并用钢丝刷满刷一遍,清除干净,然后浇水湿润。对于基体混凝土表面很光滑的,可采取"毛化处理"办法,即先将表面尘土、污垢清扫干净,用 10%火碱水将板面的油污刷掉,随之用净水将碱液冲净、晾干;然后用水泥砂浆内掺水重 20%的界面剂胶,用扫帚将砂浆甩到墙上,其甩点要均匀;终凝后浇水养护,直至水泥浆疙瘩全部粘到混凝土光面上,并有较高的强度(用手掰不动)为止。

②吊垂直、套方、找规矩、贴灰饼、冲筋:对于高层建筑物,应在四大角和门窗口边用经纬仪打垂直线找直;对于多层建筑物,可从顶层开始用特制的大线坠绷低碳钢丝吊垂直,然后根据面砖的规格尺寸分层设点、做灰饼,间距为 1.6 m。横向水平线以楼层为水平基准线交圈控制,竖向垂直线以四周大角和通天柱或墙垛子为基准线控制,应全部是整砖。阳角处要双面排直。每层打底时,应以此灰饼作为基准点进行冲筋,使其底层灰做到横平竖直。同时要注意找好突出檐口、腰线、窗台、雨篷等饰面的流水坡度和滴水线(槽)。

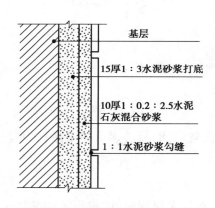

图 4.2 外墙面砖饰面构造示意图

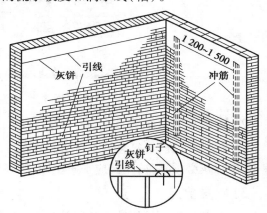

图 4.3 贴灰饼、冲筋示意图

③抹底层砂浆:先刷一道掺水重 10%的界面剂胶水泥素浆,然后打底应分层分遍进行。抹底层砂浆(常温时采用配合比为 1∶3水泥砂浆)时,第一遍厚度宜为 5 mm,抹后用木抹子搓平、扫毛。待第一遍六至七成干时,即可抹第二遍,厚度约为 8~12 mm,随即用木杠刮平、木抹子搓毛,终凝后洒水养护。砂浆总厚不得超过 20 mm,否则应做加强处理。

④弹线分格:待基层灰六至七成干时,即可按图纸要求进行分段分格弹线,同时也可进行面层贴标准点的工作,以控制面层出墙尺寸及垂直、平整。

⑤排砖:根据大样图及墙面尺寸进行横竖向排砖,以保证面砖缝隙均匀、符合设计图纸要求。注意大墙面、通天柱子和垛子要排整砖,且在同一墙面上的横竖排列,均不得有一行以上的非整砖。非整砖行应排在次要部位,如窗间墙或阴角处等,但也要注意一致和对称。如遇有突出的卡件,应用整砖套割吻合,不得用非整砖随意拼凑镶贴。面砖接缝的宽度不应小于 5 mm,不得采用密缝(见图 4.4)。

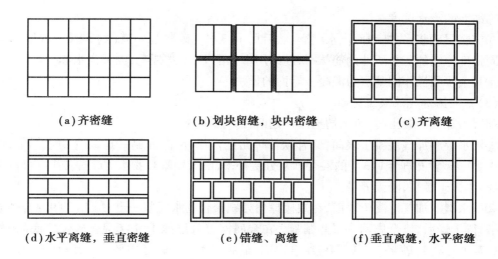

（a）齐密缝 　　　（b）划块留缝，块内密缝 　　　（c）齐离缝

（d）水平离缝，垂直密缝 　　（e）错缝、离缝 　　（f）垂直离缝，水平密缝

图 4.4 面砖的排列和布缝

⑥选砖、浸泡：釉面砖和外墙面砖镶贴前，应挑选颜色、规格一致的砖。浸泡砖时，将面砖清扫干净，放入净水中浸泡 2 h 以上，取出待表面晾干或擦干净后方可使用。

⑦粘贴面砖：粘贴应自上而下进行。高层建筑采取措施后，可分段进行。在每一分段或分块内的面砖，均为自下而上镶贴。从最下一层砖下皮的位置线先稳好靠尺，以此托住第一皮面砖。在面砖背面宜采用水泥：白灰膏：砂＝1：0.2：2 比例的混合砂浆镶贴，砂浆厚度为 6~10 mm。贴上后用灰铲柄轻轻敲打，使之附线，再用钢片开刀调整竖缝，并用小杠通过标准点调整平面和垂直度。

另外一种做法是：用 1：1 水泥砂浆加水重 20% 的界面剂胶，在砖背面抹 3~4 mm 厚粘贴即可。但此种做法要求基层灰必须抹得平整，而且砂子必须用窗纱筛后使用，不得采用有机物作主要黏结材料。

另外也可用胶粉来粘贴面砖，其厚度为 2~3 mm，有此种做法要求其基层灰必须更平整。如要求釉面砖拉缝镶贴时，面砖之间的水平缝宽度用米厘条控制。米厘条用贴砖用的砂浆与中层灰临时镶贴，将米厘条贴在已镶贴好的面砖上口。为保证其平整，可临时加垫小木楔。女儿墙压顶、窗台、腰线等部位平面也要镶贴面砖时，除流水坡度符合设计要求外，应采取顶面砖压立面面砖的做法，预防向内渗水，引起空裂。同时还应采取立面中最低一排面砖压低平面面砖，并低出底平面面砖 3~5 mm 的做法，让其起滴水线（槽）的作用，防止尿檐，引起空裂。

⑧面砖勾缝与擦缝：面砖铺贴拉缝时，用 1：1 水泥砂浆勾缝或采用勾缝胶，先勾水平缝再勾竖缝，勾好后要求凹进面砖外表面 2~3 mm。若横竖缝为干挤缝，或小于 3 mm 者，应用白水泥配颜料进行擦缝处理。面砖缝子勾完后，用布或棉丝蘸稀盐酸擦洗干净。

（2）基体为砖墙面时的操作方法（基本同前）

①基层处理：抹灰前，墙面必须清扫干净，浇水湿润。

②吊垂直、套方、找规矩：大墙面和四角、门窗口边弹线找规矩，必须由顶层到底一次进行，弹出垂直线，并确定面砖出墙尺寸，分层设点、做灰饼（间距为 1.6 m）。横线以楼层为水平基线交圈控制，竖向线则以四周大角和通天垛、柱子为基准线控制。每层打底时则以此灰饼作为基准点进行冲筋，使其底层灰做到横平竖直。同时要注意找好突出檐口、腰线、窗台、

雨篷等饰面的流水坡度。

③抹底层砂浆：先把墙面浇水湿润，然后用1∶3水泥砂浆刮一道（约5~6 mm厚），紧跟着用同强度等级的灰与所冲的筋抹平，随即用木杠刮平，木抹搓毛，隔天浇水养护。

④其余步骤操作同基层为混凝土墙面的做法。

（3）基层为加气混凝土时

基层为加气混凝土时，可酌情选用下述两种方法中的一种。

①用水湿润加气混凝土表面，修补缺棱掉角处。修补前，先刷一道聚合物水泥浆，然后用水泥∶白灰膏∶砂子＝1∶3∶9的混合砂浆分层补平，隔天刷聚合物水泥浆并抹1∶1∶6混合砂浆打底，木抹子搓平，隔天养护。

②用水湿润加气混凝土表面，在缺棱掉角处刷聚合物水泥浆一道，用1∶3∶9混合砂浆分层补平，待干燥后，钉金属网一层并绷紧。在金属网上分层抹1∶1∶6混合砂浆打底（最好采取机械喷射工艺），砂浆与金属网应结合牢固，最后用木抹子轻轻搓平，隔天浇水养护。

③其他作法同混凝土墙面。

（4）夏季施工

夏季镶贴室外饰面板、饰面砖，应有防止暴晒的可靠措施。

（5）冬期施工

一般只在冬季初期施工，严寒阶段不得施工。

①砂浆的使用温度不得低于5 ℃，砂浆硬化前，应采取防冻措施。

②用冻结法砌筑的墙，应待其解冻后再抹灰。

③镶贴砂浆硬化初期不得受冻，室外气温低于5 ℃时，室外镶贴砂浆内可掺入能降低冻结温度的外加剂，其掺入量应由试验确定。

④严防黏结层砂浆早期受冻，并保证操作质量，禁止使用白灰膏和界面剂胶，宜采用同体积粉煤灰代替或改用水泥砂浆抹灰。

4.1.4 质量标准

1）主控项目

①饰面砖的品种、规格、颜色、图案和性能必须符合设计要求。

②饰面砖粘贴工程的找平、防水、黏结和勾缝材料及施工方法应符合设计要求、国家现行产品标准、工程技术标准及国家环保污染控制等规定。

③饰面砖镶贴必须牢固。

④满粘法施工的饰面砖工程应无空鼓、裂缝。

2）一般项目

①饰面砖表面应平整、洁净、色泽一致，无裂痕和缺陷。

②阴阳角处搭接方式、非整砖使用部位应符合设计要求。

③墙面突出物周围的饰面砖应整砖套割吻合，边缘应整齐。墙裙、贴脸突出墙面的厚度应一致。

④饰面砖接缝应平直、光滑，填嵌应连续、密实，宽度和深度应符合设计要求。

⑤有排水要求的部位应做滴水线（槽）。滴水线（槽）应顺直，流水坡向应正确，坡度应符合设计要求。

⑥饰面砖粘贴的允许偏差项目和检查方法应符合表4.3的规定。

表4.3 室外贴面砖允许偏差

项 次	项 目	允许偏差/mm 外墙面砖	检验方法
1	立面垂直度	3	用2 m垂直检测尺检查
2	表面平整度	2	用2 m直尺和塞尺检查
3	阴阳角方正	2	用直角检测尺检查
4	接缝直线度	2	拉5 m线，不足5 m拉通线用钢直尺检查
5	接缝高低差	1	用钢直尺和塞尺检查
6	接缝宽度	1	用钢直尺检查

任务单元4.2 室内贴面砖施工

4.2.1 施工准备

1）技术准备

编制室内贴面砖工程施工方案，并对工人进行书面技术及安全交底。

2）材料准备

①水泥采用32.5或42.5级矿渣水泥或普通硅酸盐水泥，应有出厂证明或复验合格试单，出厂日期超过3个月而且水泥已结有小块的不得使用。白水泥应为32.5级以上的，并应符合设计和规范质量标准的要求。

②砂子：采用中砂，粒径为0.35～0.5 mm。采用黄色河砂，含泥量不大于3%，要求颗粒坚硬、干净，无有机杂质。用前应过筛，其他应符合规范的质量标准。

③面砖：面砖的表面应光洁、方正、平整、质地坚固，其品种、规格、尺寸、色泽、图案应均匀一致，必须符合设计规定，不得有缺棱、掉角、暗痕和裂纹等缺陷，其性能指标均应符合现行国家标准的规定，釉面砖的吸水率不得大于10%。

④石灰膏：用块状生石灰淋制，必须用孔径3 mm的筛网过滤，并储存在沉淀池中。其熟化时间，常温下不少于15 d，用于罩面灰时不少于30 d，石灰膏内不得有未熟化的颗粒和其他物质。

⑤生石灰粉：采用磨细生石灰粉，其细度应通过4 900孔/cm²筛子，用前应用水浸泡，其时间不少于3 d。

⑥粉煤灰：粉煤灰要求其细度过0.08 mm筛，筛余量不大于5%；界面剂胶和矿物颜料应按设计要求配比，其质量应符合规范标准。

⑦釉面砖具体质量要求详见表4.4。

表 4.4　釉面砖质量标准

性能	试样数量		计数检验				计量检验				试验方法
			第一次抽样		第一次加第二次抽样		第一次抽样		第一次加第二次抽样		
	第一次	第二次	接收数 Acl	拒收数 Rel	接收数 Acl	拒收数 Rel	可接收	第二次抽样	可接收	有理由拒收	GB/T 3810 部分
尺寸	10	10	0	2	1	2	—	—	—	—	2
表面质量	30	30	1	3	3	4	—	—	—	—	2
	40	40	1	4	4	5	—	—	—	—	
	50	50	2	5	5	6	—	—	—	—	
	60	60	2	5	6	7	—	—	—	—	
	70	70	2	6	7	8	—	—	—	—	
	80	80	3	7	8	9	—	—	—	—	
	90	90	4	8	9	10	—	—	—	—	
	100	100	4	9	10	11	—	—	—	—	
	1 m²	1 m²	4%	9%	5%	>5%					
吸水率	5(4)	5(4)	0	2	1	2	—	—	—	—	3
	10	10	0	2	1	2					
断裂模数	7(7)	7(7)	0	2	1	2	—	—	—	—	4
	10	10	0	2	1	2					
破坏强度	7	7	0	2	1	2	—	—	—	—	4
	10	10	0	2	1	2					
无釉砖耐磨深度	5	5	0	2	1	2	—	—	—	—	6
线性热膨胀系数	2	2	0	2	1	2	—	—	—	—	8
抗热振性	5	5	0	2	1	2	—	—	—	—	9
耐化学腐蚀性	5	5	0	2	1	2	—	—	—	—	13
抗釉裂性	5	5	0	2	1	2	—	—	—	—	11
抗冻性	10	—	0	1	—	—	—	—	—	—	12
耐污染性	5	5	0	2	1	2	—	—	—	—	14

性能	试样数量		计数检验				计量检验				试验方法
			第一次抽样		第一次加第二次抽样		第一次抽样		第一次加第二次抽样		
	第一次	第二次	接收数 Acl	拒收数 Rel	接收数 Acl	拒收数 Rel	可接收	第二次抽样	可接收	有理由拒收	GB/T 3810 部分
湿膨胀	5	—	—	由生产厂确定性能要求							10
有釉砖耐磨性	11	—	—	由生产厂确定性能要求							7
摩擦系数	12	—	—	由生产厂确定性能要求							17
小色差	5	—	—	由生产厂确定性能要求							16
抗冲击性	5	—	—	由生产厂确定性能要求							5
铅和镉的溶出量	5	—	—	由生产厂确定性能要求							15

3）主要机具（见表 4.5）

表 4.5　每班组主要机具配备一览表

序号	机械、设备名称	规格型号	定额功率或容量	数量	性能	工种	备　注
1	砂浆搅拌机		7.5 kW	1	良好	木工	按 8~10 人/班组计算
2	手提石材切割机	410	1.2 kW	4	良好	木工	按 8~10 人/班组计算
3	角磨机	952	0.54 kW	4	良好	木工	按 8~10 人/班组计算
4	电锤	TE-15	0.65 kW	2	良好	木工	按 8~10 人/班组计算
5	手电钻	FDV	0.55 kW	3	良好	木工	按 8~10 人/班组计算
6	手推车			2	良好	木工	按 8~10 人/班组计算
7	铝合金靠尺	2 m		4	良好	木工	按 8~10 人/班组计算
8	水平尺	600		2	良好	木工	按 8~10 人/班组计算
9	铅丝	$\phi 0.4\sim0.8$		100 m	良好	木工	按 8~10 人/班组计算
10	粉线包			1	良好	木工	按 8~10 人/班组计算
11	墨斗			1	良好	木工	按 8~10 人/班组计算
12	小白线			200 m	良好	木工	按 8~10 人/班组计算
13	开刀			4	良好	木工	按 8~10 人/班组计算
14	卷尺	5 m		4	良好	木工	按 8~10 人/班组计算
15	方尺	300		4	良好	木工	按 8~10 人/班组计算
16	线锤	0.5		4	良好	木工	按 8~10 人/班组计算
17	托线板	2 mm		2	良好	木工	按 8~10 人/班组计算

主要机具有:砂浆搅拌机、瓷砖切割机、手电钻、冲击电钻、铁板、阴阳角抹子、铁皮抹子、木抹子、托灰板、木刮尺、方尺、铁制水平尺、小铁锤、木锤、錾子、垫板、小白线、开刀、墨斗、小线坠、小灰铲、盒尺、钉子、红铅笔、工具袋等。

4)作业条件

①墙顶抹灰完毕,已做好墙面防水层、保护层和地面防水层、混凝土垫层。

②搭设双排架子或钉高马凳,横竖杆及马凳端头应离开墙面和门窗角150~200 mm。架子的步高和马凳高、长度要符合施工要求和安全操作规程。

③安装好门窗框扇,隐蔽部位的防腐、填嵌应处理好,并用1:3水泥砂浆将门窗框、洞口缝隙塞严实。铝合金、塑料门窗、不锈钢门等框边缝所用嵌塞材料及密封材料应符合设计要求,且应塞堵密实,并事先粘贴好保护膜。

④脸盆架、镜卡、管卡、水箱、煤气等应埋设好防腐木砖、位置正确。

⑤按面砖的尺寸、颜色进行选砖,并分类存放备用。

⑥统一弹出墙面上+50 cm水平线,大面积施工前应先放大样,做出样板墙,确定施工工艺及操作要点,并向施工人员做交底工作。样板墙完成后必须经质检部门鉴定合格,还要经过设计、甲方和施工单位共同认定验收,方可组织班组按照样板墙壁的要求进行施工。

⑦安装系统的管、线、盒等已安装完并验收。

⑧室内温度应在5 ℃以上。

4.2.2　关键质量要点

1)材料要求

水泥采用32或42.5级矿渣水泥或普通硅酸盐水泥,应有出厂证明或复验合格单,若出厂日期超过3个月而且水泥已结有小块的不得使用;砂子应使用中砂;面砖的表面应光洁、色泽一致、方正、平整、规格一致、质地坚固,不得有缺棱、掉角、暗痕和裂纹等缺陷。

2)技术要求

弹线必须准确,经复验后方可进行下道工序。基层处理抹灰前,墙面必须清扫干净、浇水湿润,基层抹灰必须平整。贴砖应平整牢固,砖缝应均匀一致。

3)质量要点

①施工时,必须做好墙面基层处理,浇水充分湿润。在抹底层灰时,根据不同基体采取分层分遍抹灰方法,并严格配合比计量,掌握适宜的砂浆稠度,按比例加界面剂胶,使各灰层之间粘结牢固。注意及时洒水养护;冬期施工时,应做好防冻保温措施,以确保砂浆不受冻,其室内温度不得低于5 ℃,但寒冷天气不得施工。防止空鼓、脱落和裂缝。

②结构施工期间,几何尺寸要控制好,外墙面要垂直、平整,装修前对基层处理要认真。应加强对基层打底工作的检查,合格后方可进行下道工序。

③施工前应认真按照图纸尺寸,核对结构施工的实际情况,分段分块弹线。排砖要细,贴灰饼控制点要符合要求。

4.2.3 施工工艺

1）工艺流程

工艺流程如下：基层处理→吊垂直、套方、找规矩→贴灰饼→抹底层砂浆→弹线分隔→排砖→浸砖→镶贴面砖→面砖勾缝及擦缝。

2）操作工艺

（1）基体为混凝土墙面时

①基层处理：将凸出墙面的混凝土剔平，对于基体混凝土表面很光滑的要凿毛，或用可掺界面剂胶的水泥细砂浆做小拉毛墙，也可刷界面剂，并浇水湿润基层。

②10 mm 厚 1∶3 水泥砂浆打底，应分层分遍抹砂浆，随抹随刮平抹实，用木抹搓毛。

③待底层灰六七成干时，按图纸要求、釉面砖规格并结合实际条件进行排砖、弹线。

④排砖：根据大样图及墙面尺寸进行横竖向排砖，以保证面砖缝隙均匀，符合设计图纸要求。注意大墙面、柱子和垛子要排整砖，以及在同一墙面上的横竖排列，均不得有小于 1/4 砖的非整砖。非整砖行应排在次要部位，如窗间墙或阴角处等，但也应注意其一致和对称。如遇有突出的卡件，应用整砖套割吻合，不得用非整砖随意拼凑镶贴。

⑤用废釉面砖贴标准点，用做灰饼的混合砂浆贴在墙面上，用以控制贴釉面砖的表面平整度。

⑥垫底尺，准确计算最下一皮砖下口标高，底尺上皮一般比地面低 1 cm 左右，以此为依据放好底尺，要水平、安稳。

⑦选砖、浸泡：面砖镶贴前，应挑选颜色、规格一致的砖。浸泡砖时，将面砖清扫干净，放入净水中浸泡 2 h 以上，取出待表面晾干或擦干净后方可使用。

⑧粘贴面砖：粘贴应自下而上进行，抹 8 mm 厚 1∶0.1∶2.5 水泥石灰膏砂浆结合层，要刮平，随抹随自上而下粘贴面砖，要求砂浆饱满。亏灰时，取下重贴，并随时用靠尺检查平整度，同时保证缝隙宽度一致。

⑨贴完经自检无空鼓、不平、不直后，用棉丝擦干净，用勾缝胶、白水泥或拍干白水泥擦缝，用布将缝的素浆擦匀，砖面擦净。

另外一种做法是：用 1∶1 水泥砂浆加水重 20% 的界面剂胶或专用瓷砖胶在砖背面抹3～4 mm 厚粘贴即可。但此种做法要求其基层灰必须抹得平整，而且砂子必须用窗纱筛后使用。

另外也可用胶粉来粘贴面砖，其厚度为 2～3 mm，但此种做法要求其基层灰必须更平整。

（2）基体为砖墙面时

①基层处理：抹灰前，墙面必须清扫干净，浇水湿润。

②12 mm 厚 1∶3 水泥砂浆打底，打底要分层涂抹，每层厚度宜为 5～7 mm，随即抹平搓毛。

③其余操作步骤及要求同基层为混凝土墙面做法。

4.2.4 质量标准

1）主控项目

①饰面砖的品种、规格、颜色、图案和性能必须符合设计要求。

②饰面砖粘贴工程的找平、防水、黏结和勾缝材料及施工方法应符合设计要求、国家现行产品标准、工程技术标准及国家环保污染控制等规定。

③饰面砖镶贴必须牢固。

④满粘法施工的饰面砖工程应无空鼓、裂缝。

2）一般项目

①饰面砖表面应平整、洁净、色泽一致，无裂痕和缺陷。

②阴阳角处搭接方式、非整砖使用部位应符合设计要求。

③墙面突出物周围的饰面砖应整砖套割吻合，边缘应整齐。墙裙、贴脸突出墙面的厚度应一致。

④饰面砖接缝应平直、光滑，填嵌应连续、密实；宽度和深度应符合设计要求。

⑤饰面砖粘贴的允许偏差项目和检查方法应符合表4.6的规定。

表 4.6 室内贴面砖允许偏差

项次	项 目	允许偏差/mm	检验方法
		外墙面砖	
1	立面垂直度	2	用2 m垂直检测尺检查
2	表面平整度	2	用2 m直尺和塞尺检查
3	阴阳角方正	2	用直角检测尺检查
4	接缝直线度	1	拉5 m线，不足5 m拉通线用钢直尺检查
5	接缝高低差	0.5	用钢直尺和塞尺检查
6	接缝宽度	1	用钢直尺检查

任务单元 4.3　墙面贴陶瓷锦砖施工

陶瓷锦砖饰面是一种传统的装饰工艺和装饰手法，可用于室外墙面和室内墙面的装饰，一般采用湿贴法或胶粘法。湿贴法是指单纯用水泥砂浆而不用其他辅助材料粘贴饰面砖的一种施工方法，常用于较小尺寸的面砖、石材的粘贴。胶粘法是将大力胶涂抹在釉面砖背面直接粘贴在墙面上。陶瓷锦砖饰面的基本构造如图4.5所示。

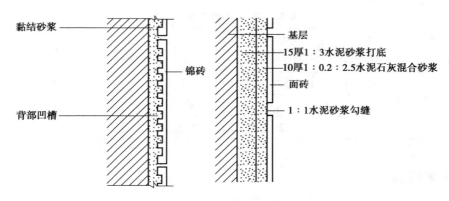

黏结砂浆

锦砖

背部凹槽

基层
15厚1∶3水泥砂浆打底
10厚1∶0.2∶2.5水泥石灰混合砂浆
面砖
1∶1水泥砂浆勾缝

图 4.5　陶瓷锦砖饰面的基本构造

4.3.1　施工准备

1）技术准备

编制室内、外墙面贴陶瓷锦砖工程施工方案，并对工人进行书面的技术及安全交底。

2）材料准备

①水泥：32.5 级普通硅酸盐水泥或矿渣硅酸盐水泥，应有出厂证明或复试单，若出厂超过 3 个月，应按试验结果使用。

②白水泥：32.5 级白水泥。

③砂子：粗砂或中砂，用前应过筛，其他应符合规范的质量标准。

④陶瓷锦砖(马赛克)：应表面平整、颜色一致，每张长宽规格一致，尺寸正确，边棱整齐，一次进场。锦砖脱纸时间不得大于 40 min。

⑤石灰膏：应用块状生石灰淋制，淋制时必须用孔径不大于 3 mm 的筛过滤，并贮存在沉淀池中。

⑥生石灰粉：抹灰用的石灰膏可用磨细生石灰粉代替，其细度应通过 4 900 孔/cm² 筛。用于罩面时，熟化时间不应小于 3 d。

⑦纸筋：用白纸筋或草纸筋，使用前 3 周应用水浸透捣烂，使用时宜用小钢磨磨细。

⑧陶瓷锦砖的具体质量要求详见表 4.7 和表 4.8。

表 4.7　陶瓷锦砖标定规格

项　目		规格/mm	允许公差/mm		主要技术要求
			一级品	二级品	
单块锦砖	边长	<25.0	±0.5	±0.5	吸水率不大于0.2%锦砖脱纸时间不大于40 min
		>25.0	±1.0	±1.0	
	厚度	4.0 4.5	±0.2	±0.2	
每联锦砖	线路	2.0	±0.5	±0.1	
	联长	305.5	+2.5 −0.5	+3.5 −1.0	

表 4.8　陶瓷锦砖的技术性能

项　目	单　位	指　标	项　目	单　位	指　标
密度	kg/cm³	2.3~2.4	密度	%	>95
抗压强度	kg/MPa	15.0~25.0	抗压强度	%	>84
吸水率	%	<0.2	吸水率	%	6~7
使用温度	℃	−20~100	使用温度		<0.5

3) 主要机具(见表 4.9)

表 4.9　每班组主要机具配备一览表

序号	机械、设备名称	规格型号	定额功率或容量	数量	性能	工种	备　注
1	砂浆搅拌机		7.5 kW	1	良好	木工	按 8~10 人/班组计算
2	手提石材切割机	410	1.2 kW	4	良好	木工	按 8~10 人/班组计算
3	木抹子			8	良好	木工	按 8~10 人/班组计算
4	灰槽			8	良好	木工	按 8~10 人/班组计算
5	小型台式砂轮		0.55 kW	2	良好	木工	按 8~10 人/班组计算
6	手推车			2	良好	木工	按 8~10 人/班组计算
7	铝合金靠尺	2 m		4	良好	木工	按 8~10 人/班组计算
8	水平尺	600		4	良好	木工	按 8~10 人/班组计算
9	铅丝	φ0.4~0.8		100 m	良好	木工	按 8~10 人/班组计算
10	粉线包			1	良好	木工	按 8~10 人/班组计算
11	墨斗			1	良好	木工	按 8~10 人/班组计算
12	小白线			200 m	良好	木工	按 8~10 人/班组计算
13	开刀			8	良好	木工	按 8~10 人/班组计算
14	卷尺	5 m		4	良好	木工	按 8~10 人/班组计算
15	方尺	300		4	良好	木工	按 8~10 人/班组计算
16	线锤	0.5		4	良好	木工	按 8~10 人/班组计算
17	托线板	2 mm		2	良好	木工	按 8~10 人/班组计算

主要机具有:磅秤、铁板、孔径 5 mm 筛子、手推车、大桶、平揪、木抹子、开刀或钢片、铁制水平尺、方尺、大杠、灰槽、灰勺、米厘条、毛刷、扫帚、大小锤子、粉线包、小线、擦布或棉丝、老虎钳子、小铲、小型台式砂轮、勾缝溜子、勾缝托灰板、托线板、线坠、盒尺、钉子、铅丝、工具袋等。

4）作业条件

①根据设计图纸要求，按照建筑物各部位的具体做法和工程量，事先挑选出颜色一致、同规格的陶瓷锦砖，分别堆放并保管好。

②预留孔洞及排水管等应处理完毕，门窗框、扇要固定好，并用1∶3水泥砂浆将缝隙堵塞严密。铝合金、塑钢等门窗框边缝所用嵌缝材料应符合设计要求，且堵塞密实，并事先粘贴好保护膜。

③脚手架或吊篮已提前支搭好。选用双排架子，其横竖杆及拉杆等应距离门窗口角150~200 mm，架子的步高要符合施工要求。

④墙面基层要清理干净，脚手眼堵好。

⑤大面积施工前应先做样板，样板完成后，必须经质检部门鉴定合格，还要经过设计、甲方、施工单位共同认定验收后，方可组织班组按样板要求施工。

4.3.2 关键质量要点

1）材料要求

水泥采用32.5级矿渣水泥或普通硅酸盐水泥，应有出厂证明或复验合格单，若出厂日期超过3个月或水泥已结有小块的不得使用；砂子应使用粗中砂；陶瓷锦砖（马赛克）应表面平整，颜色一致，每张长宽规格一致，尺寸正确，边棱整齐。

2）技术要求

弹线必须准确，经复验后方可进行下道工序。基层处理抹灰前，墙面必须清扫干净，浇水湿润；基层抹灰必须平整；贴砖应平整牢固，砖缝应均匀一致，做好养护。

3）质量要点

①施工时，必须做好墙面基层处理，并浇水充分湿润。在抹底层灰时，根据不同基体采取分层分遍抹灰方法，并严格配合比计量，掌握适宜的砂浆稠度。按比例加界面剂胶，使各灰层之间黏结牢固。注意及时洒水养护。冬期施工时，应做好防冻保温措施，确保砂浆不受冻。施工时室外温度不得低于5 ℃，但寒冷天气不得施工，以防止空鼓、脱落和裂缝。

②结构施工期间的几何尺寸应控制好，外墙面要垂直、平整，装修前要认真进行基层处理。应加强对基层打底工作的检查，合格后方可进行下道工序。

③施工前应认真按照图纸尺寸核对结构施工的实际情况，要分段分块弹线，排砖要细，贴灰饼控制点要符合要求。

④陶瓷锦砖应有出厂合格证及其复试报告，室外陶瓷锦砖应有拉拔试验报告。

4.3.3 施工工艺

1）工艺流程

工艺流程如下：基层处理→吊垂直、套方、找规矩→贴灰饼→抹底子灰→弹控制线→贴陶瓷锦砖→揭纸、调缝→擦缝。

2)操作工艺

（1）基层为混凝土墙面时

①基层处理：首先将凸出墙面的混凝土剔平，对大钢模施工的混凝土墙面应凿毛，并用钢丝刷满刷一遍，再浇水湿润，并用水泥∶砂∶界面剂＝1∶0.5∶0.5的水泥砂浆对混凝土墙面进行拉毛处理。

②吊垂直、套方、找规矩、贴灰饼：根据墙面结构平整度找出贴陶瓷锦砖的规矩。如果是高层建筑物，在外墙全部贴陶瓷锦砖时，应在四周大角和门窗口边用经纬仪打垂直线找直；如果是多层建筑，可从顶层开始用特制的大线坠绷低碳钢丝吊垂直，然后根据陶瓷锦砖的规格、尺寸分层设点做灰饼。横线以楼层为水平基线交圈控制，竖向线则以四周大角和层间贯通柱、垛子为基线控制，每层打底时则以此灰饼为基准点进行冲筋，使其底层灰做到横平竖直、方正。同时要注意找好突出檐口、腰线、窗台、雨篷等饰面的流水坡度和滴水线，其坡度应小于3%，其深宽不小于10 mm，要求整齐一致，而且必须是整砖。

③抹底子灰：底子灰一般分两次操作，抹头遍水泥砂浆，其配合比为1∶2.5或1∶3，并掺20%水泥重的界面剂胶，薄薄地抹一层，用抹子压实。第二次用相同配合比的砂浆按冲筋抹平，用短杠刮平，低凹处事先填平补齐，最后用木抹子搓出麻面。底子灰抹完后，隔天浇水养护。找平层厚度不应大于20 nm，若超过此值必须采取加强措施。

④弹控制线：贴陶瓷锦砖前应放出施工大样，根据具体高度弹出若干条水平控制线。在弹水平线时，应计算将陶瓷锦砖的块数，使两线之间保持整砖数。如分格需按总高度均分，可根据设计与陶瓷锦砖的品种、规格定出缝子宽度，再加工分格条。但要注意，同一墙面不得有一排以上的非整砖，并应将其镶贴在较隐蔽的部位。

⑤贴陶瓷锦砖：镶贴应自上而下进行，高层建筑采取措施后可分段进行。在每一分段或分块内的陶瓷锦砖，均为自下向上镶贴。贴陶瓷锦砖时底灰要浇水润湿，并在弹好水平线的下口上，支上一根垫尺，一般三人为一组进行操作。一人浇水润湿墙面，先刷上一道素水泥浆，再抹2~3 mm厚的混合灰黏结层，其配合比为纸筋∶石灰膏∶水泥＝1∶1∶2，亦可采用1∶0.3水泥纸筋灰，用靠尺板刮平，再用抹子抹平；另一人将陶瓷锦砖铺在木托板上，缝子里灌上1∶1水泥细砂子灰，用软毛刷子刷净麻面，再抹上薄薄一层灰浆，然后一张一张递给另一人；第三个人将四边灰刮掉，两手执住陶瓷锦砖上面，在已支好的垫尺上由下往上贴，缝子对齐，要注意按弹好的横竖线贴。分格贴完一组，则将米厘条放在上口线继续贴第二组。镶贴的高度应根据当时气温条件而定。

⑥揭纸、调缝：贴完陶瓷锦砖的墙面，要一手拿拍板，靠在贴好的墙面上，一手拿锤子对拍板满敲一遍，然后将陶瓷锦砖上的纸用刷子刷上水，约等20~30 min便可开始揭纸。揭开纸后检查缝子大小是否均匀，如出现歪斜、不正的缝子，应按先横后竖的顺序拨正贴实，直到拨正拨直为止。

⑦擦缝：粘贴后48 h，先用抹子把近似陶瓷锦砖颜色的擦缝水泥浆摊放在需擦缝的陶瓷锦砖上，然后用刮板将水泥浆往缝子里刮满、刮实、刮严，再用麻丝或擦布将表面擦净。遗留在缝子里的浮砂可用潮湿干净的软毛刷轻轻带出。如需清洗饰面时，应待勾缝材料硬化后方可进行。起出米厘条的缝子要用1∶1水泥砂浆勾严勾平，再用擦布擦净。外墙应选用抗渗性能勾缝材料。

（2）基层为砖墙墙面时

①基层处理：抹灰前墙面必须清理干净，检查窗台、窗套和腰线等处，对损坏和松动的部分要处理好，然后浇水润湿墙面。

②吊垂直、套方、找规矩：同基层为混凝土墙面做法。

③抹底子灰：底子灰一般分两次操作，第一次抹薄薄的一层，用抹子压实，水泥砂浆的配比为1:3，并掺水泥重20%的界面剂胶；第二次用相同配合比的砂浆按冲筋线抹平，用短杠刮平，低凹处事先填平补齐，最后用木抹子搓出麻面。底子灰抹完后，隔天浇水养护。

④面层做法同基层为混凝土墙面的做法。

（3）基层为加气混凝土墙面时

基层为加气混凝土墙面时，可酌情选用下述两种方法中的一种：

①一种方法是用水湿润加气混凝土表面，修补缺棱掉角处。修补前，先刷一道聚合物水泥浆，然后用水泥：石灰膏：砂子=1:3:9混合砂浆分层补平，隔天刷聚合物水泥浆，并抹1:1:6混合砂浆打底，木抹子搓平，隔天浇水养护。

②另一种方法是用水湿润加气混凝土表面，在缺棱掉角处刷聚合物水泥浆一道，用1:3:9混合砂浆分层补平，待干燥后，钉金属网一层并绷紧。在金属网上分层抹1:1:6混合砂浆打底，砂浆与金属网应结合牢固，最后用木抹子轻轻搓平，隔天浇水养护。

③其他做法同混凝土墙面。

（4）夏季施工

夏季镶贴室外墙面陶瓷锦砖时，应有防止暴晒的可靠措施。

（5）冬季施工

一般只在冬施初期施工，严寒阶段不得镶贴室外墙面陶瓷锦砖。

①砂浆的使用温度不得低于5 ℃，砂浆硬化前应采取防冻措施。

②用冻结法砌筑的墙，应待冬期解冻后方可施工。

③镶贴砂浆硬化初期不得受冻。气温低于5 ℃时，室外镶贴砂浆内可掺入能降低冻结温度的外加剂，其掺量应由试验确定。

④为防止灰层早期受冻并保证操作质量，严禁使用石灰膏和界面剂胶，可采用同体积粉煤灰代替或改用水泥砂浆抹灰。

⑤冬期室内镶贴陶瓷锦砖，可采用热空气或带烟囱的火炉加速干燥。采用热空气时，应设通风设备排除湿气，并设专人进行测温控制和管理。

4.3.4 质量标准

1）主控项目

①陶瓷锦砖的品种、规格、颜色、图案必须符合设计要求和现行标准的规定。

②陶瓷锦砖镶贴必须牢固，无歪斜、缺棱、掉角和裂缝等缺陷。

③找平、防水、黏结和勾缝材料及施工方法，应符合设计要求及国家现行产品质量标准。如用于室内，应符合室内环境质量验收标准。

2）一般项目

①表面：平整、洁净，颜色协调一致。

②接缝:填嵌应密实、平直,宽窄一致,颜色一致,阴阳角处的砖压向正确,非整砖的使用部位适宜。

③套割:用整砖套割吻合,边缘整齐;墙裙、贴脸等突出墙面的厚度一致。

④坡向、滴水线:流水坡向正确,滴水线顺直。

⑤允许偏差项目详见表4.10。

表4.10 陶瓷锦砖允许偏差

项次	项 目		允许偏差/mm 外墙面砖	检验方法
1	立面垂直度	室内	2	用2 m靠尺和塞尺检查
		室外	3	
2	表面平整		2	用2 m靠尺和塞尺检查
3	阴阳角方正		2	用20 cm方尺和塞尺检查
4	接缝平直		2	拉5 m小线和尺量检查
5	墙裙上口平直			拉5 m小线和尺量检查
6	接缝高低差	室内	0.5	用钢板短尺和塞尺检查
		室外	1	

任务单元4.4 大理石、磨光花岗岩饰面施工

4.4.1 施工准备

1)技术准备

编制室内外墙面、柱面和门窗套的大理石、磨光花岗石饰面板装饰工程施工方案,并对工人进行书面技术及安全交底。

2)材料准备

①水泥:采用32.5级普通硅酸盐水泥,应有出厂证明、试验单。若出厂超过3个月,应按试验结果使用。

②白水泥:采用32.5级白水泥。

③砂子:粗砂或中砂,用前过筛。

④大理石、磨光花岗岩:按照设计图纸要求的规格、颜色等备料,但表面不得有隐伤、风化等缺陷。不宜用易褪色的材料包装。

⑤其他材料:包括熟石膏、铜丝或镀锌铅丝、铅皮、硬塑料板条、配套挂件,以及胶和填塞饰面板缝隙的专用塑料软管等。尚应配备适量与大理石或磨光花岗岩等颜色接近的各种石渣和矿物颜料。

⑥大理石和磨光花岗石饰面的具体质量要求详见表4.11—表4.19。

表 4.11　天然大理石板材规格尺寸允许偏差　　　　　　　单位：mm

部　位		优等品	一等品	合格品
长、宽度		0 −1.0	0 −1.0	0 −1.5
厚度	≤15	±0.5	±0.8	±1.0
	>15	+0.5 −1.5	+1.0 −2.0	±2.0

表 4.12　天然大理石板材平面度允许极限公差　　　　　　单位：mm

板材长度范围	允许极限公差值		
	优等品	一等品	合格品
≤400	0.20	0.30	0.50
>400~<800	0.50	0.60	0.80
≥800<1 000	0.70	0.80	1.00
≥1 000	0.80	1.00	1.20

表 4.13　天然大理石板材角度允许极限公差　　　　　　　单位：mm

板材长度范围	允许极限公差值		
	优等品	一等品	合格品
≤400	0.30	0.40	0.60
>400	0.50	0.60	0.80

表 4.14　天然大理石石材外观质量　　　　　　　　　　　单位：mm

缺陷名称	优等品	一等品	合格品
翘曲	不允许	不明显	有，但不影响使用
裂纹			
砂眼			
凹陷			
色斑			
污点			
正面棱缺陷≤8，≤3			1 处
正面角缺陷≤3，≤3			1 处

表 4.15　天然大理石板材物理性能　　　　单位:mm

化学主要成分含量/%				镜面光泽度,光泽单位		
氧化钙	氧化镁	二氧化钙	灼烧减量	优等品	一等品	合格品
40~56	0~5	0~15	30~45	90	80	70
25~35	15~25	0~15	35~45			
25~35	15~25	10~25	25~35	80	70	60
34~37	15~18	0~1	42~45			
1~5	44~50	32~38	10~20	60	50	10

表 4.16　天然花岗岩板材规格尺寸允许偏差　　　　单位:mm

分　类	细面和镜面板材			粗面板材		
等级	优等品	一等品	合格品	优等品	一等品	合格品
长、宽度	0 −1.0	0 −1.5		0 −1.0	0 −2.0	0 −3.0
厚　度	±0.5	±1.0	±1.0 −2.0	—		
	+1.0	±2.0	+2.0 −3.0	+1.0 −2.0	+2.0 −3.0	+2.0 −4.0

表 4.17　天然花岗岩板材平面度允许极限公差　　　　单位:mm

板材长度范围	细面和镜面板材			粗面板材		
	优等品	一等品	合格品	优等品	一等品	合格品
≤400	0.20	0.40	0.60	0.80	1.00	1.20
>400~<1 000	0.50	0.70	0.90	1.50	2.00	2.20
≥1 000	0.80	1.00	1.20	2.00	2.50	2.80

表 4.18　天然花岗岩板材角度允许极限公差　　　　单位:mm

板材长度范围	细面和镜面板材			粗面板材		
	优等品	一等品	合格品	优等品	一等品	合格品
≤400	0.40	0.60	0.80	0.60	0.80	1.00
>400			1.00		1.00	1.20

表 4.19　天然花岗岩板材外观质量　　　　　　　　　　单位:mm

名称	规定内容	优等品	一等品	合格品
缺棱	长度不超过 10 mm(长度小于 5 mm 不计),周边每米长(个)	不允许	1	2
缺角	面积不超过 5 mm×2 mm(面积小于 2 mm×2 mm 不计),每块板(个)			
裂纹	长度不超过两端顺延至板边总长度的 1/10(长度小于 20 mm 的不计)每块板(个)			
色斑	面积不超过 20 mm×30 mm(面积小于 15 mm×15 mm 不计)每块板(个)			
色线	长度不超过两端顺延至板边总长度的 1/10(长度小于 40 mm 的不计)每块板(条)		2	3
坑窝	粗面板材的正面出现坑窝		不明显	出现,但不影响使用

⑦物理性能要求如下：

a.镜面板材的正面应具有镜面光泽,能清晰地反映出景物。

b.镜面板材的镜面光泽度应不低于 75 光泽单位,或按供需双方协议样板执行。

c.体积密度不小于 2.50 g/cm³。

d.吸水率不大于 1.0%。

e.干燥压缩强度不小于 60.0 MPa。

f.弯曲强度不小于 8.0 MPa。

3) 主要机具(见表 4.20)

表 4.20　每班组主要机具配备一览表

序号	机械、设备名称	规格型号	定额功率或容量	数量	性能	工种	备　注
1	石材切割机	DM3	7.5 kW	1	良好	木工	按 8~10 人/班组计算
2	手提石材切割机	410	1.2 kW	4	良好	木工	按 8~10 人/班组计算
3	角磨机	952	0.54 kW	4	良好	木工	按 8~10 人/班组计算
4	电锤	TE-15	0.65 kW	2	良好	木工	按 8~10 人/班组计算
5	手电钻	FDV	0.55 kW	1	良好	木工	按 8~10 人/班组计算
6	电焊机	BXI	24.3 kVA	2	良好	木工	按 8~10 人/班组计算
7	扳手	17		4	良好	木工	按 8~10 人/班组计算
8	手推车			2	良好	木工	按 8~10 人/班组计算
9	铝合金靠尺	2 m		4	良好	木工	按 8~10 人/班组计算
10	水平尺	600		2	良好	木工	按 8~10 人/班组计算

续表

序号	机械、设备名称	规格型号	定额功率 或容量	数量	性能	工种	备 注
11	铅丝	φ0.4~0.8		100 m	良好	木工	按8~10人/班组计算
12	粉线包			1	良好	木工	按8~10人/班组计算
13	墨斗			1	良好	木工	按8~10人/班组计算
14	小白线			200 m	良好	木工	按8~10人/班组计算
15	开刀			4	良好	木工	按8~10人/班组计算
16	卷尺	5 m		4	良好	木工	按8~10人/班组计算
17	方尺	300		4	良好	木工	按8~10人/班组计算
18	线锤	0.5		4	良好	木工	按8~10人/班组计算
19	托线板	2 mm		2	良好	木工	按8~10人/班组计算

主要机具有:磅秤、铁板、半截大桶、小水桶、铁簸箕、平锹、手推车、塑料软管、胶皮碗、喷壶、合金钢扁錾子、合金钢钻头、操作支架、台钻、铁制水平尺、方尺、靠尺板、底尺、托线板、线坠、粉线包、高凳、木楔子、小型台式砂轮、裁改大理石用砂轮、全套裁割机、开刀、灰板、木抹子、铁抹子、细钢丝刷、扫帚、大小锤子、小白线、铅丝、擦布或棉丝、老虎钳、小铲、盒尺、钉子、红铅笔、毛刷、工具袋等。

4)作业条件

①办理好结构验收,水电、通风、设备安装等应提前完成,准备好加工饰面板所需的水、电源等。

②内墙面弹好50 cm水平线(室内墙面弹好±0和各层水平标高控制线)。

③脚手架或吊篮提前支搭好,宜选用双排架子(室外高层宜采用吊篮,多层可采用桥式架子等),其横竖杆及拉杆等应离开门窗口角150~200 mm。架子步高要符合施工规程的要求。

④有门窗套的必须把门框、窗框立好,同时要用1:3水泥砂浆将缝隙堵塞严密。铝合金门窗框边缝所用嵌缝材料应符合设计要求,且塞堵密实并事先粘贴好保护膜。

⑤大理石、磨光花岗岩等进场后应堆放于室内,下垫方木,核对数量、规格,并预铺、配花、编号等,以备正式铺贴时按号取用。

⑥大面积施工前应先放出施工大样,并做样板,经质检部门鉴定合格后,还要经过设计、甲方、施工单位共同认定验收,方可组织班组按样板要求施工。

⑦对进场的石料应进行验收,颜色不均匀时应进行挑选,必要时应进行试拼编号。

4.4.2 关键质量要点

1)材料要求

水泥采用32.5级普通硅酸盐水泥,应有出厂证明、复验合格单,出厂日期超过3个月或水泥已结有小块的不得使用;块材的表面应光洁、方正、平整、质地坚固,不得有缺棱、掉角、暗痕和裂纹等缺陷；室内选用花岗岩应作放射性能指标复验。

2）技术要求

弹线必须准确，经复验后方可进行下道工序。基层处理抹灰前，墙面必须清扫干净，浇水湿润；基层抹灰必须平整；贴块材应平整牢固，无空鼓。

3）质量要点

①清理要做饰面石材的结构表面，施工前应认真按照图纸尺寸核对结构施工的实际情况，同时进行吊直、套方、找规矩，弹出垂直线水平线。控制点要符合要求，并根据设计图纸和实际需要弹出安装石材的位置线和分块线。

②施工安装石材时，应严格配合比计量，掌握适宜的砂浆稠度，分次灌浆，防止造成石板外移或板面错动，以致出现接缝不平、高低差过大。

③冬期施工时，应做好防冻保温措施，以确保砂浆不受冻。施工时室外温度不得低于5 ℃，但寒冷天气不得施工，以防止空鼓、脱落和裂缝。

4.4.3　施工工艺

1）工艺流程

（1）薄型小规格块材（边长小于40 cm）工艺流程

基层处理→吊垂直、套方、找规矩→抹底层砂浆→弹线分隔→石材刷防护剂→排块材→镶贴块材→表面勾缝与擦缝。

（2）普通型大规格块材（边长大于40 cm）工艺流程

施工准备（钻孔、剔槽）→穿铜丝或镀锌铅丝与块材固定→绑扎→固定钢丝网→吊垂直、找规矩、弹线→石材刷防护剂→安装石材→分层灌浆→擦缝。

2）操作工艺

（1）薄型小规格块材

薄型小规格块材一般厚度在10 mm以下，边长小于40 cm，可采用粘贴方法。

①进行基层处理和吊垂直、套方、找规矩，其他可参见镶贴面砖施工要点有关部分。要注意同一墙面不得有一排以上的非整材，并应将其镶贴在较隐蔽的部位。

②在基层湿润的情况下，先刷胶界面剂素水泥浆一道，随刷随打底。底灰采用1:3水泥砂浆，厚度约12 mm，分两遍操作，第一遍约5 mm，第二遍约7 mm，待底灰压实刮平后，将底子灰表面划毛。

③石材表面处理：石材表面充分干燥（含水率应小于8%）后，用石材防护剂进行石材六面体防护处理。此工序必须在无污染的环境下进行，将石材平放于木枋上，用羊毛刷蘸上防护剂，均匀涂刷于石材表面。涂刷必须到位，第一遍涂刷完间隔24 h用同样的方法涂刷第二遍石材防护剂。如采用水泥或胶黏剂固定，间隔48 h后对石材黏结面用专用胶泥进行拉毛处理，拉毛胶泥凝固硬化后方可使用。

④待底子灰凝固后便可进行分块弹线，随即将已湿润的块材抹上厚度为2~3 mm的素水泥浆，内掺水重20%的界面剂进行镶贴，用木锤轻敲，用靠尺找平找直。

（2）大规格块材

大规格块材的边长大于 40 cm,当镶贴高度超过 1 m 时,可采用如下安装方法:

①钻孔、剔槽:安装前先将饰面板按照设计要求用台钻打眼。事先应钉木架使钻头直对板材上端面,在每块板的上、下两个面打眼。孔位打在距板宽的两端 1/4 处,每个面各打两个眼,孔径为 5 mm,深度为 12 mm,孔位距石板背面以 8 mm 为宜。大理石、磨光花岗岩板材宽度较大时,可以增加孔数。钻孔后用云石机轻轻剔一道槽,深 5 mm 左右,连同孔眼形成象鼻眼,以备埋卧铜丝之用。饰面板规格较大、下端不好拴绑镀锌钢丝或铜丝时,也可在未镶贴饰面的一侧,采用手提轻便小薄砂轮,按规定在板高的 1/4 处上、下各开一槽(槽长约 3~4 cm,槽深约 12 mm 与饰面板背面打通,竖槽一般居中,也可偏外,但以不损坏外饰面和不反碱为宜),将镀锌铅丝或铜丝卧入槽内,便可拴绑与钢筋网固定。此法也可直接在镶贴现场做。

②穿铜丝或镀锌铅丝:把备好的铜丝或镀锌铅丝剪成长 20 cm 左右,一端用木楔粘环氧树脂将铜丝或镀锌铅丝进孔内固定牢固,另一端将铜丝或镀锌铅丝顺孔槽弯曲并卧入槽内,使大理石或磨光花岗石板上、下端面没有铜丝或镀锌铅丝突出,以便和相邻石板接缝严密。

③绑扎钢筋:首先剔出墙上的预埋筋,将墙面镶贴大理石的部位清扫干净。先绑扎一道竖向 $\phi6$ 钢筋,并把绑好的竖筋用预埋筋弯压于墙面。横向钢筋为绑扎大理石或磨光花岗石板材所用,如板材高度为 60 cm 时,第一道横筋在地面以上 10 cm 处与主筋绑牢,用作绑扎第一层板材的下口固定铜丝或镀锌铅丝。第二道横筋绑在 50 cm 水平线上 7~8 cm,比石板上口低 2~3 cm 处,用于绑扎第一层石板上上口固定铜丝或镀锌铅丝,再往上每 60 cm 绑一道横筋即可。

④弹线:首先将要贴大理石或磨光花岗石的墙面、柱面和门窗套用大线坠从上至下找出垂直。应考虑大理石或磨光花岗石板材厚度、灌注砂浆的空隙和钢筋网所占尺寸,一般大理石、磨光花岗石外皮距结构面的厚度应以 5~7 cm 为宜。找出垂直后,在地面上顺墙弹出大理石或磨光花岗石等外廓尺寸线。此线即为第一层大理石或花岗岩等的安装基准线。编好号的大理石或花岗岩板等在弹好的基准线上画出就位线,每块留 1 mm 缝隙(如设计要求拉开缝,则按设计规定留出缝隙)。

⑤石材表面处理:石材表面充分干燥(含水率应小于 8%)后,用石材防护剂进行石材六面体防护处理。此工序必须在无污染的环境下进行,将石材平放于木方上,用羊毛刷蘸上防护剂,均匀涂刷于石材表面,涂刷必须到位,第一遍涂刷完间隔 24 h 后用同样的方法涂刷第二遍石材防护剂,如采用水泥或胶黏剂固定,间隔 48 h 后对石材黏结面用专用胶泥进行拉毛处理,拉毛胶泥凝固硬化后方可使用。

⑥基层准备:清理要做饰面石材的结构表面,同时进行吊直、套方、找规矩,弹出垂直线水平线,并根据设计图纸和实际需要弹出安装石材的位置线和分块线。

⑦安装大理石或磨光花岗石:按部位取石板并舒直铜丝或镀锌铅丝,将石板就位。石板上口外仰,右手伸入石板背面,把石板下口铜丝或镀锌铅丝绑扎在横筋上。绑时不要太紧,可留余量,只要把钢丝或镀锌铅丝和横筋拴牢即可。把石板竖起,便可绑大理石或磨光花岗石板上口铜丝或镀锌铅丝,并用木楔子垫稳。块材与基层间的缝隙一般为 30~50 mm。用靠尺板检查调整木楔,再拴紧铜丝或镀锌铅丝,依次向另一方进行。柱面可按顺时针方向安

装,一般先从正面开始。第一层安装完毕再用靠尺板找垂直,水平尺找平整,方尺找阴阳角方正,在安装石板时如发现石板规格不准确或石板之间的空隙不符,应用铅皮垫牢,使石板之间缝隙均匀一致,并保持第一层石板上口的平直。找完垂直、平直、方正后,用碗调制熟石膏,把调成粥状的石膏贴在大理石或磨光花岗石板上下之间,使这两层石板结成一整体,木楔处也可粘贴石膏,再用靠尺检查有无变形,等石膏硬化后方可灌浆(如设计有嵌缝塑料软管者,应在灌浆前塞放好)。

⑧灌浆:把配合比为1:2.5水泥砂浆放入半截大桶加水调成粥状,用铁簸箕舀浆徐徐倒入。注意不要碰大理石,边灌边用橡皮锤轻轻敲击石板面使灌入砂浆排气。第一层浇灌高度为15 cm,不能超过石板高度的1/3。第一层灌浆很重要,因要锚固石板的下口铜丝又要固定饰面板,所以要轻轻操作,防止碰撞和猛灌。如发生石板外移错动,应立即拆除重新安装。

⑨擦缝:全部石板安装完毕后,清除所有石膏和余浆痕迹,用麻布擦洗干净,并按石板颜色调制色浆嵌缝,边嵌边擦干净,使缝隙密实、均匀、干净、颜色一致。

(3)柱子贴面

安装柱面大理石或磨光花岗石,其弹线、钻孔、绑钢筋和安装等工序与镶贴墙面方法相同,要注意灌浆前用木方子钉成槽形木卡子,双面卡住大理石板,以防止灌浆时大理石或磨光花岗石板外胀。

(4)夏季施工

夏季安装室外大理石或磨光花岗石时,应有防止暴晒的可靠措施。

(5)冬季施工

①灌缝砂浆应采取保温措施,砂浆的温度不宜低于5 ℃。

②灌注砂浆硬化初期不得受冻。气温低于5 ℃时,室外灌注砂浆可掺入能降低冻结温度的外加剂,其掺量应由试验确定。

③冬季施工时,镶贴饰面板宜供暖,也可采用热空气或带烟囱的火炉加速干燥。采用热空气时,应设通风设备排除湿气,并设专人进行测温控制和管理,保温养护7~9 d。

4.4.4 质量标准

1)主控项目

①饰面板(大理石、磨光花岗石)的品种、规格、颜色、图案,必须符合设计要求和有关标准的规定。

②饰面板安装必须牢固,严禁空鼓,无歪斜、缺棱掉角和裂缝等缺陷。

③石材的检测必须符合国家有关环保规定。

2)一般项目

①表面:平整、洁净,颜色协调一致。

②接缝:填嵌应密实、平直,宽窄一致,颜色一致,阴阳角处板的压向正确,非整砖的使用部位适宜。

③套割:用整板套割吻合,边缘整齐;墙裙、贴脸等上口平顺,突出墙面的厚度一致。

④坡向、滴水线:流水坡向正确,滴水线顺直。

⑤饰面板嵌缝应密实、平直,宽度和深度应符合设计要求,嵌缝材料色泽应一致。

⑥大理石、磨光花岗石允许偏差项目详见表4.21。

表 4.21　大理石、磨光花岗石允许偏差

项次	项　目		允许偏差/mm		检验方法
			大理石	磨光花岗石	
1	立面垂直	室内	2	2	用 2 m 托线板和尺量检查
		室外	3	3	
2	表面平整		1	1	用 2 m 靠尺和楔形塞尺检查
3	阳角方正		2	2	用 20 cm 方尺和楔形塞尺检查
4	接缝平直		2	2	拉 5 m 小线,不足 5 m 拉通线和尺量检查
5	墙裙上口平直		2	2	拉 5 m 小线,不足 5 m 拉通线和尺量检查
6	接缝高低		0.3	0.5	用钢板短尺和楔形塞尺检查
7	接缝宽度偏差		0.5	0.5	拉 5 m 小线和尺量检查

任务单元 4.5　墙面干挂石材施工

　　石材干挂法又称空挂法,是目前墙面装饰中的一种新型施工工艺。该方法以金属挂件将饰面石材直接吊挂于墙面或空挂于钢架之上,不需再灌浆粘贴。其原理是在主体结构上设主要受力点,通过金属挂件将石材固定在建筑物上,形成石材装饰幕墙,如图4.6所示。

图 4.6　墙面干挂石材示意图

4.5.1　施工准备

1)技术准备

　　编制室内、外墙面干挂石材饰面板装饰工程施工方案,并对工人进行书面的技术及安全交底。

2)材料准备

　　①石材:根据设计要求,确定石材的品种、颜色、花纹和尺寸规格,并严格控制、检查其抗

折、抗拉及抗压强度,吸水率、耐冻融循环等性能。花岗岩板材的弯曲强度应经法定检测机构检测确定。

②合成树脂胶黏剂:用于粘贴石材背面的柔性背衬材料,要求具有防水和耐老化性能。

③用于干挂石材挂件与石材间黏结固定,用双组分环氧型胶黏剂,按固化速度分为快固型(K)和普通型(P)。

④中性硅酮耐候密封胶,应进行黏合力的试验和相容性试验。

⑤玻璃纤维网格布:石材的背衬材料。

⑥防水胶泥:用于密封连接件。

⑦防污胶条:用于石材边缘以防止污染。

⑧嵌缝膏:用于嵌填石材接缝。

⑨罩面涂料:用于大理石表面防风化、防污染。

⑩不锈钢紧固件、连接件应按同一种类构件的5%进行抽样检查,且每种构件不少于5件。

⑪膨胀螺栓、连接铁件、连接不锈钢针等配套的铁垫板、垫圈、螺帽及与骨架固定的各种设计和安装所需要的连接件的质量,必须符合要求。

⑫石材质量要求见表4.22—表4.30。

表 4.22　天然大理石板材规格尺寸允许偏差　　单位:mm

部　位		优等品	一等品	合格品
长、宽度		0 −1.0	0 −1.0	0 −1.5
厚度	≤15	±0.5	±0.8	±1.0
	>15	+0.5 −1.5	+1.0 −2.0	±2.0

表 4.23　天然大理石板材平面度允许极限公差　　单位:mm

板材长度范围	允许极限公差值		
	优等品	一等品	合格品
≤400	0.20	0.30	0.50
>400~<800	0.50	0.60	0.80
≥800<1 000	0.70	0.80	1.00
≥1 000	0.80	1.00	1.20

表 4.24　天然大理石板材角度允许极限公差　　单位:mm

板材长度范围	允许极限公差值		
	优等品	一等品	合格品
≤400	0.30	0.40	0.60
>400	0.50	0.60	0.80

表 4.25　天然大理石石材外观质量　　　　　　　单位：mm

缺陷名称	优等品	一等品	合格品
翘曲	不允许	不明显	有,但不影响使用
裂纹			
砂眼			
凹陷			
色斑			
污点			
正面棱缺陷≤8,≤3			1处
正面角缺陷≤3,≤3			1处

表 4.26　天然大理石板材物理性能　　　　　　　单位：mm

化学主要成分含量/%				镜面光泽度,光泽单位		
氧化钙	氧化镁	二氧化钙	灼烧减量	优等品	一等品	合格品
40~56	0~5	0~15	30~45	90	80	70
25~35	15~25	0~15	35~45			
25~35	15~25	10~25	25~35	80	70	60
34~37	15~18	0~1	42~45			
1~5	44~50	32~38	10~20	60	50	10

表 4.27　天然花岗岩板材规格尺寸允许偏差　　　　　　　单位：mm

分类	细面和镜面板材			粗面板材		
等级	优等品	一等品	合格品	优等品	一等品	合格品
长、宽度	0 −1.0	0 −1.5		0 −1.0	0 −2.0	0 −3.0
厚度	±0.5	±1.0	±1.0 −2.0			
	+1.0	±2.0	+2.0 −3.0	+1.0 −2.0	+2.0 −3.0	+2.0 −4.0

表 4.28　天然花岗岩板材平面度允许极限公差　　　　　　　单位：mm

板材长度范围	细面和镜面板材			粗面板材		
	优等品	一等品	合格品	优等品	一等品	合格品
≤400	0.20	0.40	0.60	0.80	1.00	1.20
>400~<1 000	0.50	0.70	0.90	1.50	2.00	2.20
≥1 000	0.80	1.00	1.20	2.00	2.50	2.80

表 4.29 　天然花岗岩板材角度允许极限公差　　　　　单位:mm

板材长度范围	细面和镜面板材			粗面板材		
	优等品	一等品	合格品	优等品	一等品	合格品
≤400	0.40	0.60	0.80	0.60	0.80	1.00
>400			1.00		1.00	1.20

表 4.30 　天然花岗石板材外观质量　　　　　　　　单位:mm

名称	规定内容	优等品	一等品	合格品
缺棱	长度不超过 10 mm(长度小于 5 mm 不计),周边每米长(个)	不允许	1	2
缺角	面积不超过 5 mm×2 mm(面积小于 2 mm×2 mm 不计),每块板(个)			
裂纹	长度不超过两端顺延至板边总长度的 1/10(长度小于 20 mm 的不计)每块板(个)			
色斑	面积不超过 20 mm×30 mm(面积小于 15 mm×15 mm 不计)每块板(个)			
色线	长度不超过两端顺延至板边总长度的 1/10(长度小于 40 mm 的不计)每块板(条)		2	3
坑窝	粗面板材的正面出现坑窝		不明显	出现,但不影响使用

⑬物理性能要求如下:

a.镜面板材的正面应具有镜面光泽,能清晰地反映出景物。

b.镜面板材的镜面光泽度应不低于 75 光泽单位,或按供需双方协议样板执行。

c.体积密度不小于 2.50 g/cm^3。

d.吸水率不大于 0.8%。

e.干燥压缩强度不小于 60.0 MPa。

f.弯曲强度不小于 8.0 MPa。

3)主要机具(见表 4.31)

表 4.31 　每班组主要机具配备一览表

序号	机械、设备名称	规格型号	定额功率或容量	数量	性能	工种	备 注
1	石材切割机	DM3	7.5 kW	1	良好	木工	按 8~10 人/班组计算
2	手提石材切割机	410	1.2 kW	4	良好	木工	按 8~10 人/班组计算
3	角磨机	952	0.54 kW	4	良好	木工	按 8~10 人/班组计算
4	电锤	TE-15	0.65 kW	2	良好	木工	按 8~10 人/班组计算

续表

序号	机械、设备名称	规格型号	定额功率或容量	数量	性能	工种	备注
5	手电钻	FDV	0.55 kW	3	良好	木工	按8~10人/班组计算
6	电焊机	BXI	24.3 kVA	2	良好	木工	按8~10人/班组计算
7	扳手	17~19号		4	良好	木工	按8~10人/班组计算
8	手推车			2	良好	木工	按8~10人/班组计算
9	铝合金靠尺	2 m		4	良好	木工	按8~10人/班组计算
10	水平尺	600		2	良好	木工	按8~10人/班组计算
11	铅丝	$\phi 0.4 \sim 0.8$		100 m	良好	木工	按8~10人/班组计算
12	粉线包			1	良好	木工	按8~10人/班组计算
13	墨斗			1	良好	木工	按8~10人/班组计算
14	小白线			200 m	良好	木工	按8~10人/班组计算
15	开刀			4	良好	木工	按8~10人/班组计算
16	卷尺	5 m		4	良好	木工	按8~10人/班组计算
17	方尺	300		4	良好	木工	按8~10人/班组计算
18	线锤	0.5		4	良好	木工	按8~10人/班组计算
19	托线板	2 mm		2	良好	木工	按8~10人/班组计算

主要机具有:台钻、无齿切割锯、冲击钻、手枪钻、力矩扳手、开口扳手、嵌缝枪、专用手推车、长卷尺、盒尺、锤子、各种形状钢凿子、靠尺、水平尺、方尺、多用刀、剪子、铅丝、弹线用的粉线包、墨斗、小白线、扫帚、铁锹、开刀、灰槽、灰桶、工具袋、手套、红铅笔等。

4)作业条件

①检查石材的质量、规格、品种、数量、力学性能和物理性能是否符合设计要求,并进行表面处理工作。另外,石材的放射性应符合现行行业标准《天然石材产品放射性防护分类控制标准》。

②已搭设双排架子或吊篮。

③水电及设备、墙上预留预埋件已安装完,垂直运输机具均事先准备好。

④外门窗已安装完毕,安装质量符合要求。

⑤对施工人员进行技术交底时,应强调技术措施、质量要求和成品保护,大面积施工前应先做样板,经质检部门鉴定合格后,方可组织班组施工。

⑥安装系统隐蔽项目已经验收。

4.5.2 关键质量要点

1)材料要求

①根据设计要求,确定石材的品种、颜色、花纹和尺寸规格,并严格控制、检查其抗折、抗

弯曲、抗拉及抗压强度、吸水率、耐冻融循环等性能。块材的表面应光洁、方正、平整、质地坚固，不得有缺棱、掉角、暗痕和裂纹等缺陷。检查石材的质量、规格、品种、数量、力学性能和物理性能是否符合设计要求，并进行表面处理工作。

②膨胀螺栓、连接铁件、连接不锈钢针等配套的铁垫板、垫圈、螺帽及与骨架固定的各种设计和安装所需要的连接件的质量，必须符合国家现行有关标准的规定。

③饰面石材板的品种、防腐、规格、形状、平整度、几何尺寸、光洁度、颜色和图案必须符合设计要求，要有产品合格证。

2）技术要求

①对施工人员进行技术交底时，应强调技术措施、质量要求和成品保护。

②弹线必须准确，经复验后方可进行下道工序。固定的角钢和平钢板应安装牢固并符合设计要求，石材应用护理剂进行石材六面体防护处理。

3）质量要点

①清理要做饰面石材的结构表面，施工前应认真按照图纸尺寸核对结构施工的实际情况，同时进行吊直、套方、找规矩，弹出垂直线、水平线。控制点要符合要求，并应根据设计图纸和实际需要弹出安装石材的位置线和分块线。

②与主体结构连接的预埋件应在结构施工时按设计要求埋设。预埋件应牢固、位置准确，要根据设计图纸进行复查。当设计无明确要求时，预埋件标高差不应大于 10 mm，位置差不应大于 20 mm。

③面层与基底应安装牢固；粘贴用料、干挂配件必须符合设计要求和国家现行有关标准的规定。

④石材表面平整、洁净，拼花正确，纹理清晰通顺，颜色均匀一致，非整板部位安排适宜，阴阳角处的板压向正确。

⑤缝格均匀，板缝通顺，接缝填嵌密实、宽窄一致、无错台错位。

4.5.3 施工工艺

1）工艺流程

工艺流程为：结构尺寸的检验→清理结构表面→结构上弹出垂直线→大角挂→两竖直钢丝→临时固定上层墙板→钻孔插入膨胀螺栓→镶不锈钢固定件→镶顶层墙板→持水平位置线→支底层板托架→放置底层板用其定位→调节与临时固定→嵌板缝密封胶→饰面板刷两层罩面剂→灌 M20 水泥砂浆→设排水管→结构钻孔并插固定螺栓→镶不锈钢固定件→用胶粘剂灌下层墙板上孔→插入连接钢针→将胶黏剂灌入上层墙板的下孔内。

2）操作工艺

①工地收货：收货要设专人负责管理，应认真检查材料的规格、型号是否正确，与料单是否相符。发现石材颜色明显不一致的，要单独码放，以便退还给厂家；如有裂纹、缺棱掉角的，要修理后再用，严重的不得使用。还要注意石材堆放地要夯实，垫 10 cm×10 cm 通长方木，让其高出地面 8 cm 以上，方木上最好钉上橡胶条，让石材按 75° 立放斜靠在专用的钢架上，每块石材之间要用塑料薄膜隔开靠紧码放，防止粘在一起和倾斜。

②石材表面处理:石材表面充分干燥(含水率应小于 8%)后,用石材护理剂进行石材六面体防护处理。此工序必须在无污染的环境下进行,将石材平放于木枋上,用羊毛刷蘸上防护剂,均匀涂刷于石材表面。涂刷必须到位,第一遍涂刷完间隔 24 h 后用同样的方法涂刷第二遍石材防护剂,间隔 48 h 后方可使用。

③石材准备:首先用比色法对石材的颜色进行挑选分类(安装在同一面的石材颜色应一致),并根据设计尺寸和图纸要求,将专用模具固定在台钻上,进行石材打孔。为保证位置准确垂直,要钉一个定型石材托架,将石板放在托架上,使要打孔的小面与钻头垂直,使孔成型后准确无误,孔深为 22~23 mm,孔径为 7~8 mm,钻头为 5~6 mm。随后在石材背面刷不饱和树脂胶,主要采用一布二胶的做法,布为无碱、无捻 24 目的玻璃丝布,石板在刷头遍胶前先写上编号,并用钢丝刷、粗砂纸将石板上的浮灰及杂物(如锯锈、铁抹子)清除干净后再刷胶。胶要随用随配,防止固化后造成浪费。要注意边角地方一定要刷好,特别是打孔部位是薄弱区域,必须刷到。布要铺满,刷完头遍胶后,在铺贴玻璃纤维网格布时要从一边用刷子赶平,铺平后再刷二遍胶,刷子蘸胶不要过多,防止流到石材外面给嵌缝带来困难而出现质量问题。

④基层准备:清理要做饰面石材的结构表面,同时进行吊直、套方、找规矩,弹出垂直线水平线,并根据设计图纸和实际需要弹出安装石材的位置线和分块线。

⑤挂线:按设计图纸要求,石材安装前要事先用经纬仪打出大角两个面的竖向控制线,最好弹在离大角 20 cm 的位置上,以便随时检查垂直挂线的准确性,以保证顺利安装。竖向挂线宜用 $\phi 1.0~\phi 1.2$ 的钢丝为好。下边沉铁随高度而定,一般 40 m 以下高度沉铁质量为 8~10 kg,上端挂在专用的挂线角钢架上。角钢架用膨胀螺栓固定在建筑大角的顶端,一定要挂在牢固、准确、不易碰动的地方,并要注意保护和经常检查,同时在控制线的上、下作出标记。

⑥支底层饰面板托架:把预先加工好的支托按上平线支在将要安装的底层石板上面。支托要支承牢固,相互之间要连接好,也可和架子连接在一起。支架安好后,顺支托方向铺通长 50 mm 的厚木板,木板上口要在同一水平面上,以保证石材上下面处在同一水平面上。

⑦在围护结构上打孔、下膨胀螺栓:在结构表面弹好水平线,按设计图纸及石材料钻孔位置准确地弹在围护结构墙上并做好标记,然后按点打孔。打孔可使用冲击钻,上 $\phi 12.5$ 的冲击钻头。打孔时先用尖凿子在预先弹好的点上凿一个点,然后用钻打孔,孔深为 60~80 mm。若遇结构里的钢筋,可以将孔位在水平方向移动或往上抬高,要连接铁件时利用可调余量调回。成孔要求与结构表面垂直,成孔后把孔内的灰粉用小勺勺掏出,安放膨胀螺栓,宜将本层所需的膨胀螺栓全部安装就位。

⑧上连接铁件:用设计规定的不锈钢螺栓固定角钢和平钢板。调整平钢板的位置,使平钢板的小孔正好与石板的插入孔对正,固定平钢板,用力矩扳手拧紧。

⑨底层石材安装:侧面的连接铁件安好,便可将底层面板靠角上的一块石材就位。方法是用夹具暂时固定,先将石材侧孔抹胶,然后调整铁件,插固定钢针,调整面板固定。按顺序依次安装底层面板,待底层面板全部就位后,检查一下各板水平是否在一条线上,如有高低不平的要进行调整。低的可用木楔垫平,高的可轻轻适当退出点木楔,退出面板上口在一条水平线上为止。先调整好面板的水平与垂直度,再检查板缝。板缝宽应按设计要求,板缝应均匀。将板缝嵌紧被衬条,嵌缝高度要高于 25 cm。然后用 1:2.5 的白水泥配制的砂浆,灌

于底层面板内 20 cm 高,砂浆表面上设排水管。

⑩石板上孔抹胶及插连接钢针:把 1:1.5 的白水泥及环氧树脂倒入固化剂、促进剂,用小棒将配好的胶抹入孔中,再把长 40 mm 的 $\phi4$ 连接钢针通过平板上的小孔插入直至面板孔。上钢针前检查其有无伤痕,长度是否满足要求,钢针安装要保证垂直。

⑪调整固定:面板暂时固定后,应调整水平度。如板面上口不平,可在板底的一端下口的连接平钢板上垫一相应的双股铜丝垫。若低,铜丝组可用小锤砸扁;若高,可把另一端下口用以上方法垫一下。调整垂直度,并调整面板上口的不锈钢连接件的距墙空隙,直至面板垂直。

⑫顶部面板安装:顶部最后一层面板除了一般石材安装要求外,安装调整后,应在结构与石板缝隙里吊一通长的 20 mm 厚木条。木条上平为石板上口下去 250 mm,吊点可设在连接铁件上。可采用铅丝吊木条,木条吊好后,即在石板与墙面之间的空隙里塞放聚苯板条。聚苯板条要略宽于空隙,以便填塞严实,防止灌浆时漏浆,造成蜂窝、孔洞等,灌浆至石板口下 20 mm 作为压顶盖板之用。

⑬贴防污条、嵌缝:沿面板边缘贴防污条,应选用 4 cm 左右的纸带型不干胶带,边缘要贴齐、贴严。在大理石板间缝隙处嵌弹性泡沫填充(棒)条,填充(棒)条也可用 8 mm 厚的高连发泡片剪成 10 mm 宽的条,填充(棒)条嵌好后离装修面 5 mm,最后在填充(棒)条外用嵌缝枪把中性硅胶打入缝内。打胶时用力要均,走枪要稳而慢。如胶面不太平顺,可用不锈钢小勺刮平。小勺要随用随擦干净,嵌底层石板缝时要注意不要堵塞流水管。根据石板颜色,可在胶中加适量矿物质颜料。

⑭清理大理石、花岗石表面,刷罩面剂:把大理石、花岗石表面的防污条掀掉,用棉丝将石板擦净,若有胶或其他黏结牢固的杂物,可用开刀轻轻铲除,用棉丝蘸丙酮擦至干净。在刷罩面剂的施工前,应掌握和了解天气情况,阴雨天和 4 级以上风天不得施工,防止污染漆膜;冬、雨季可在避风条件好的室内操作,刷在板块面上。罩面剂按配合比在刷前半小时兑好,注意区别底漆和面漆,最好分阶段操作。配制罩面剂要搅匀,防止成膜时不均。涂刷要用优质羊毛刷,蘸漆不宜过多,防止流挂,尽量少回刷,以免有刷痕,要求无气泡、不漏刷,应刷得平整、有光泽。

⑮也可参考金属饰面板安装工艺中固定骨架的方法来进行大理石、花岗石饰面板等干挂工艺的结构连接法的施工,尤其是室内干挂饰面板安装工艺。

4.5.4 质量标准

1)主控项目

①饰面石材板的品种、防腐、规格、形状、平整度、几何尺寸、光洁度、颜色和图案必须符合设计要求,且要有产品合格证。

②面层与基底应安装牢固;粘贴用料、干挂配件必须符合设计要求和国家现行有关标准的规定,碳钢配件需做防锈、防腐处理,焊接点应做防腐处理。

③饰面板安装工程的预埋件(或后置埋件)、连接件的数量、规格、位置、连接方法和防腐处理必须符合设计要求。后置埋件的现行拉拔强度必须符合设计要求。饰面板安装必须牢固。

2) 一般项目

①表面平整、洁净;拼花正确,纹理清晰通顺,颜色均匀一致;非整板部位安排适宜,阴阳角处的板压向正确。

②缝格均匀,板缝通顺,接缝填嵌密实、宽窄一致、无错台错位。

③突出物周围的板采取整板套割,要求尺寸准确,边缘吻合整齐、平顺,墙裙、贴脸等上口平直。

④滴水线顺直,流水坡向正确、清晰美观。

⑤室内、外墙面干挂石材允许偏差见表 4.32。

表 4.32　室内、外墙面干挂石材允许偏差

项　次	项　目		允许偏差/mm		检验方法
			光面	粗磨面	
1	立面垂直度	室内	2	2	用 2 m 托线板和尺量检查
		室外	2	4	
2	表面平整		1	2	用 2 m 靠尺和塞尺检查
3	阳角方正		2	3	用 20 cm 方尺和塞尺检查
4	接缝平直		2	3	拉 5 m 小线和尺量检查
5	墙裙上口平直		2	3	拉 5 m 小线和尺量检查
6	接缝高低		1	1	用钢板短尺和塞尺检查
7	接缝宽度偏差		1	2	用尺量检查

学习情境小结

本学习情境主要介绍了几种常规外墙装饰施工的方法及要求,主要包括:室内外贴面砖、墙面陶瓷锦砖、外墙大理石及磨光花岗岩贴面以及墙面干挂石材等装饰施工的施工准备、材料要求、施工工艺及质量验收标准。

通过本学习情境学习,可以学习到室内外贴面砖、墙面陶瓷锦砖、外墙大理石及磨光花岗岩贴面以及墙面干挂石材等装饰工程的施工技术能力。

习题 4

1.简述基层为混凝土墙面的外墙贴面砖的施工工艺和操作要点。

2.简述墙面贴陶瓷锦砖装饰施工质量验收的主控项目和一般项目。

3.简述大理石、磨光花岗岩外墙装饰的关键质量要点、施工工艺流程。

4.简述外墙干挂石材的施工工艺、操作要点及质量标准。

5.请编制一份室外墙面干挂石材饰面板装饰工程施工方案。

学习情境 5
门窗工程施工

● **教学目标**

(1)了解门窗的常见类型及其特点。

(2)通过对门窗工程施工工艺的深刻理解,掌握其施工工艺流程和施工要点。

(3)掌握门窗工程质量检验的方法。

● **教学要求**

能力目标	知识要点	权重/%
选用门窗工程施工机具的能力	门窗工程施工机具	15
门窗工程的施工操作及指导技能	门窗工程施工工艺及方法	50
门窗工程质量验收技能	门窗工程质量验收标准	35

门的主要功能是分隔和交通,同时还兼具通风、采光之用,在特殊情况下,又有保温、隔声、防风雨、防风沙、防水、防火及防放射线等功能。门的开设数量和大小,一般应由交通疏散、防火规范和家具、设备大小等要求来确定。

窗的主要功能是采光、通风、保温、隔热、隔声、眺望、防风雨及防风沙等。有特殊功能要求时,窗还可以防火及防放射线等。

任务单元 5.1 木门窗制作与安装施工

5.1.1 施工准备

1)技术准备

图纸已通过会审与自审,若存在问题,则安装门窗前问题已经解决;门窗洞口的位置、尺寸与施工图相符,已按施工要求做好技术交底工作。

2)材料要求

(1)品种规格

规格主要有:1 220 mm×2 440 mm×3 mm、1 220 mm×2 440 mm×5 mm、1 220 mm×2 440 mm×9 mm、1 220 mm×2 440mm×12 mm、1 220 mm×2 440 mm×18 mm 等。

(2)质量要求

要求对称层和同一层单板是同一树种、同一厚度,并考虑成品结构的均匀性。表板应紧面向外,各层单板不允许端拼。

板均不许有脱胶鼓泡,一等品上允许有极轻微边角缺损,二等板的面板上不得留有胶纸带和明显的胶纸痕。公称厚度自 6 mm 以上的板,其翘曲度要求如下:一、二等品板不得超过1%,三等品板不得超过 2%。翘曲度是用于表述平面在空间中的弯曲程度,在数值上被定义为翘曲平面在高度方向上距离最远的两点间的距离。

3)主要机具(见表 5.1)

表 5.1 主要施工机具

序号	名 称	数 量	规 格	说 明
1	水准仪			以一个班组计
2	手电钻	2	FDV16VB	以一个班组计
3	电刨	1	ZC260	以一个班组计
4	电锯	1		以一个班组计
5	电锤	5	307	以一个班组计
6	锯	6		以一个班组计
7	刨	5		以一个班组计
8	水平尺	2		以一个班组计
9	木工斧	3		以一个班组计
10	羊角锤	5		以一个班组计
11	木工三角尺	5		以一个班组计
12	吊线坠	5		以一个班组计

4)作业条件

①门窗框和扇进场后,应及时组织油工将框靠墙靠地的一面涂刷防腐涂料,然后分类水平堆放平整。底层应搁置在垫木上,在仓库中垫木离地面高度不小于 200 mm,在临时的敞篷中垫木离地面高度应不小于 400 mm,每层间垫木板,使其能自然通风。木门窗严禁露天堆放。

②安装前先检查门窗框和扇有无翘扭、弯曲、窜角、劈裂、榫槽间结合处松散等情况,如有则应进行修理。

③预先安装的门窗框,应在楼、地面基层标高或墙砌到窗台标高时安装。后装的门窗框,应在主体工程验收合格、门窗洞口防腐木砖埋设齐备后进行。

④门窗扇的安装应在饰面完成后进行。没有木门框的门扇,应在墙侧处安装预埋件。

5.1.2 材料和质量要点

1)材料要求

①木门窗的材料或框和扇的规格型号、木材类别、选材等级、含水率及制作质量均需符合设计要求,并且必须有出厂合格证。

②防腐剂、油漆、木螺丝、合页、插销、梃钩、门锁等各种小五金必须符合设计要求。

2)技术要求

安装合页时,合页槽应里平外卧,木螺丝严禁一次钉入,钉入深度不能超过螺丝长度的 1/3,拧入深度不小于 2/3,拧时不能倾斜。若遇木节,可在木节上钻孔,重新塞入木塞后再拧紧木螺丝,这样才能保证铰链平整,木螺丝拧紧卧平。遇较硬木材时可预先钻孔,且孔的直径比木螺丝直径小 1.5 mm 左右。

3)质量要点

①立框时应掌握好抹灰层厚度,确保有贴脸的门窗框安装后与抹灰面平齐。

②安装门窗框时必须事先量一下洞口尺寸,计算并调整缝隙宽度,避免门窗框与门窗洞之间的缝隙过大或过小。

③木砖的埋置一定要满足数量和间距的要求,即 2 m 高以内的门窗每边不少于 3 块木砖,木砖间距以 0.8~0.9 m 为宜;2 m 高以上的门窗框,每边木砖间距不大于 1 m,以保证门窗框安装牢固。

5.1.3 施工工艺

1)工艺流程

工艺流程为:放样→配料、截料→画线→打眼→开榫、拉肩→裁口与倒角→拼装。

2)操作工艺

(1)放样

放样是根据施工图纸上设计好的木制品,按照足尺 1:1 将木制品构造画出来,做成样板(或样棒)。样板采用松木制作,双面刨光,厚约 25 cm,宽等于门窗樘子梃的断面宽,长比门窗高度大 200 mm 左右,经过仔细校核后才能使用。放样是配料和截料、画线的依据,在使用的过程中应注意保持其画线的清晰,不要使其弯曲或折断。

(2)配料、截料

配料是在放样的基础上进行的,因此,要计算出各部件的尺寸和数量,列出配料单,按配料单进行配料。

配料时对原材料要进行选择,有腐朽、斜裂节疤的木料应尽量躲开不用,不干燥的木料不能使用。配料要精打细算,长短搭配,先配长料,后配短料;先配框料,后配扇料。门窗樘料有顺弯时,其弯度一般不超过 4 mm,扭弯者一律不得使用。

配料时要合理地确定加工余量,各部件的毛料尺寸要比净料尺寸加大些,具体加大量可参考如下:

断面尺寸:单面刨光加大 1~1.5 mm,双面刨光加大 2~3 mm。机械加工时,单面刨光加大 3 mm,双面刨光加大 5 mm。长度余量的加工余量见表5.2。

表 5.2 门窗构件长度加工余量

构件名称	加工余量
门樘立梃	按图纸规格放长 7 cm
门窗樘冒头	按图纸放长 10 cm,无走头时放长 4 cm
门窗樘中冒头、窗樘中竖梃	按图纸规格放长 1 cm
门窗扇梃	按图纸规格放长 4 cm
门窗扇冒头、玻璃楞子	按图纸规格放长 1 cm
门扇中冒头	在 5 根以上者,有一根可考虑做半榫
门芯板	按图纸冒头及扇梃内净距放长各 2 cm

配料时还要注意木材的缺陷,节疤应躲开眼和榫头的部位,防止凿劈或榫头断掉;起线部位也禁止有节疤。

在选配的木料上按毛料尺寸画出截断、锯开线。考虑到锯解木料的损耗,一般留出 2~3 mm 的损耗量。锯时要注意锯线直、端面平。

(3)刨料

使用刨子(见图 5.1)刨料时,宜将纹理清晰的里材作为正面。对于樘子料,任选一个窄面为正面,对于门、窗框的梃及冒头,可只刨正面,不刨靠墙的一面;门、窗扇的上冒头和梃也可先刨三面,靠樘子的一面待安装时根据缝的大小再进行修刨。

刨完后,应按同类型、同规格樘扇分别堆放,上、下对齐,每个正面要相合,堆垛下面要垫实平整。

(4)画线

画线是根据门窗的构造要求,在各根刨好的木料上画出榫头线,打眼线等。

画线前,先要弄清楚榫、眼的尺寸和形式,什么地

图 5.1 刨子

方做样、什么地方凿眼,弄清图纸要求和样板式样,并先做样品(尺寸、规格必须一致),经审查合格后再正式画线。

门窗樘无特殊要求时,可用平肩插。樘梃宽超过 80 mm 时,要画双实榫;门扇梃厚度超过 60 mm 时,要画双头榫;60 mm 以下画单榫。冒头料宽度大于 180 mm 者,一般画上下双榫。榫眼厚度一般为料厚的 1/4~1/3。半榫眼深度一般不大于料断面的 1/4,冒头拉肩应和榫吻合。

成批画线应在画线架上进行,将门窗料叠放在架子上,将螺钉拧紧固定,然后用丁字尺一次画下来,这样既准确又迅速。还要标识出门窗料的正面或看面,所有榫、眼注明是全眼还是半眼,透榫还是半榫。正面眼线画好后,要将眼线画到背面,并画好倒棱、裁口线,这样所有的线就画好了。要求线要画得清楚、准确、齐全。

(5)打眼

打眼之前,应选择等于眼宽的凿刀。凿出的眼,顺木纹两侧要直,不得出错槎,先打全眼,后打半眼。全眼要先打背面,凿到一半时,翻转过来再打正面直到贯穿。眼的正面要留半条里线,反面不留线,但比正面略宽,这样装榫头时可减少冲击,以免挤裂眼口四周。

(6)开榫、拉肩

开榫又称倒卯,就是按榫头线纵向锯开。拉肩就是锯掉榫头两旁的肩头,通过开榫和拉肩操作就制成了榫头。拉肩、开榫要留半个墨线。锯出的榫头要方正、平直,摔眼处应完整无损,没有被拉肩操作面锯伤。半榫的长度应比半眼的深度少 2~3 mm。锯成的榫要求方、正,不能伤榫根。楔头倒棱,以防装楔头时将眼背面顶裂。榫的构造见图 5.2。

榫卯分类	图 示	类 型
直榫系统		单向直榫
		单向双榫
		大拼小出直榫
		燕尾榫
		单向搭接榫
		蚁榫
榫系统	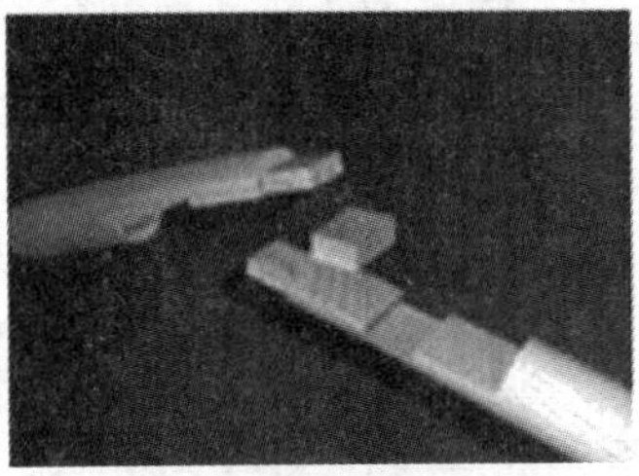	公母榫
		鼻子公母榫
		管脚公母榫
		馒头公母榫
		筒底公母榫
		单向搭接榫
		十字穿插榫棒
凹槽系统	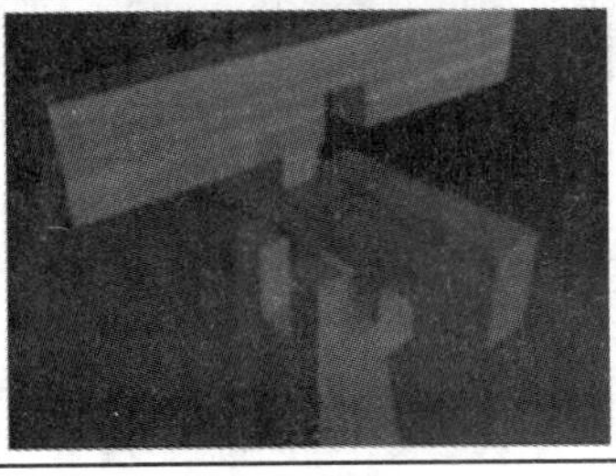	十字搭接榫
		榫孔
		十字交叉榫
		十字凹槽搭接榫

图 5.2　榫的构造

（7）裁口与倒棱

裁口即刨去框的一个方形角部分，供装玻璃用。用裁口刨子或用歪嘴子刨，快刨到要刨的部分时，用单线刨子刨，去掉木屑，刨到为止。裁好的口要求方正平直，不能有戗槎起毛、凹凸不平的现象。倒棱也称为倒八字，即沿框刨去一个三角形部分。倒棱要平直、板实，不能过线。裁口也可用电锯切割（需留 1 mm），再用单线刨子刨到需求位置为止。

（8）拼装

木门窗的构造见图 5.3 和图 5.4。

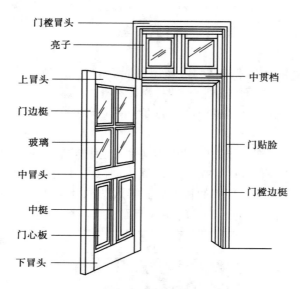

图 5.3　木门的构造

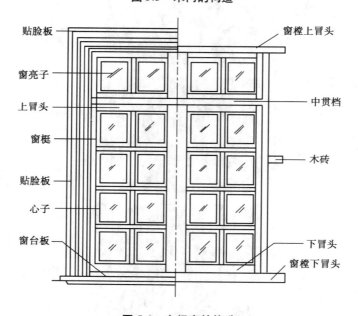

图 5.4　木门窗的构造

装前对部件应进行检查,要求部件方正、平直、线脚整齐分明,表面光滑,尺寸规格、式样符合设计要求,并用细刨将遗留墨线刨光。

门窗框的组装,是把一根边梃的眼里再装上另一边的梃,用锤轻轻敲打拼合。敲打时要垫木块防止打坏榫头或留下敲打的痕迹,待整体拼好归方以后,再将所有榫头敲实,锯断露出的榫头。拼装时先将楔头蘸抹上胶,再用锤轻轻敲打拼合。

门窗扇的组装方法与门窗框基本相同,但木扇有门心板,需先把门心板按尺寸裁好(一般门心板应比扇边上量得的尺寸小 3~5 mm)。将门心板的四边去棱,刨光净好,然后先把一根门梃平放,将冒头逐个装入,门心板嵌入冒头与门梃的凹槽内,再将另一根门梃的眼对准榫装入,并用锤垫木块敲紧。

门窗框、扇组装好后,为使其成为一个结实的整体,必须在眼中加木楔,将榫在眼中挤紧。楔子头用扁铲顺木纹铲尖,加楔时应先检查门窗框、扇的方正,掌握其歪扭情况,以便在加楔时调整、纠正。

一般每个榫头内必须加两个楔子。加楔时,用凿子或斧子把榫头凿出一道缝,将楔子两面抹上胶插进缝内。敲打楔子要先轻后重,逐步楔入,不要用力太猛。当楔子已打不动、眼已扎紧饱满时就不要再敲,以免木料龟裂。在加楔的过程中,对框、扇要随时用角尺或尺杆卡窜角找方正,并校正框、扇的不平处,加楔时注意纠正。

组装好的门窗、扇用细刨刨平。先刨光面,双扇门窗要配好对,对缝的裁口要刨好。安装前,门窗框靠墙的一面,均要刷一道防腐剂,以增强防腐能力。

为了防止在运输过程中门窗框变形,在门框下端钉上拉杆,拉杆下皮正好是锯口。大的门窗框,在中贯档与梃间要钉八字撑杆,外面四个角也要钉八字撑杆。

门窗框组装、净面后,应按房间编号、按规格分别码放整齐,堆垛下面要垫木块。不准在露天堆放,要用油布盖好,以防止日晒雨淋。门窗框进场后应尽快刷一道底油防止风裂和污染。

(9)门窗框的后安装

①主体结构完工后,复查洞口标高、尺寸及木砖位置。

②将门窗框用木楔临时固定在门窗洞口内相应位置。

③用吊线坠校正框的正、侧面垂直度,用水平尺校正框冒头的水平度。

④用砸扁钉帽的钉子钉牢在木砖上。钉帽要冲入木框内 1~2 mm,每块木砖要钉两处。

⑤高档硬木门框应用钻打孔木螺丝拧固,并拧进木框 5 mm,用同等木条补孔。

(10)门窗扇的安装

①量出棱口净尺寸,考虑留缝宽度。确定门窗扇的高、宽尺寸,先画出中间缝处的中线,再画出边线,并保证梃宽一致,最后四边画线。

②若门窗扇高、宽尺寸过大,则应刨去多余部分。修刨时应先锯余头,再行修刨。门窗扇为双扇时,应先作打叠高低缝,并以开启方向的右扇压左扇。

③若门窗扇高、宽尺寸过小,可在下边或装合页一边用胶和钉子绑钉刨光的木条。钉帽砸扁,钉入木条内 1~2 mm,然后锯掉余头刨平。

④平开扇的底边、中悬扇的上下边、上悬扇的下边、下悬扇的上边等与框接触且容易发生摩擦的边,应刨成 1 mm 斜面。

⑤试装门窗扇时,应先用木楔塞在门窗扇的下边,然后再检查缝隙,并注意窗楞和玻璃芯子平直对齐。合格后画出合页的位置线,剔槽装合页。

（11）门窗小五金的安装

①所有小五金必须用木螺丝固定安装,严禁用钉子代替。使用木螺丝时,先用手锤钉入全长的 1/3,接着用螺丝刀拧入。当木门窗为硬木时,先钻孔径为木螺丝直径 0.9 倍的孔,孔深为木螺丝全长的 2/3,然后再拧入木螺丝。

②铰链距门窗扇上下两端的距离为扇高的 1/10,且应避开上下冒头,安好后必须转动灵活。

③门锁距地面约高 0.9~1.05 m,应错开中冒头和边梃的掉头。

④门窗拉手应位于门窗扇中线以下,窗拉手距地面 1.5~1.6 mm。

⑤窗风钩应装在窗框下冒头与窗扇下冒头夹角处,使窗开启后成 90° 角,并使上下各层窗扇开启后整齐划一。

⑥门插销位于门拉手下边,装窗插销时应先固定插销底板,再关窗打插销压痕,凿孔,打入插销。

⑦门扇开启后易碰墙的门,应安装门吸以固定门扇。

⑧小五金应安装齐全,位置适宜,固定可靠。

合页与门锁如图 5.5 和图 5.6 所示。

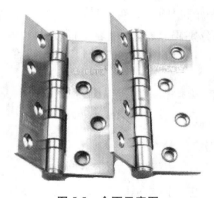

图 5.5 合页示意图

图 5.6 门锁示意图

5.1.4 质量标准

1）主控项目

①通过观察、检查材料进场验收记录和复验报告等方法,检验木门窗的木材品种、材质等级、规格、尺寸、框扇的线型及人造夹板的甲醛含量符合设计要求。

②木门窗应采用烘干的木材,含水率应符合《建筑木门、木窗》(JG/T 122)的规定。

③木门窗的防火、防腐、防虫处理应符合设计要求。

④木门窗的结合处和安装配件处不得有木节或已填补的木节。木门窗如有允许限值以内的死节及直径较大的虫眼时,应用同一材质的木塞加胶填补。对于清漆制品,木塞的木纹和色泽应与制品一致。

⑤门窗框和厚度大于 60 mm 的门窗应用双榫连接。榫槽应采用胶料严密嵌合,并应用胶楔加紧。

⑥胶合板门、纤维板门和模压门不得脱胶。胶合板不得刨透表层单板,不得有戗槎。制作胶合板门、纤维板门时,边框和横楞应在同一平面上,面层、边框及横楞应加压胶结。横楞和上、下冒头应各钻两个以上的透气孔,透气孔应通畅。

⑦木门窗的品种、类型、规格、开启方向、安装位置及连接方式应符合设计要求。

⑧门窗框的安装必须牢固。预埋木砖的防腐处理,以及木门窗框固定的数量、位置和固定方法,应符合设计要求。

⑨木门窗扇必须安装牢固,并应开关灵活、关闭严密、无倒翘。

⑩木门窗配件的型号、规格、数量应符合设计要求,安装应牢固,位置应正确,功能应满足使用要求。

2)一般项目

①木门窗表面应洁净,不得有刨痕、锤印。

②木门窗的割角、拼缝应严密平整。门窗框、扇裁口应顺直,刨面应平整。

③木门窗上槽、孔应边缘整齐,无毛刺。

④木门窗与墙体缝隙的填嵌材料应符合设计要求,填嵌应饱满。寒冷地区外门窗(或门窗框)与砌体间的空隙应填充保温材料。

⑤门窗制作的允许偏差和检验方法应符合表 5.3 规定。

表 5.3　木门窗制作的允许偏差和检验方法　　　　　　　　单位:mm

项次	项　目	构件名称	允许偏差		检验方法
			普通	高级	
1	翘曲	框	3	2	将框、扇平放在检查平台上,用塞尺检查
		扇	2	2	
2	对角线长度差	框、扇	3	2	用钢尺检查、框量裁口里角,扇量外角
3	表面平整度	扇	2	2	用 1 m 靠尺和塞尺检查
4	高度、宽度	框	0;−2	0;−1	用钢尺检查,框量裁口里角,扇量外角
		扇	+2;0	+1;0	
5	裁口、线条结合处高低差	框、扇	1	0.5	用钢直尺和塞尺检查
6	相邻棂子两端间距	扇	2	1	用钢直尺检查

⑥木门窗安装的留缝限值、允许偏差和检验方法应符合表5.4的规定。

表5.4　木门窗安装的留缝限值、允许偏差和检验方法

项次	项　目		留缝限值/mm		允许偏差/mm		检查方法
			普通	高级	普通	高级	
1	门窗槽口对角线长度差		—	—	3	2	用钢尺检查
2	门窗框的正、侧面垂直度		—	—	2	1	用1 m垂直检测尺检查
3	框与扇、扇与扇接缝高低差		—	—	2	1	用钢直尺和塞尺检查
4	门窗扇对口缝		1~2.5	1.5~2	—	—	用塞尺检查
5	工业厂房双扇大门对口缝		2~5	—	—	—	
6	门窗扇与上框间留缝		1~2	1~1.5	—	—	
7	门窗扇与侧框间留缝		1~2.5	1~1.5	—	—	
8	窗扇与下框间留缝		2~3	2~2.5	—	—	
9	门扇与下框间留缝		3~5	3~4	—	—	
10	双层门窗内外框间距		—	—	4	3	用钢尺检查
11	无下框时门扇与地面间留缝	外门	—	—	—	—	用塞尺检查
		内门	—	—	—	—	
		卫生间门	—	—	—	—	
		厂房大门	—	—	—	—	

任务单元5.2　钢门窗安装施工

与木门窗相比,钢制的门窗在坚固、耐久、耐火和密闭等性能上都较优越,而且节约木材,透光面积较大,作为建筑的外围护构件已较为普遍。钢制门窗如图5.7所示。

5.2.1　施工准备

1)技术准备

施工前应仔细熟悉施工图纸,并依据施工技术交底和安全交底做好各方面的准备。

2)材料要求

图5.7　钢门窗示意图

①钢门窗:钢门窗厂生产的合格的钢门窗,型号品种符合设计要求。

②水泥、砂:水泥32.5级以上,砂为中砂或粗砂。

③玻璃、油灰:按设计要求。

④焊条:应采用符合要求的电焊条。

进场前应先对钢门窗进行验收,不合格的不准进场。运到现场的钢门窗应分类堆放,不能参差挤压,以免变形。堆放场地应干燥,并有防雨、排水措施。搬运时要轻拿轻放,严禁扔摔。

3)主要机具(见表 5.5)

表 5.5　主要机具一览表

序号	名　称	数量	规　格	说　明
1	电钻	1	牧田 6410	
2	电焊机	1	BX-200	
3	手锤	2		
4	螺丝刀	3		
5	活扳手	2		
6	钢卷尺	2		
7	水平尺	1		
8	线坠	1		

4)作业条件

①主体结构已经有关质量部门验收合格,达到安装条件,工种之间已办好交接手续。

②弹好室内+50 cm 水平线,并按建筑平面图中所示尺寸弹好门窗中线。

③检查钢筋混凝土过梁上连接固定钢门窗的预埋铁件预埋、位置是否正确。对于预埋和位置不准者,按钢门窗安装要求补装齐全。

④检查埋置钢门窗铁脚的预留孔洞是否正确,门窗洞口的高、宽尺寸是否合适。未留或留得不准的孔洞应校正后剔凿好,并将其清理干净。

⑤检查钢门窗,对由于运输、堆放不当而导致门窗框扇出现的变形、脱焊和翘曲等,应进行校正和修理。对表面处理后需要补焊的,焊后必须刷防锈漆。

⑥对组合钢门窗,应先做试拼样板,经有关部门鉴定合格后,再大量组装。

5.2.2　施工工艺

1)工艺流程

工艺流程为:画线定位→钢门窗就位→钢门窗固定→五金配件安装。

2)操作工艺

(1)画线定位

①按图纸中门窗的安装位置、尺寸和标高,以门窗中线为准,向两边量出门窗边线。工程为多层或高层时,以顶层门窗安装位置线为准,用线坠或经纬仪将顶层分出的门窗边线标画到各楼层相应位置。

②从各楼层室内+50 cm水平线量出门窗的水平安装线。

③依据门窗的边线和水平安装线做好各楼层门窗的安装标记。

（2）钢门窗就位

①按图纸中要求的型号、规格及开启方向等,将所需要的钢门窗搬运到安装地点,并垫靠稳当。

②将钢门窗立于图纸要求的安装位置,用木楔临时固定,将其铁脚插入预留孔中,然后根据门窗边线、水平线及距外墙皮的尺寸进行支垫,并用托线板靠吊垂直。

③钢门窗就位时,应保证钢门窗上框距过梁有20 mm缝隙,框左右缝宽一致,距外墙尺寸符合图纸要求。

（3）钢门窗固定

①钢门窗就位后,校正其水平和正、侧面垂直,然后将上框铁脚与过梁预埋件焊牢,将框两侧铁脚插入预留孔内。用水将预留孔内湿润,用1∶2较硬的水泥砂浆或C20细石混凝土将其填实后抹平,且终凝前不得碰动框扇。

②三天后取出四周木楔,用1∶2水泥砂浆把框与墙之间的缝隙填实,与框同平面抹平。

③若为钢大门时,应将合页焊到墙中的预埋件上。要求每侧预埋件必须在同一垂直线上,两侧对应的预埋件必须在同一水平位置上。

（4）五金配件的安装

①检查窗扇开启是否灵活,关闭是否严密,如有问题必须调整后再安装。

②在开关零件的螺孔处配置合适的螺钉,将螺钉拧紧。当拧不进去时,检查孔内是否有多余物,若有,将其剔除后再拧紧螺丝。当螺钉与螺孔位置不吻合时,可略挪动位置,重新攻丝后再安装。

③钢门锁的安装按说明书及施工图要求进行,安好后门锁应开关灵活。

5.2.3 质量标准

1）主控项目

①金属门窗的品种、类型、规格、性能、开启方向、安装位置、连接方式及铝合金门窗的型材壁厚应符合设计要求。金属门窗的防腐处理及嵌缝、密封处理应符合设计要求。

②金属门窗必须安装牢固,并应开关灵活、关闭严密,无倒翘。推拉门窗扇必须有防脱落措施。

③金属门窗配件的型号、规格、数量应符合设计要求,安装应牢固,位置应正确,功能应满足使用要求。

2）一般项目

①金属门窗表面应洁净、平整、光滑、色泽一致、无锈蚀,大面应无划痕、碰伤,漆膜或保护层应连接。

②铝合金门窗推拉门窗扇开关力应大于 100 N。

③金属门窗框与墙体之间的缝隙应填嵌饱满,并采用密封胶密封。密封胶表面应光滑、顺直、无裂纹。

④金属门窗扇的橡胶密封条或毛毡密封条应安装完好,不得脱槽。

⑤有排水孔的金属门窗,排水孔应畅通。

⑥钢门窗安装的留缝限值、允许偏差和检验方法见表 5.6。

表 5.6 钢门窗安装的留缝限值、允许偏差和检验方法

项次	项 目		留缝限值 /mm	允许偏差 /mm	检验方法
1	门窗槽口宽度、高度	≤1 500 mm	—	2.5	用钢尺检查
		>1 500 mm	—	3.5	
2	门窗槽口对角线长度差	≤2 000 mm	—	5	用钢尺检查
		>2 000 mm	—	6	
3	门窗框的正、侧面垂直度		—	3	用 1 m 垂直检测尺检查
4	门窗横框的水平度		—	3	用 1 m 垂直检测尺检查
5	门窗横框标高		—	5	用钢尺检查
6	门窗竖向偏离中心		—	4	用钢尺检查
7	双层门窗内外框间距		—	5	用钢尺检查
8	门窗框、扇配合间距		≤2	—	用塞尺检查
9	无下框时门扇与地面间留缝		4~8	—	用塞尺检查

任务单元 5.3 铝合金门窗安装施工

铝合金门窗框料的组装是利用转角件、插接件、紧固件组装成扇和框的。铝合金门窗框的组装多采用直插,很少采用 45°斜接,直插较斜接更牢固简便、加工简单。门窗的附件有导向轮、门轴、密封条、密封垫、橡胶密封条、开闭锁、拉手、把手等。门扇均不采用合页开启。

铝合金推拉窗的构造见图 5.8,其特点是它们由不同断面型材组合而成。框为槽形断面,下框为带导轨的凸形断面,两侧竖框为另一种槽形断面,共 4 种型材组合成窗框与洞口固定。

铝合金平开窗的构造(见图 5.9)与一般窗相近,四角连接为直插或 45°斜接,其合页必须用铝合金或不锈钢合页,螺钉为不锈钢螺钉,也可以用上下转轴开启。铝合金平开门的开启均采用地弹簧装置。

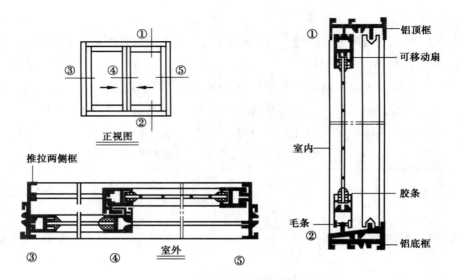

图 5.8　铝合金推拉窗构造

①—上横框；②—上下滑道；③—边框；④—中框；⑤—侧边

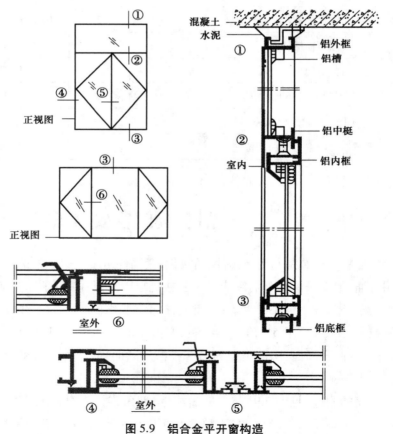

图 5.9　铝合金平开窗构造

①—外框；②—横中梃；③—底框；④—竖边框；⑤—竖中梃；⑥—内框

5.3.1 施工准备

1)技术准备

施工前已熟悉施工图纸,并已依据施工技术交底和安全交底做好各方面的准备。

2)材料要求

①铝合金门窗的规格、型号应符合设计要求,五金配件配套齐全,具有出厂合格证、材质检验报告书并加盖厂家印章。

②防腐材料、填缝材料、密封材料、防锈漆、水泥、砂、连接板等应符合设计要求和有关标准的规定。

③进场前应对铝合金门窗进行验收检查,不合格者不准进场。运到现场的铝合金门窗应分型号、规格堆放整齐,存放于仓库内。搬运时轻拿轻放,严禁扔摔。

目前使用较广泛的铝合金门窗型材有:46 系列地弹门型材,90 系列推拉窗及同系列中空玻璃推拉窗型材,73 系列推拉窗型材,70 系列推拉窗,55 系列推拉窗,50 系列推拉窗和同系列平开窗及 38 系列平开窗型材。

3)主要机具(见表 5.7)

表 5.7　主要机具一览表

序号	名　称	数　量	规　格	说　明
1	电钻	2	牧田 6410	
2	电焊机	1	BX-200	
3	水准仪	1		
4	电锤	2	SDQ-77	
5	活扳手	2		
6	钳子	2		
7	水平尺	1		
8	线坠	2		
9	螺丝刀	5		

4)作业条件

①主体结构已经有关质量部门验收合格,工种之间已办好交接手续。

②检查门窗洞口尺寸及标高是否符合设计要求。有预埋件的门窗口还应检查预埋件的数量、位置及埋设方法是否符合设计要求。

③按图纸要求尺寸弹好门窗中线,并弹好室内+50 cm 水平线。

④检查铝合金门窗,如有劈棱窜角和翘曲不平、偏差超标、表面损伤、变形及松动、外观色差较大者,应与有关人员协商解决,经处理、验收合格后才能安装。

5.3.2　施工操作工艺

1）工艺流程

工艺流程为：画线定位→铝合金窗披水安装→防腐处理→铝合金门窗的安装就位→铝合金窗的固定→门窗框与墙体间间隙的处理→门窗扇及门窗玻璃的安装→安装五金配件。

2）操作工艺

（1）画线定位

①根据设计图纸中门窗的安装位置、尺寸和标高，依据门窗中线向两边量出门窗边线。若为多层或高层建筑，以顶层门窗边线为准，用线坠或经纬仪将门窗边线下引，并在各层门窗口处画线标记，对个别不直的口边应剔凿处理。

②门窗的水平位置应以楼层室内+50 cm 的水平线为准向上反量出窗下皮标高，弹线找直，每一层必须保持窗下皮标高一致。

（2）铝合金窗披水安装

按施工图纸要求，将披水固定在铝合金窗上，且要保证位置正确、安装牢固。

（3）防腐处理

①门窗框四周外表面的防腐处理在设计有要求时，按设计要求处理。如果设计没有要求，可涂刷防腐涂料或粘贴塑料薄膜进行保护，以免水泥砂浆直接与铝合金门窗表面接触，产生电化学反应，腐蚀铝合金门窗。

②安装铝合金门窗时，如果采用连接铁件固定，则连接铁件、固定件等安装用金属零件最好用不锈钢件，否则必须进行防腐处理，以免产生电化学反应，腐蚀铝合金门窗。

（4）铝合金门窗的安装就位

根据画好的门窗定位线安装铝合金门窗框，并及时调整好门窗框的水平、垂直及对角线长度等，使其符合质量标准，然后用木楔临时固定。

（5）铝合金门窗的固定

①当墙体上预埋有铁件时，可直接把铝合金门窗的铁脚与墙体上的预埋铁件焊牢，焊接处需做防锈处理。

②当墙体上没有预埋铁件时，可用金属膨胀螺栓或塑料膨胀螺栓将铝合金门窗的铁脚固定到墙上。

③当墙体上没有预埋铁件时，也可用电钻在墙上打 80 mm 深、直径为 6 mm 的孔，用 L 形 80 mm×50 mm 的 6 mm 钢筋。在长的一端粘涂 108 胶水泥浆，然后打入孔中。待 108 胶水泥浆终凝后，再将铝合金门窗的铁脚与埋置的 6 mm 钢筋焊牢。

（6）门窗框与墙体间缝隙间的处理

①铝合金门窗安装固定后，应进行隐蔽工程验收。合格后应及时按设计要求处理门窗框与墙体之间的缝隙。

②如果设计未提出要求，可采用弹性保温材料或玻璃棉毡条分层填塞缝隙，外表面留 5~8 mm 深槽口填嵌缝油膏或密封胶。

（7）门窗扇及门窗玻璃的安装

①门窗扇和门窗玻璃应在洞口墙体表面装饰完工验收后安装。

②推拉门窗在门窗框安装固定后，将配好玻璃的门窗扇整体安入框内滑槽，调整好与扇

的缝隙即可。

③平开门窗在框与扇格架组装上墙、安装固定好后再安玻璃,即先调整好框与扇的缝隙,再将玻璃安入扇并调整好位置,最后镶嵌密封条及密封胶。

④地弹簧门应在门框及地弹簧主机入地安装固定后再安门扇。先将玻璃嵌入门扇格架并一起入框就位,然后调整好框扇缝隙,最后填嵌门扇玻璃的密封条及密封胶。

(8)安装五金配件

五金配件与门窗连接用镀锌螺钉。安装的五金配件应结实牢固、使用灵活。

5.3.3 质量标准

1)主控项目

①金属门窗的品种、类型、规格、性能、开启方向、安装位置、连接方式及铝合金门窗的型材壁厚应符合设计要求。金属门窗的防腐处理及嵌缝、密封处理应符合设计要求。

②金属门窗必须安装牢固,并应开关灵活、关闭严密,无倒翘。推拉门窗扇必须有防脱落措施。

③金属门窗配件的型号、规格、数量应符合设计要求,安装应牢固,位置应正确,功能应满足使用要求。

2)一般项目

①金属门窗表面应洁净、平整、光滑、色泽一致,无锈蚀;大面应无划痕、碰伤;漆膜或保护层应连接。

②铝合金门窗推拉门窗扇开关力应大于 100 N。

③金属门窗框与墙体之间的缝隙应填嵌饱满,并采用密封胶密封。密封胶表面应光滑、顺直、无裂纹。

④金属门窗扇的橡胶密封条或毛毡密封条应安装完好,不得脱槽。

⑤有排水孔的金属门窗,排水孔应畅通。

⑥铝合金门窗安装的允许偏差和检验方法见表 5.8。

表 5.8　铝合金门窗安装的允许偏差和检验方法

项次	项　目		允许偏差/mm	检验方法
1	门窗槽口宽度、高度	≤1 500 mm	1.5	用钢尺检查
		>1 500 mm	2	
2	门窗槽口对角线长度差	≤2 000 mm	3	用钢尺检查
		>2 000 mm	4	
3	门窗框的正、侧面垂直度		2.5	用垂直检测尺检查
4	门窗横框的水平度		2	用 1 m 水平尺和塞尺检查
5	门窗横框标高		5	用钢尺检查
6	门窗竖向偏离中心		5	用钢尺检查
7	双层门窗内外框间距		4	用钢尺检查
8	推拉门窗扇与框搭接量		1.5	用钢直尺检查

任务单元 5.4 塑料门窗安装施工

5.4.1 施工准备

1)技术准备

①安装门窗时的环境温度不宜低于 5 ℃。

②在温度为 0 ℃ 的环境中存放门窗时,安装前应在室温下放 24 h。

2)材料要求

(1)材料规格

塑料门窗按照施工的要求进行定做。

(2)质量要求

①表面无色斑、无划伤。

②门窗及边框平直,无弯曲、变形。

3)主要机具(见表 5.9)

表 5.9 主要施工机具

序号	名 称	数 量	规 格	说 明
1	手电钻	2	FDV16VB	以一个班组计
2	电锤	1	ZC260	以一个班组计
3	水准仪	1		以一个班组计
4	锯	3		以一个班组计
5	水平尺	2		以一个班组计
6	螺丝刀	5		以一个班组计
7	扳手	2		以一个班组计
8	钳子	2		以一个班组计
9	线坠	2		以一个班组计

4)作业条件

①主体结构已施工完毕,并经有关部门验收合格。墙面已粉刷完毕,工种之间已办好交接手续。

②当门窗采用预埋木砖与墙体连接时,墙体中应按设计要求埋置防腐木砖。对于加气混凝土墙,应预埋胶黏圆木。

③同一类型的门窗及其相邻的上、下、左、右洞口应横平竖直;对于高级装饰工程及放置过梁的洞口,应做洞口样板。洞口宽度和高度尺寸的允许偏差见表 5.10。

表 5.10　洞口宽度和高度尺寸的允许偏差　　　　　单位:mm

墙体表面＼洞口宽度或高度	<2 400	2 400~4 800	>4 800
未粉刷墙面	±10	±15	±20
已粉刷墙面	±5	±10	±15

④按设计要求的尺寸弹好门窗中线,并弹好室内+50 cm 水平线。

⑤组合窗的洞口,应在拼樘料的对应位置设预埋件或预留洞。

⑥洞口尺寸按第③条的要求检验合格并办好工种交接手续后,门窗安装方可进行。门的安装应在地面工程施工前进行。

5.4.2　材料和质量要点

1)材料要求

①塑料门窗的规格、型号应符合设计要求,五金配件配套齐全,并具有出厂合格证。

②玻璃、嵌缝材料、防腐材料等应符合设计要求和有关标准的规定。

③进场前应先对塑料门窗进行验收检查,不合格者不准进场。运到现场的塑料门窗应分型号、规格以不小于 70°的角度立放于整洁的仓库内,需放置垫木。仓库内的环境温度应小于 50 ℃;门窗与热源的距离不应小于 1 m,并不得与腐蚀物质接触。

④搬运时应轻拿轻放,严禁抛摔,并保护好其护膜。

2)技术要求

①安装时应先采用直径为 ϕ3.2 的钻头钻孔,然后将十字槽盘端头自攻 M4×20 拧入,严禁直接锤击钉入。

②固定片的位置应距门窗角、中竖框、中横框 150~200 mm,固定片之间的间距应不大于 600 mm。

3)质量要点

①塑料门窗安装时,必须按施工操作工艺进行。施工前一定要画线定位,使塑料门窗上下顺直,左右标高一致。

②安装时要使塑料门窗垂直方正,对有劈棱掉角和窜角的门窗扇必须及时调整。

③门窗框扇上若粘有水泥砂浆,应在其硬化前用湿布擦干净,不得用硬质材料铲刮窗框扇表面。

④因塑料门窗材质较脆,所以安装时严禁直接锤击钉,必须先钻孔,再用自攻螺钉拧入。

5.4.3 施工工艺

1) 工艺流程

工艺流程为:清理→安装固定片→确定安装位置→安装。

2) 操作工艺

①将不同型号、规格的塑料门窗搬到相应的洞口旁竖放。当有保护膜脱落时,应补贴保护膜,并在框上下边画中线。

②如果玻璃已安装在门窗上,应卸下玻璃,并做好标记。

③在门窗的上框及边框上安装固定片,其安装应符合下列要求:

a.检查门窗框上下边的位置及其内外朝向,确认无误后再安固定片。安装时应先采用直径为 $\phi3.2$ 的钻头钻孔,然后将十字槽盘端头自攻 M4×20 拧入,严禁直接锤击钉入。

b.固定片的位置应距门窗角、中竖框、中横框 150~200 mm,固定片之间的间距应不大于 600 mm。不得将固定片直接装在中横框、中竖框的挡头上。

④根据设计图纸及门窗扇的开启方向,确定门窗框的安装位置,并把门窗框装入洞口,并使其上下框中线与洞口中线对齐。安装时应采取防止门窗变形的措施。无下框的平开门,应使两边框的下脚低于地面标高线 30 mm。带下框的平开门或推拉门,应使下框低于地面标高线 10 mm,然后将上框的一个固定片固定在墙体上,并调整门框的水平度、垂直度和直角度,用木楔临时固定。当下框长度大于 0.9 m 时,其中间也用木楔塞紧,然后调整垂直度、水平度及直角度。

⑤当门窗与墙体固定时,应先固定上框,后固定边框。固定方法如下:

a.混凝土墙洞口,采用塑料膨胀螺钉固定。

b.砖墙洞口,采用塑料膨胀螺钉或水泥钉固定,并固定在胶黏圆木上。

c.加气混凝土洞口,采用木螺钉将固定片固定在胶黏圆木上。

d.设有预埋铁件的洞口,应采取焊接的方法固定,也可先在预埋件上按拧紧固件规格打基孔,然后用紧固件固定。

e.设有防腐木砖的墙面,需采用木螺钉把固定片固定在防腐木砖上。

f.窗下框与墙体的固定,可将固定片直接伸入墙体预留孔内,并用砂浆填实。

⑥塑料门窗拼樘料内补加强型钢,其规格与壁厚必须符合设计要求。拼樘料与墙体连接时,其两端必须与洞口固定牢固。

⑦应将门窗框或两窗框与拼樘料卡接,并用紧固件双向扣紧,其间距不大于 600 mm;紧固件端头及拼樘料与窗框之间缝隙用嵌缝油膏密封处理。

⑧门窗框与洞口之间的伸缩缝内腔应采用闭孔泡沫塑料、发泡聚苯乙烯等弹性材料分层填塞,然后去掉临时固定用的木楔,其空隙用相同材料填塞。

⑨门窗洞内外侧与门窗框之间缝隙的处理如下:

a.普通单玻璃窗、门:洞口内外侧与门窗框之间用水泥砂浆或麻刀白灰浆填实抹平。靠近铰链一侧,灰浆压住门窗框的厚度以不影响扇的开启为限,待水泥砂浆或麻刀灰浆硬化后,外侧用嵌缝膏进行密封处理。

b.保温、隔声门窗:洞口内侧与窗框之间用水泥砂浆或麻刀白灰浆填实抹平。当外侧抹灰时,应用片材将抹灰层与门窗框临时隔开,其厚度为 5 mm。抹灰层应超出门窗框,其厚度以不影响扇的开启为限。待外抹灰层硬化后,撤去片材,将嵌缝膏挤入抹灰层与门窗框缝隙内。

⑩门扇待水泥砂浆硬化后安装。

⑪门窗玻璃的安装应符合下列规定:

a.玻璃不得与玻璃槽直接接触,应在玻璃四边垫上不同厚度的玻璃垫块,边框上的垫块应用聚氯乙烯胶加以固定。

b.应将玻璃装进框扇内,然后用玻璃压条将其固定。

c.安装双层玻璃时,玻璃夹层四周应嵌入隔条,中隔条应保证密封,不变形、不脱落,玻璃槽及玻璃内表面应干燥、清洁。

d.镀膜玻璃应装在玻璃的最外层,单面镀膜层应朝向室内。

⑫门锁、执手、纱窗铰链及锁扣等五金配件应安装牢固、位置正确、开关灵活。安装完后应整理纱网,压实压条。

5.4.4 质量标准

1)主控项目

①塑料门窗的品种、类型、规格、尺寸、开启方向、安装位置、连接方式及填嵌密封处理应符合设计要求,内衬增强型钢的壁厚及设置应符合国家现行成品标准的质量要求。

②塑料门窗框、副框和扇的安装必须牢固。固定片或膨胀螺栓的数量与位置应正确,连接方式应符合设计要求,固定点应距窗角、中横框、中竖框 150~200 mm,固定点间距应不大于 600 mm。

③塑料门窗拼樘料内衬增强型钢的规格、壁厚必须符合设计要求,型钢应与型材内腔紧密吻合,其两端必须与洞口固定牢固。窗框必须与拼樘连接紧密,固定点间距应不大于 600 mm。

④塑料门窗扇应开关灵活、关闭严密,无倒翘。推拉门窗扇必须有防脱落措施。

⑤塑料门窗配件的型号、规格、数量应符合设计要求,安装应牢固,位置应正确,功能应满足使用要求。

⑥塑料门窗框与墙体间缝隙应采用闭孔弹性材料填嵌饱满,表面应采用密封胶密封。密封胶应粘接牢固,表面应光滑、顺直、无裂纹。

2)一般项目

①塑料门窗表面应洁净、平整、光滑,大面无划痕、碰伤。

②塑料门窗扇的密封条不得脱槽,旋转窗间隙应基本均匀。

③塑料门窗扇的开关力应符合下列规定:

a.平开门窗扇平铰链的开关力应不大于 80 N;滑撑铰链的开关力应不大于 80 N,并不小于 30 N。

b.推拉门窗扇的开关力应不大于 100 N。

④玻璃密封条与玻璃及玻璃槽口的连缝应平整,不得卷边、脱槽。

⑤排水孔应畅通,位置和数量应符合设计要求。

⑥塑料门窗安装的允许偏差和检验方法应符合表 5.11 的规定。

表 5.11　塑料门窗安装的允许偏差和检验方法

项次	项　目		允许偏差/mm	检验方法
1	门窗槽口宽度、高度	≤1 500 mm	2	用钢尺检查
		>1 500 mm	3	
2	门窗槽口对角线长度差	≤2 000 mm	3	用钢尺检查
		>2 000 mm	5	
3	门窗框的正、侧面垂直度		3	用 1 m 垂直检测尺检查
4	门窗横框的水平度		3	用 1 m 水平尺和塞尺检查
5	门窗横框标高		5	用钢尺检查
6	门窗竖向偏离中心		5	用钢直尺检查
7	双层门窗内外框间距		4	用钢尺检查
8	同樘平开门窗相邻扇高度差		2	用钢直尺检查
9	平开门窗扇铰链部位配合间隙		+2,−1	用钢直尺检查
10	推拉门窗扇与框搭接量		+1.5,−2.5	用钢尺检查
11	推拉门窗扇与竖框平行度		2	用钢直尺检查

任务单元 5.5　全玻门安装施工

5.5.1　施工准备

1)技术准备

熟悉全玻门的安装工艺流程和施工图纸的内容,检查预埋件的安装是否齐全、准确,依据施工技术交底和安全交底做好施工的各项准备。

2)材料要求

玻璃:主要是指 12 mm 以上厚度的玻璃,根据设计要求选好玻璃,并安放在安装位置附近。

辅助材料:如木方、玻璃胶、地弹簧、木螺钉、自攻螺钉等,根据设计要求准备。

不锈钢或其他有色金属型材的门框、限位槽及板,都应提前加工好,以备安装。

3）主要机具（见表 5.12）

表 5.12　主要机具一览表

序号	名　称	数　量	规　格	说　明
1	电钻	2	牧田 6140	
2	气砂轮机	1	S-40B	
3	水准仪	1		
4	玻璃吸盘	2	SDQ-77	
5	钳子	2		
6	水平尺	1		
7	线坠	2		

4）作业条件

①墙、地面的饰面已施工完毕，现场已清理干净，并经验收合格。

②门框的不锈钢或其他饰面已经完成，门框顶部用来安装固定玻璃板的限位槽已预留好。

③活动玻璃门扇安装前应先将地面上的地弹簧和门扇顶面横梁上的定位销安装固定完毕，二者必须在同一轴线上，安装时应吊垂线检查，做到准确无误。地弹簧转轴与定位销应在同一中心线上。

5.5.2　技术要点

①门框横梁上的固定玻璃的限位槽应宽窄一致，纵向顺直。一般限位槽宽度大于玻璃厚度 2~4 mm，槽深 10~20 mm，以便安装玻璃板时顺利插入。在玻璃两边注入密封胶，将玻璃安装牢固。

②在木底托上钉固定玻璃板的木条板时，应在距玻璃 4 mm 之处，以便饰面板能包住木板条的内侧，便于注入密封胶，确保外观大方、内在牢固。

③活动门扇没有门扇框，门扇的开闭是由地弹簧和门框上的定位销实现的，地弹簧和定位销是与门扇的上下横档铰接。因此，地弹簧与定位销和门扇横档一定要铰接好，并确保地弹簧转轴与定位销中心线在同一条垂线上，以使玻璃门扇开关自如。

④玻璃门倒角时，应采取裁割玻璃，在加工厂内磨角与打孔。

5.5.3　施工工艺

1）工艺流程

（1）固定部分安装

固定部分安装的工艺流程为：裁割玻璃→固定底托→安装玻璃板→注胶封口。

（2）活动玻璃门扇安装

活动玻璃门扇的安装工艺流程为:画线→确定门窗高度→固定门窗上下横挡→门窗固定→安装拉手。

2)操作工艺

（1）固定部分安装(见图5.10)

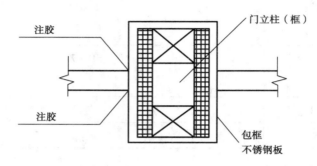

注胶　　门立柱（框）

注胶　　包框　不锈钢板

图5.10　玻璃门框柱与玻璃板安装的构造关系

①裁割玻璃:厚玻璃的安装尺寸,应从安装位置的底部、中部和顶部进行测量,选择最小尺寸为玻璃板宽度的切割尺寸。如果在上、中、下测得的尺寸一致,其玻璃宽度的裁割应比实测尺寸小3~5 mm。玻璃板的高度方向裁割,应小于实测尺寸的3~5 mm。玻璃板裁割后,应将其四周作倒角处理,倒角宽度为2 mm。如若在现场自行倒角,应手握细砂轮块作缓慢细磨操作,防止崩边崩角。

②固定底托:不锈钢(或铜)饰面的木底托,可用木楔加钉的方法固定于地面,然后再用万能胶将不锈钢饰面板粘卡在木方上。如果是采用铝合金方管,可用铝角将其固定在框柱上,或用木螺钉固定于地面埋入的木楔上。

③安装玻璃板:用玻璃吸盘将玻璃板吸紧,然后进行玻璃就位。先把玻璃板上边插入门框地部的限位槽内,然后将其下边安放于木底托上的不锈钢包面对口缝内。

在底托上固定玻璃板的方法为:在底托木方上钉木条板,距玻璃板面4 mm左右,然后在木板条上涂刷万能胶,将饰面不锈钢板片粘卡在木方上。

④注胶封口:玻璃门固定部分的玻璃板就位以后,即在顶部限位槽处和底部的底托固定处,以及玻璃板与框柱的对缝处等各缝隙处,均注胶密封。首先将玻璃胶开封后装入打胶枪内,即用胶枪的后压杆端头板顶住玻璃胶罐的底部;然后一只手托住胶枪身,另一只手握着注胶压柄不断松压循环地操作压柄,将玻璃胶注于需要封口的缝隙端,由需要注胶的缝隙端头开始顺缝隙匀速移动,使玻璃胶在缝隙处形成一条均匀的直线;最后用塑料片刮去多余的玻璃胶,用刀片擦净胶迹。

门上固定部分的玻璃板需要对接时,其对接缝应有3~5 mm的宽度,玻璃板边都要进行倒角处理。当玻璃块留缝定位并安装稳固后,即将玻璃胶注入其对接的缝隙,用塑料片在玻璃板对缝的两面把胶刮平,用刀片擦净胶料残迹。

（2）活动玻璃门扇安装

全玻璃活动门扇的结构没有门扇框,门扇的启闭由地弹簧实现,地弹簧与门扇的上下金属横档进行铰接。

①画线。在玻璃门扇的上下金属横档内画线,按线固定转动销的销孔板和地弹簧的转动轴连接板。具体操作可参照地弹簧产品安装说明。

②确定门扇高度。在裁割玻璃板时应注意玻璃门扇的高度尺寸包括插入上下横档的安装部分。一般情况下,玻璃高度尺寸应小于测量尺寸5 mm左右,以便安装时进行定位调节。

把上、下横档(多采用镜面不锈钢成型材料)分别装在厚玻璃门扇上下两端,并进行门扇高度的测量。如果门扇高度不足(即其上下边距门横框及地面的缝隙超过规定值),可在上下横档内加垫胶合板条进行调节。如果门扇高度超过安装尺寸,只能由专业玻璃工将门扇多余部分裁去。

③固定上下横档。门扇高度确定后,即可固定上下横档,在玻璃板与金属横档内的两侧空隙处,由两边同时插入小木条,轻敲稳实,然后在小木条、门扇玻璃及横档之间形成的缝隙中注入玻璃胶。

④门扇固定。进行门扇定位安装时,先将门框横梁上的定位销本身的调节螺钉调出横梁平面1~2 mm;再将玻璃门扇竖起来,把门扇下横档内的转动销连接件的孔位对准地弹簧的转动销轴,并转动门扇将孔位套入销轴上;然后将门扇转动90°使之与门框横梁成直角,把门扇上横档中的转动连接件的孔对准门框横梁上的定位销,将定位销插入孔内15 mm左右(调动定位销上的调节螺钉)。

⑤安装拉手。全玻璃门扇上的拉手孔洞一般是事先订购时就加工好的,拉手连接部分插入孔洞时不能很紧,应有松动。安装前在拉手插入玻璃的部分涂少许玻璃胶,如若插入过松,可在插入部分裹上软质胶带。拉手组装时,其根部与玻璃贴紧后再拧紧固定螺钉。

5.5.4　质量标准

1)主控项目
①特种门的质量和各项性能应符合设计要求。
②特种门的品种、类型、规格、尺寸、开启方向、安装位置及防腐处理应符合设计要求。
③特种门的安装必须牢固。预埋件的数量、位置、埋设方式、与框的连接方式必须符合设计要求。
④特种门的配件应齐全,位置应正确,安装应牢固,功能应满足使用要求和特种门的各项性能要求。

2)一般项目
①特种门的表面装饰应符合设计要求。
②特种门的表面应洁净,无划痕、碰伤。

任务单元5.6　卷帘门安装施工

卷帘门按材质不同有铝合金面板、钢质面板、钢筋网格和钢直管网4种,它适用于开启不频繁的、洞口较大的场所,具有防火、防盗、坚固耐用等优点。

5.6.1　施工准备

1）技术准备

熟悉卷帘门的安装图纸,检查卷帘门的预埋线路是否到位,依据施工技术和安全交底做好施工准备。

2）材料要求

符合设计要求的卷帘门产品,由帘板、卷筒体、导轨、电动机传动部分组成。卷帘门按其驱动方式的不同,可分为手动启闭卷帘门和电动启闭卷帘门两类;按其安装方式不同,又可分为内口卷帘门和口外卷帘门两种;按其导轨的规格不同,又可分为 8 型、14 型、16 型卷帘门等类型。无论何种卷帘门,均是由工厂制作成成品,运到现场安装。

3）主要机具

主要机具见表 5.13,此外还有粉线包、螺丝刀、锤子、线坠、水平尺、直尺等。

表 5.13　主要机具一览表

序号	名　称	数　量	规　格	说　明
1	切割机	1		
2	电焊机	1	BX-200	
3	手电钻	2	牧田 6410	
4	冲击电钻	2		
5	专用夹具	3		
6	刮刀	2		

4）作业条件

①必须先检查产品的基本尺寸与门窗口的尺寸是否相符,导轨、支架的数量是否正确。
②结构表面的找平层必须完成,达到强度、平整度符合要求。
③门口预埋件、支架埋件位置正确。

5.6.2　施工工艺

1）工艺流程

工艺流程为:洞口处理→弹线→固定卷筒传动装置→空载试车→装帘板→安装导轨→试车→清理。

2）操作工艺

普通手动卷帘门立面及构造见图 5.11,防火卷帘门立面及构造见图 5.12。防火卷帘门与普通卷帘门的安装方式相同,但其安装要求高于普通卷帘门。防火卷帘门一般采用冷轧钢带制成,必须配备温感、烟感报警系统、配备加密水喷淋系统保护后共同作用,一旦发生火情,会通过自动报警系统将信号反馈给消防中心,由消防中心发出指令将卷帘门自控下降,定点延时关闭(距地 1.5~1.8 m),执行水喷淋动作,喷水降温保护卷帘门,使人员能及时疏散(见图 5.12)。

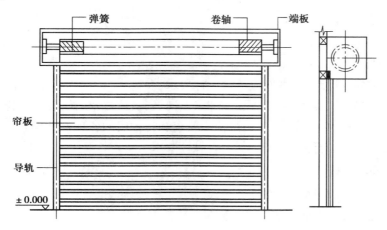

图 5.11　普通手动卷帘门立面及构造

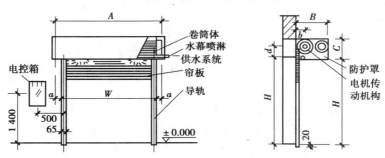

图 5.12　防火卷帘门立面及构造

①洞口处理:复核洞口与产品尺寸是否相符。防火卷帘门的洞口尺寸可根据 3M 模制选定,一般洞口宽度不宜大于 5 m,洞口高度也不宜大于 5 m,同时应复核预埋件位置及数量。防火卷帘门各部件尺寸见表 5.14。

表 5.14　防火卷帘门各部件尺寸　　　　　　　　　　单位:mm

洞口宽/W	洞口高/H	最大外形宽/A	顶高/H'	最大外形厚/B	a	b	c	d
<5 000	<5 000	W+305	H+80	630	140	220	140	200

②弹线:测量洞口标高,弹出两导轨垂线及卷筒中心线。

③固定卷筒、传动装置:将垫板电焊在预埋铁板上,用螺丝固定卷筒的左右支架,安装卷筒,卷筒安装后应转动灵活;安装减速器和传动系统;安装电气控制系统。

④空载试车:通电后检验电机、减速器工作情况是否正常,卷筒转动方向是否正确。

⑤装帘板:将帘板拼装起来,然后安装在卷筒上。

⑥安装导轨:按图纸规定位置,将两侧及上方导轨焊牢于墙体预埋件上,并焊成一体,各导轨应在同一垂直平面上。安装水幕喷淋系统,并与总控制系统连结。

⑦试车:先手动试运行,再用电动机启闭数次,调整至无卡住、阻滞及异常噪声等现象为

止,启闭的速度应符合要求。全部调试完毕后,安装防护罩。

⑧清理:粉刷或镶砌导轨墙体装饰面层,清理现场。

5.6.3　质量标准

1)主控项目

①特种门的质量和各项性能应符合设计要求。

②特种门的品种、类型、规格、尺寸、开启方向、安装位置及防腐处理应符合设计要求。

③特种门的安装必须牢固,应满足使用要求和特种门的各项性能要求。预埋件的数量、位置、埋设方式、与框的连接方式必须符合设计要求。

2)一般项目

①特种门的表面装饰应符合设计要求。

②特种门的表面应洁净,无划痕、碰伤。

任务单元 5.7　自动门安装施工

自动门主要用在宾馆、酒店、银行等中高级建筑装饰工程中,它由外框、圆顶、固定扇和活动扇(三扇或四扇)4 个部分组成。通常在自动门的两旁另设平开门或弹簧门,以作为不需要空气调节的季节或大量人流疏散之用。

普通自动门为手动旋转结构(见图 5.13),旋转方向通常为逆时针,门扇的惯性转速可通过阻尼调节装置按需要进行调整。旋转自动门属高级豪华门,又称圆弧自动门,有铝合金和钢质两种。它采用红外传感装置和计算机控制系统,传动机构作弧线旋转往复运动。

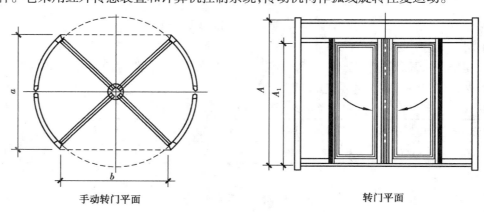

图 5.13　普通转门的平面及立面示意图

5.7.1　施工准备

1)技术准备

自动门一般都由专业安装队伍安装,施工方应对预埋件和预埋线路进行检查确认,依据施工技术交底和安全交底进行准备。

2)材料要求

自动门一般分为以下3种：

①微波自动门：自控探测装置通过微波捕捉物体的移动，传感器固定于门上方正中，在门前形成半圆形探测区域。

②踏板式自动门：踏板按照几种标准尺寸安装在地面或隐藏在地板下，当地板接受压力后，控制门的动力装置接收传感器的信号使门开启，踏板的传感能力不受湿度影响。

③光电感应自动门：该系统的安装分为内嵌式和表面安装，光电管不受外来光线影响，最大安装距离为6 100 mm。

现在一般使用微波中分式感应门，型号为ZM-E2，见表5.15。

表5.15　ZM-E2型自动门主要技术指标

项　目	指　标	项　目	指　标
电源	AC220 V/50 Hz	感应灵敏度	现场调节至用户需要
功耗	150 W	报警延时时间	10~15 s
门速调节范围	0~350 MM/S	使用环境温度	−20~+40 °C
微波感应范围	门前1.5~4.0 m	断电时手推力	<10 N

3)主要机具（见表5.16）

表5.16　主要机具一览表

序　号	名　称	数　量	规　格	说　明
1	切割机	1		
2	电焊机	1	BX-200	
3	手电钻	2	牧田6410	
4	冲击电钻	2	DH22	
5	专用夹具	3		
6	刮刀	2		
7	水准仪	1		

4)作业条件

①地坪施工时，在地坪的下轨道位置预埋50~75 mm方木条一根。

②检查在机箱位置处预留预埋铁板和电气线是否到位。

③检查门的尺寸，核实其规格与门洞的尺寸是否相符。

5.7.2　施工工艺

1)工艺流程

工艺流程为：地面导轨安装→安装横梁→将机箱固定在横梁→安装门扇→调试。

2）操作工艺

（1）地面轨道安装

铝合金自动门和全玻璃自动门地面上装有导向性下轨道。异形钢管自动门无下轨道。自动门安装时，撬出预埋方木条便可埋设下轨道，下轨道长度为开启门宽的 2 倍。埋轨道时应注意与地坪的面层材料标高保持一致，如图 5.14 所示。

（2）安装横梁

将 18 号槽钢放置在已预埋铁的门柱处，校平、吊直，注意与下面轨道的位置关系，然后电焊牢固。

自动门上部机箱层主梁是安装中的重要环节。由于机箱内装有机械及电控装置，因此对支撑横梁的土建支撑结构有一定的强度及稳定性要求。常用的有两种支撑节点，如图 5.15 所示。

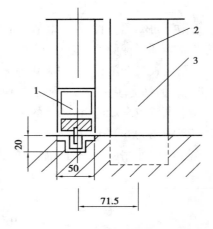

图 5.14　自动门下导轨埋设示意图
1—自动门窗下导轨；2—门柱；3—门柱中心线

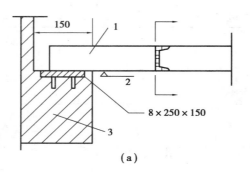

（a）

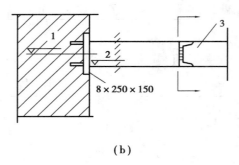

（b）

图 5.15　机箱横梁支撑节点
（a）1—机箱层横梁（18 号槽钢）；2—门柱；3—门柱中心线
（b）1—门扇高度+90 cm；2—门扇高度；3—18 号槽钢

（3）固定机箱

将厂方生产的机箱仔细固定在横梁上。

（4）安装门扇

安装门扇，使门扇滑动平稳。

（5）调试

接通电源，调整微波传感器和控制箱，使其达到最佳工作状态。一旦调整正常后，不得任意变动各种旋转位置，以免出现故障。

5.7.3　质量标准

1）主控项目

①特种门的质量和各项性能应符合设计要求。

②特种门的品种、类型、规格、尺寸、开启方向、安装位置及防腐处理应符合设计要求。

③带有机械装置、自动装置或智能化装置的特种门,其机械装置、自动装置或智能化装置的功能应符合设计要求和有关标准的规定。

④特种门的安装必须牢固,预埋件的数量、位置、埋设方式、与框的连接方式必须符合设计要求。

⑤特种门的配件应齐全,位置应正确,安装应牢固,应满足使用要求和特种门的各项性能要求。

2)一般项目

①特种门的表面装饰应符合设计要求。

②特种门的表面应洁净,无划痕、碰伤。

③推拉自动门安装的留缝限值、允许偏差和检验方法应符合表5.17的规定。

表5.17 推拉自动门安装的留置限值、允许偏差和检验方法

项次	项 目		留缝限值 /mm	允许偏差 /mm	检验方法
1	门窗槽口宽度、高度	≤1 500 mm	—	1.5	用钢尺检查
		>1 500 mm	—	2	
2	门窗槽口对角线长度差	≤2 000 mm	—	2	用钢尺检查
		>2 000 mm	—	2.5	
3	门窗框的正、侧面垂直度		—	1	用1 m垂直检测尺检查
4	门构件装配间隙		—	0.3	用塞尺检查
5	门梁导轨水平度		—	1	用1 m水平尺和塞尺检查
6	下导轨与门梁导轨平行度		—	1.5	用钢尺检查
7	门扇与侧框间留缝		1.2~1.8	—	用塞尺检查
8	门扇对口缝		1.2~1.8	—	用塞尺检查

④推拉自动门的感应时间限制和检验方法应符合表5.18的规定。

表5.18 推拉自动门的感应时间限值和检验方法

项次	项 目	感应时间限值	检验方法
1	开门响应时间	≤0.5	用秒表检查
2	堵门保护延时	16~20	用秒表检查
3	门扇全开启后保持时间	13~17	用秒表检查

任务单元 5.8   防火门安装施工

防火门是具有特殊功能的一种新型门,是为了解决高层建筑的消防问题而设置的,目前在现代高层建筑中应用比较广泛,可以很好地发挥火灾发生时的防火作用。防火门的分类见图 5.16。

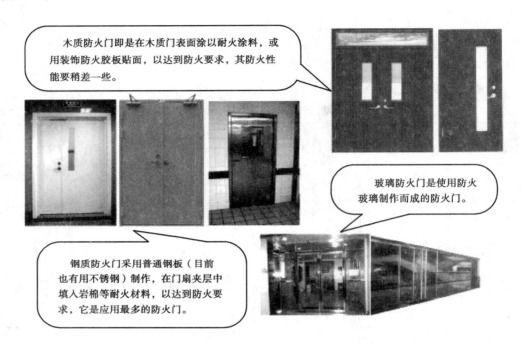

木质防火门即是在木质门表面涂以耐火涂料,或用装饰防火胶板贴面,以达到防火要求,其防火性能要稍差一些。

玻璃防火门是使用防火玻璃制作而成的防火门。

钢质防火门采用普通钢板(目前也有用不锈钢)制作,在门扇夹层中填入岩棉等耐火材料,以达到防火要求,它是应用最多的防火门。

图 5.16   防火门的分类

按照国际标准,根据耐火极限不同,防火门可分为甲、乙、丙 3 个等级。

①甲级防火门:以防止扩大火灾为主要目的,它的耐火极限为 1.2 h,一般为全钢板门,无玻璃窗。

②乙级防火门:以防止开口部火灾蔓延为主要目的,它的耐火极限为 0.9 h,一般为全钢板门,在门上开一个小玻璃窗,玻璃选用 5 mm 厚的夹丝玻璃或耐火玻璃。性能较好的木质防火门也可以达到这个等级。

③丙级防火门:耐火极限为 0.6 h,一般为全钢板门,在门上开一个小玻璃窗,玻璃选用 5 mm厚的夹丝玻璃或耐火玻璃。大多数木质防火门都在这一范围内。

根据防火门的材质不同,最常见的有木质防火门和钢质防火门两种。

5.8.1   施工准备

1)技术准备

熟悉防火门的施工图纸,了解安装要点,依据施工技术交底和安全交底做好施工准备。

2）材料要求

①防火门的规格、型号应符合设计要求,已经消防部门鉴定和批准,五金配件配套齐全,并具有生产许可证、产品合格证和性能检测报告。

②防腐材料、填缝材料、密封材料、水泥、砂、连接板等应符合设计要求和有关标准的规定。

③防火门码放前,要将存放处清理平整,垫好支撑物。如果门有编号,要根据编号码放好;码放时面板叠放高度不得超过 1.2 m;门框重叠平放高度不得超过 1.5 m;要有防晒、防风及防雨措施。

3）主要机具(见表 5.19)

表 5.19　主要机具设备一览表

序　号	名　　称	数　量	规　　格	说　　明
1	电钻	2	牧田 6410	
2	电焊机	1	BX-200	
3	水准仪	1		
4	电锤	2	SDQ-77	
5	火扳手	2		
6	钳子	2		
7	水平尺	1		
8	线坠	2		

4）作业条件

①主体结构已经有关质量部门验收合格,工种之间已办好交接手续。

②检查门窗洞口尺寸及标高、开启方向是否符合设计要求。有预埋件的门窗口还应检查预埋件的数量、位置及埋设方法是否符合设计要求。

5.8.2　施工工艺

1）工艺流程

工艺流程为:画线→立门框→安装门扇附件。

2）操作工艺

（1）画线

按设计要求尺寸、标高和方向,画出门框框口位置线。

（2）立门框

先拆掉门框下部的固定板,凡框内高度比门扇的高度大于 30 mm 者,洞口两侧地面需留设凹槽。门框一般埋入±0.00 标高以下 20 mm,需保证框口上下尺寸相同,允许误差<1.5 mm,对

角线允许误差<2 mm。

将门框用木楔临时固定在洞口内,经校正合格后固定木楔,将门框铁脚与预埋铁板焊牢,然后在框的两上角墙上开洞,向框内灌注 M10 水泥素浆,待其凝固后方可装配门扇。冬季施工应注意防寒,水泥素浆浇注后的养护期为 21 d。钢木质防火门结构安装图及高度安装方式图分别见图 5.17 和图 5.18。

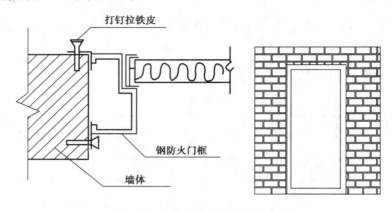

图 5.17　钢木质防火门结构安装图

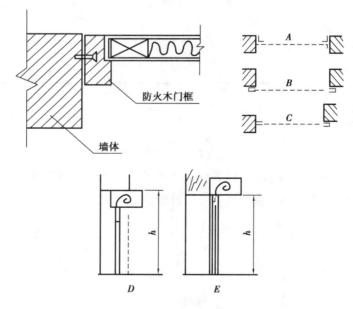

图 5.18　高度安装方式图

(3)安装门扇附件

门框周边缝隙用 1∶2 的水泥砂浆或强度不低于 10 MPa 的细石混凝土嵌缝牢固,应保证与墙体结成整体,经养护凝固后再粉刷洞口及墙体。

粉刷完毕后安装门扇、五金配件及有关防火、防盗装置。门扇关闭后,门缝应均匀平整,开启自由轻便,不得有过紧、过松和反弹现象。

5.8.3 质量标准

1）主控项目

①特种门的质量和各项性能应符合设计要求。

②特种门的品种、类型、规格、尺寸、开启方向、安装位置及防腐处理应符合设计要求。

③特种门的安装必须牢固。预埋件的数量、位置、埋设方式、与框的连接方式必须符合设计要求。

④特种门的配件应齐全,位置应正确,安装应牢固,功能应满足使用要求和特种门的各项性能要求。

2）一般项目

①特种门的表面装饰应符合设计要求。

②特种门的表面应洁净,无划痕、碰伤。

任务单元 5.9　门窗玻璃安装施工

玻璃门窗是一种常见的装饰构造,它既有铝合金的坚固,又有塑钢门窗的保温性和防腐性,更有它自身独特的特性——多彩、美观、时尚。玻璃门窗示意图如图 5.19 所示。

图 5.19　玻璃门窗示意图

5.9.1 施工准备

1）技术准备

对于加工后进场的半成品玻璃,应提前核实来料的尺寸留量,长宽各应缩小 1 个裁口宽的四分之一(一般每块的玻璃的上下余量度为 3 mm,宽窄余量为 4 mm),边缘不得有斜曲或缺角等情况,并应有针对性地选择几樘进行试行安装。如有问题,应进行再加工处理或更换。

2)材料要求

(1)品种规格

常见玻璃产品的厚度有 3 mm、5 mm、6 mm、8 mm、10 mm、12 mm 等,应根据设计要求选用及定做。

a.小板:1 372 mm×2 200 mm、1 650 mm×2 200 mm、1 524 mm×2 200 mm、1 500 mm×2 000 mm。

b.中板:1 829 mm×2 134 mm、1 829 mm×2 440 mm、1 370 mm×2 440 mm、1 650mm×2 440 mm。

c.大板:2 438 mm×2 134 mm、3 048 mm×2 134 mm、3 300 mm×2 440 mm、3 050 mm×2 440 mm。

(2)质量要求

①浮法玻璃外观质量要求见表5.20。

表 5.20　建筑浮法玻璃外观质量要求

缺陷种类	质量要求			
气泡	长度及个数允许范围			
	0.5 mm≤L≤1.5 mm	1.5 mm≤L≤3 mm	3.0 mm≤L≤5.0 mm	L>5.0 mm
	5.5×S 个	1.1×S 个	0.44×S 个	0 个
夹杂物	长度及个数允许范围			
	0.5 mm≤L≤1.0 mm	1.0 mm≤L≤2.0 mm	2.0 mm≤L≤3.0 mm	L>3.0mm
	5.5×S 个	5.5×S 个	5.5×S 个	5.5×S 个
点状缺陷密集度	长度大于 1.5 mm 的气泡和长度大于 1.0 mm 的夹杂物:气泡与气泡、类杂物与夹杂物或气泡与夹杂物的间距应大于 300 mm			
线道	按标准规定的方法检验、肉眼不应看见			
划伤	长度和宽度允许范围及条数			
	宽 0.5 mm,长 60 mm,3×S 条			
光学变形	入射角:2 mm 40°; 3 mm 45°; 4 mm 以上 45°			
表面裂纹	按标准规定的方法检验,肉眼不应看见			
断面缺陷	爆边、凹凸、缺角等不应超过玻璃板的厚度			

注:S 是以平方米为单位的玻璃板面积,保留小数点后两位。气泡、夹杂物的个数及划伤条数允许范围为各系数与 S 相乘所得的数值,应按 GB/T 8170 修约至整数。

②钢化玻璃外观质量要求见表5.21。

表5.21　钢化玻璃外观质量要求

缺陷名称	说　明	允许缺陷数	
		优等品	合格品
爆　边	每片玻璃每米边上允许有长度不超过 10 mm,自玻璃边部向玻璃表面延伸深度不超过 2 mm,自板面向玻璃厚度延伸深度不超过厚度三分之一的爆边	不允许	1 个
划　伤	宽度在 0.1 mm 以下的轻微划伤,每平方米面积内允许存在条数	长≤50 mm 4	长≤100 mm 4
	宽度大于 0.1 mm 以下的划伤,每平方米面积内允许存在条数	宽 0.1~0.5 mm 长≤50 mm 1	宽 0.1~1 mm 长≤100 mm 4
缺　角	玻璃的四角缺陷以等分角线计算,长度在 5 mm 范围之内	不允许有	1 个
夹钳印	夹钳印中心与玻璃边缘的距离	玻璃厚度宽≤9.5 mm 时,≤13 mm 玻璃厚度宽>9.5 mm 时,≤19 mm	
结石、裂纹、缺角	均不允许存在		
波　筋 (光学变形)气泡	优等品不得低于 GB 11614 一等品的规定 合格品不得低于 GB 4871 二等品的规定		

③夹丝玻璃的外观质量要求见表5.22。

表5.22　夹丝玻璃的外观质量要求

项　目	说　明	优等品	一等品	合格品
气泡	直径 3~6 mm 的圆气泡每平方米面积内允许个数	5	数量不限,但允许密集	
	每平方米面积内允许长泡个数	长 6~8 mm 2	长 6~10 mm 10	长 6~10 mm,10 长 6~20 mm,4
花纹变形	花纹变形程度	不允许的明显的花纹变形		不规定
异物	破坏性的	不允许		
	直径 0.5~2.0 mm 非破坏性的,每平方米面积内允许个数	3	5	10
裂纹		目测不能看出	不影响使用	

续表

项 目	说 明	优等品	一等品	合格品
磨伤		轻微	不影响使用	
金属丝	金属丝夹入玻璃体内状态	应夹入玻璃体内,不得露出表面		
	脱焊	不允许	距边部 30 mm 内不限	距边部 100 mm 内不限
	断线	不允许		
	接头	不允许	目测看不见	

④夹层外观质量要求见表 5.23。

表 5.23　基层外观质量要求

缺陷名称	优等品	合格品
胶合层气泡	不允许存在	直径在 300 mm 圆内允许长度为 1～2 mm 的胶合板气泡 2 个
胶合层杂层	直径在 500 mm 圆内允许长 2 mm 以下的胶合层杂质 2 个	直径 500 mm 圆内允许长 3 mm 以下的胶合层杂质 4 个
裂痕	不允许存在	
爆边	每平方米玻璃允许长度不超过 20 mm,自玻璃边部向玻璃表面延伸深度不超过 4 mm,自板面向玻璃厚度延伸深度不超过厚度一半的爆边	
	4 个	6 个
叠边磨伤脱胶	不得影响使用,可由供需双方商定	

夹层玻璃可使用符合 GB 4871 一等品的普通玻璃平板玻璃、GB 11641 一等品的浮法玻璃、磨光玻璃板、夹丝抛光玻璃板、平面钢化玻璃板、吸热浮法及磨光玻璃板,但是Ⅲ类夹层玻璃不使用夹丝玻璃板及钢化玻璃板。压花玻璃外观质量要求见表 5.24。

表 5.24　压花玻璃外观质量要求

缺陷种类	说 明	优等品	一等品	合格品
线道	因设备造成板面上的横向线道	不允许		
	线向线道允许偏差	50 mm 边部 1	50 mm 边部 2	3
热圈	局部高温造成板面凸起	不允许		
皱纹	板面纵横分布不规则波纹状缺陷,每平方米面积允许条数	长<100 mm 1	长<100 mm 2	—
气泡	长度≥2 mm 的每平方米面积上允许个数	≤10 mm 5	≤20 mm 10	≤20 mm 10 20～30 5

续表

缺陷种类	说　明	优等品	一等品	合格品
夹杂物	压辊氧化脱落造成的 0.5~2 mm 黑色点状缺陷,每平方米面积上允许个数	不允许	5	10
	0.5~2 mm 的结石、砂粒,每平方米面积上允许个数	2	5	10
伤痕	压辊受损造成的板面缺陷,直径 5~20 mm,每平方米面积上允许条数	2	4	6
	宽 0.2~1 mm,长 5~100 mm 的划伤,每平方米面积上允许条数	2	4	6
图案缺陷	图案偏斜,每米长度允许最大距离,单位为 mm	8	12	15
	花纹变形度 P	8	4	6
裂纹		不允许		
压口		不允许		

3) 主要机具(见表 5.25)

表 5.25　主要施工机具

序　号	名　称	数　量	规　格	说　明
1	工作台	1		以一个班组计
2	玻璃刀	3		以一个班组计
3	尺板	5		以一个班组计
4	钢卷尺	5		以一个班组计
5	木折尺	3		以一个班组计
6	丝钳	3		以一个班组计
7	扁铲	6		以一个班组计
8	油灰刀	6		以一个班组计
9	木柄小锤	3		以一个班组计
10	玻璃吸	6		以一个班组计

4) 作业条件

①门窗五金安装完毕并经检查合格,在涂刷最后一道油漆前进行玻璃安装。

②钢门窗在安装玻璃前,要求认真检查是否有扭曲变形等情况,在修整和挑选后再进行玻璃安装。

③玻璃安装前,应按照明设计要求的尺寸及结合实测尺寸,预先集中裁制,并按不同规格和安装顺序码放在安全地方待用。

④由市场直接购买到的成品油灰，或使用熟桐油等天然干性油自行配制的油灰，可直接使用；如用其他油料配制的油灰，必须经过检验合格后方可使用。

5.9.2　材料和质量要点

1）材料要求

（1）玻璃

平板、吸热、反射、中空、夹层、夹丝、磨砂、钢化、压花玻璃的品种、规格、质量标准，要符合设计及规范要求。

（2）腻子（油灰）

从外观看：具有塑性、不泛油、不黏手等特征，且柔软，有拉力、支撑力，为灰白色的稠塑性固体膏状物，常温下在 20 个昼夜内硬化。

（3）其他材料

红丹、铅油、玻璃钉、钢丝卡子、油绳、橡皮垫、木压条、煤油等，应满足设计及规范要求。

·2）技术要求

①安装玻璃时，使玻璃在框口内准确就位，玻璃安装在凹槽内，内外侧间隙应相等，间隙宽度一般为 2～5 mm。

②存放玻璃的库房与作业面的温度不能相差过大，玻璃如果从过冷或过热的环境中运入操作地点，应待玻璃温度与室内温度相近后再进行安装。

3）质量要求

①底油灰铺垫不严：用手指敲弹玻璃时有响声，应在铺底灰及嵌钉固定时认真操作、仔细检查。

②油灰棱角不整齐，油灰表面凹凸不平：操作时最后收刮油灰要稳，到角部要刮出八字角，不可一次刮下。

③表面观感差：操作者应认真操作，油灰的质量应有保证，温度要适宜，不干不软。

④木压条、钢丝卡、橡皮垫等附件安装时应经过挑选，防止出现变形，影响玻璃美观；污染的斑痕要及时擦净；如钢丝卡露头过长，应事先剪断。

⑤安装玻璃应避开风天，安装多少备多少，并对破碎的多余玻璃及时清理或送回库里。

5.9.3　施工工艺

1）工艺流程

工艺流程为：清理门窗框→量尺寸→下料→裁割→安装。

2）操作工艺

①门窗玻璃安装顺序一般是先安外门窗、后安内门窗，先西北、后东南。如果因工期要求或劳动力允许，也可同时进行安装。

②玻璃安装前应清理裁口。先在玻璃底面与裁口之间沿裁口的全长均匀涂抹 1～3 mm 厚的底油灰，接着把玻璃推铺平整、压实，然后收净底油灰。

③木门窗玻璃推平、压实后,四边分别钉上钉子,钉子间距为150~200 mm,每边不少于2个钉子。钉完后用手轻敲玻璃,响声坚实,说明玻璃安装平实;如果响声为"啪啦啪啦",说明油灰不严,要重新取下玻璃,在铺实底油灰后再推压挤平,然后用油灰填实,将灰边压平压光,并不得将玻璃压得过紧。

④木门窗固定扇(死扇)玻璃安装,应先用扁铲将木压条撬出,同时退出压条上小钉,并在裁口处抹上底油灰,把玻璃推铺平整,然后嵌好四边木压条将钉子钉牢,底灰修好、刮净。

⑤钢门窗安装玻璃时,将玻璃装进框口内轻压使玻璃与底油灰粘住,然后沿裁口玻璃边外侧装上钢丝卡。钢丝卡要卡住玻璃,其间距不得大于300 mm,且框口每边至少有2个。经检查玻璃无松动时,再沿裁口全长抹油灰,油灰应抹成斜坡,表面抹光平。框口玻璃采用压条固定时,则不抹底油灰,先将橡胶垫嵌入裁口内,装上玻璃,随即装压条用螺丝钉固定。

⑥安装斜天窗的玻璃,如设计没有要求时,应采用夹丝玻璃,并应从顺留方向盖叠安装。盖叠安装搭接长度应视天窗的坡度而定,当坡度为1/4或大于1/4时,不小于30 m;坡度小于1/4时,不小于50 mm。盖叠处应用钢丝卡固定,并在缝隙中用密封膏嵌填密实。用平板或浮法玻璃时,要在玻璃下面加设一层镀锌铅丝网。

⑦门窗安装彩色玻璃和压花,应按照明设计图案仔细裁割,拼缝必须吻合,不允许出现错位、松动和斜曲等缺陷。

⑧安装窗中玻璃,按开启方向确定定位垫块,其宽度应大于玻璃的厚度,长度不宜小于25 mm,并应符合设计要求。

⑨铝合金框扇安装玻璃,安装前应清除铝合金框的槽口内所有灰渣、杂物等,畅通排水孔。在框口下边槽口放入橡胶垫块,以免玻璃直接与铝合金框接触。

安装玻璃时,使玻璃在框口内准确就位,玻璃安装在凹槽内,内外侧间隙应相等,间隙宽度一般为2~5 mm。

采用橡胶条固定玻璃时,先用10 mm长的橡胶块断续地将玻璃挤住,再在胶条上注入密封胶,密封胶要连续注满在周边内,注得均匀。

采用橡胶块固定玻璃时,先将橡胶压条嵌入玻璃两侧密封,然后将玻璃挤住,再在其上面注入密封胶。

采用橡胶压条固定玻璃时,先将橡胶压条嵌入玻璃两侧密封,容纳后将玻璃挤紧,上面不再注密封胶。橡胶压条长度不得短于所需嵌入长度,不得强行嵌入胶条。

⑩玻璃安装后,应进行清理,将油灰、钉子、钢丝卡及木压条等随即清理干净,关好门窗。

⑪冬期施工应在已经安装好玻璃的室内作业(即内门窗玻璃),温度应在正温度以上。如果条件允许,要先将预先裁割好的玻璃提前运入作业地点。外墙铝合金框扇玻璃不宜冬期安装。

5.9.4 质量标准

1)主控项目

①玻璃的品种、规格、尺寸、色彩、图案和涂膜朝向应符合设计要求。单块玻璃不大于1.5 m²时应使用安全玻璃。

②门窗玻璃裁割尺寸应正确。安装后的玻璃应牢固,不得有裂纹、损伤和松动。

③玻璃的安装方法应符合设计要求,固定玻璃的钉子或钢丝卡的数量、规格应保证玻璃安装牢固。

④镶钉木压条接触玻璃处,应与裁口边缘平齐。木压条应互相紧密连接,并与裁口边缘黏结牢固、接缝平齐。

⑤密封条与玻璃、玻璃槽口的接触应紧密、平整。密封胶与玻璃、玻璃槽口的边缘应黏结牢固、接缝平齐。

⑥带密封条的玻璃压条,其密封条必须与玻璃全部贴紧,压条与型材之间无明显缝隙,压条接缝应不大于 0.5 mm。

2)一般项目

①玻璃表面应洁净,不得有腻子、密封胶、涂料等污渍。中空玻璃内外表面均应洁净,玻璃中层内不得有灰尘和水蒸气。

②门窗玻璃不应直接接触型材。单面镀膜层及磨砂面应朝向室内。中空玻璃的单面镀膜玻璃应在最外层,镀膜层应朝向室内。

③腻子应填抹饱满、粘结牢固,腻子边缘与裁口应平齐。固定玻璃的卡子不应在腻子表面显露。

学习情境小结

本学习情境主要介绍了常见几种门窗装饰施工的方法及要求,主要包括:木门窗、钢门窗、铝合金门窗、塑料门窗、全玻门、卷帘门、防火防盗门及玻璃等装饰施工的施工准备、材料要求、施工工艺及质量验收标准。

通过本学习情境学习,可以学习到木门窗、钢门窗、铝合金门窗、塑料门窗、全玻门、卷帘门、防火防盗门及玻璃等装饰工程的施工技能。

习题 5

1.简述木门窗的施工工艺和操作要点。

2.塑料门窗装饰施工质量验收的主控项目和一般项目有哪些?

3.简述卷帘门的关键质量要点、施工工艺流程。

4.简述钢门窗的施工工艺、操作要点及质量标准。

5.简述门窗玻璃安装的施工工艺、操作要点及质量标准。

6.简述防火门安装的施工工艺、操作要点及质量标准。

学习情境 6
吊顶工程施工

• **教学目标**

(1)了解吊顶工程的常见类型及其特点。

(2)通过对施工工艺的深刻理解,掌握吊顶工程的施工工艺流程和施工要点。

(3)掌握吊顶工程质量检验的方法。

• **教学要求**

能力目标	知识要点	权 重
选用吊顶施工机具的能力	吊顶工程施工机具	15%
吊顶工程的施工操作及指导技能	吊顶工程施工工艺及方法	50%
吊顶工程质量验收技能	吊顶工程质量验收标准	35%

吊顶即房屋顶棚,它是现代室内装饰处理的重要部位,是围合室内空间的除墙体、地面以外的另一主要部分,其装饰效果的优劣直接影响整个建筑空间的装饰效果。同时,顶棚还起吸收和反射音响、安装照明、通风和防火设备的功能作用。吊顶的形式有直接式和悬吊式两种,本书主要介绍木龙骨吊顶、轻钢龙骨吊顶、金属装饰板吊顶、铝格栅吊顶等吊顶工程。

任务单元 6.1 木龙骨吊顶施工

木龙骨顶棚在装修中十分常见,往往运用在客厅中,因为客厅是住宅中的重要空间,也是居室空间中活动的主要场所。木龙骨吊顶如图 6.1 所示,它是以木质龙骨为基本骨架,配以胶合板、纤维板或其他人造板作为罩面板材组合而成的吊顶体系,它加工方便,造型能力强,但不适用于大面积吊顶。

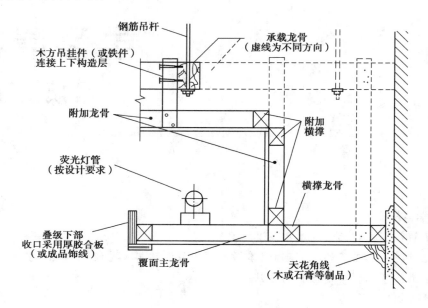

图 6.1 木龙骨叠级吊顶

6.1.1 施工准备

1)技术准备

①木龙骨吊顶的施工图、设计说明及其他设计文件已完成。

②材料的产品合格证书、性能检测报告、进场验收记录和复验报告已完成。

③施工技术交底(作业指导书)已完成。

2)材料要求

(1)木料

木质龙骨材料应为烘干、无扭曲、无劈裂、不易变形、材质较轻的树种,以红松、白松为宜。木龙骨木方型材其材质和规格应符合设计要求,通常采用 50 mm×70 mm 的木方,如图 6.2 所示。

图 6.2 木龙骨示意图

（2）罩面板材

胶合板材按结构分为胶合板、夹芯胶合板和复合胶合板，按板的胶黏性能分为室外胶合板和室内胶合板，按板材产品的处理情况分为未处理过的胶合板和处理过（浸渍防腐或阻燃剂等）的胶合板，按板材用途分为普通胶合板和特种胶合板。

（3）固结材料

圆钉、射钉、膨胀螺栓、胶黏剂。

（4）吊挂连接材料

6~8 mm 钢筋、角钢、钢板、8 号镀锌铅丝。

（5）其他材料

防腐剂、防火剂。

3）主要机具

电动冲击钻、手电钻、电动修边机、电动或气动钉枪、木刨、槽刨、锯、锤、斧、螺丝刀、卷尺、水平尺、墨线斗等。

4）作业条件

①顶棚内各种管线及通风管道均应安装完毕并办理手续。

②直接接触结构的木龙骨应预先刷防腐剂。

③吊顶房间需完成墙面及地面的湿作业和台面防水等工程。

④搭好顶棚施工操作平台架。

6.1.2 关键质量要点

1）材料要求

吊顶应选用比较干燥的松木、杉木等软质木材，并防止受潮和烈日暴晒，不宜采用桦木、色木和柞木等硬质木材。

2）技术要求

①吊顶龙骨装钉前,应按设计标高在四周墙面上弹早找平线,以四周平线为准,一定要拉通线,拱度一般为1/200。

②吊顶龙骨的间距、断面尺寸应符合设计要求,木料在两吊点间如稍有弯度,弯度应向上。

③各受力结点必须装钉严密、牢固,符合质量要求,钉长宜为吊木厚的2～2.5倍吊杆端头应高出龙骨上皮400 mm,用射钉锚固时,射钉必须牢固,间距不宜大于500 mm。

3）质量要求

木龙骨安装需牢固,骨架排列应整齐顺直,搭接处无明显错台、错位。木龙骨吊杆间距不应大于600 mm,且在横向龙骨的两侧对称配置,水平木龙骨与罩面板接触的一面必须刨平,次龙骨在接处对接错位偏差不应大于2 mm。

6.1.3 施工工艺

1）工艺流程

工艺流程为:检查基层→放线→吊杆固定→木龙骨组装→固定沿墙龙骨→骨架吊装固定→安装罩面板。

2）施工要点

应对屋面(楼面)进行基层检查,对不符合设计要求的要及时进行处理,同时检查房屋设备安装情况、预留孔位置是否符合设计要求。

3）操作工艺

（1）弹线

弹线定位放线是吊顶施工的标准。放线的内容主要包括标高线、造型位置线、吊点布置线、大中型灯位线等。放线的作用是:一方面使施工有基准线,便于下一道工序确定施工位置;另一方面能检查吊顶以上部位的管道等对标高位置的影响。弹线包括弹吊顶标高线、吊顶造型位置线、吊挂点定位线、大中型灯具吊点定位线。

（2）木龙骨的处理

①防腐处理。建筑装饰工程中所用木质龙骨材料,应按规定选材并实施在构造上的防潮处理,同时亦应涂刷防虫药剂。

②防火处理。一般是将防火涂料涂刷或喷于木材表面,也可把木材置于防火涂料槽内浸渍。刷防火涂料如图6.3所示。

（3）龙骨的分片拼接

木龙骨构造示意图如图6.4—图6.6所示。

图6.3　刷防火涂料

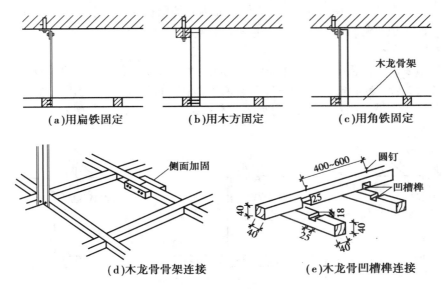

图 6.4　木龙骨构造示意图

(a)用扁铁固定　　(b)用木方固定　　(c)用角铁固定

(d)木龙骨骨架连接　　(e)木龙骨凹槽榫连接

图 6.5　木龙骨拼接图

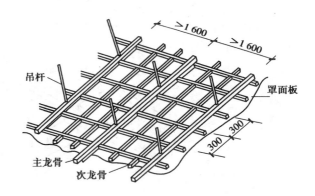

图 6.6　木龙骨拼接示意图

①确定吊顶骨架需要分片或可以分片安装的位置和尺寸,根据分片的平面尺寸选取龙骨尺寸。

②先拼接组合大片的龙骨骨架,再拼接小片的局部骨架。

③骨架的拼接按凹槽对凹槽的方法咬口拼接,拼口处涂胶并用圆钉固定。

④赶实压光,压时要掌握火候,既不要出现水纹,也不可压活。压好后随即用毛刷蘸水将罩面灰污染处清理干净。施工时整面墙不宜甩破活,如遇有预留施工洞时,可甩下整面墙待抹为宜。

图 6.7　膨胀螺栓固定木方

(4)安装吊点紧固件及固定边龙骨(见图6.7)

①安装吊点紧固件:吊顶吊点的紧固方式较多,常用方法为木楔圆钉固定法。

②沿吊顶标高线固定墙边龙骨:一般作业面为砖墙结构时,使用强力气钢钉依靠空气压缩机及冷钉枪把边龙骨钉到墙上。

(5)龙骨架吊装

①分片吊装。将拼接组合好的木龙骨架托起至吊顶标高位置,先做临时固定,再根据吊顶标高线拉出纵横水平基准线,进行整片龙骨架调平,然后将其靠墙部分与沿墙边龙骨钉接。

②将龙骨架与吊点固定,如图6.8所示。木骨架吊顶的吊杆常采用木吊杆、角钢吊杆和扁铁吊杆。

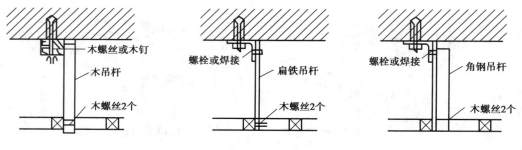

图6.8 龙骨吊杆示意图

(6)龙骨架分片间的连接

分片龙骨架在同一平面对接时,应将其端头对正,然后用短木方钉于对接处的侧面或顶面进行加固,如图6.9所示。

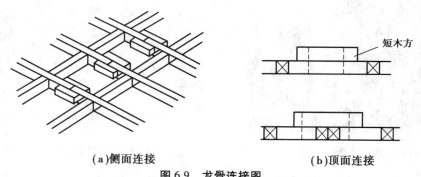

(a)侧面连接　　　　　　　　(b)顶面连接

图6.9 龙骨连接图

(7)叠级吊顶上下层龙骨架的连接

叠级吊顶,也称高差吊顶和变高吊顶,木龙骨架的叠级构造如图6.10所示。对于叠级吊顶,一般是自高而下开始吊装,吊装与调平的方法与上述相同。

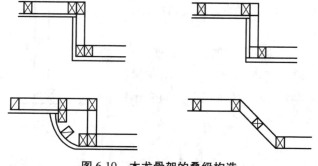

图6.10 木龙骨架的叠级构造

（8）龙骨架整体调平

在各分片吊顶龙骨架安装就位之后，对于吊顶面需要设置的送风口、检修孔、内嵌式吸顶灯盘及窗帘盒等装置，应在其预留位置处加设骨架，进行必要的加固处理及增设吊杆等。

（9）安装固定面板

木龙骨连接固定完毕后要安装并固定面板，例如根据设计要求选择纸面石膏板，如图6.11所示。为确保石膏板与木龙骨连接后的黏结牢固，应在木龙骨与石膏板结合面涂刷白乳胶，然后进行纸面石膏板的安装。首先竖向托起石膏板（由于石膏板横向搬运时易断裂，所以在石膏板横向时应注意其中间应有支撑力），然后将纸面石膏板用平头自攻螺钉与次龙骨连接。

图6.11　纸面石膏板

6.1.4　质量标准

1）主控项目

①吊顶标高、尺寸、起拱和造型应符合设计要求。

②饰面材料的材质、品种、规格、图案和颜色应符合设计要求。

③暗龙骨吊顶工程的吊杆、龙骨和饰面材料的安装必须牢固。

2）基本项目

①吊杆、龙骨的材质、规格、安装间距及连接方式应符合设计要求；金属吊杆、龙骨应经过表面防腐处理；木吊杆、龙骨应进行防腐、防火处理。

②石膏板的接缝应按其施工工艺标准进行板缝防裂处理。安装双层石膏板时，面层板与基层板的接缝应错开，并不得在同一根龙骨上接缝。检测方法详见表6.1。

表 6.1　木龙骨石膏板顶棚安装允许偏差与检验方法

序　号	项　　目	允许偏差	检验方法
1	表面平整度	3	用靠尺和楔形塞尺检查,查看不同部位的间隙尺寸差异是否在允许偏差范围内
2	接缝平直	3	拉通线尺量检查
3	接缝高低	1	用直尺和楔形塞尺检查

任务单元 6.2　轻钢龙骨吊顶施工

　　轻钢龙骨纸面石膏板吊顶是目前应用最广泛的一种吊顶,它由轻钢龙骨和纸面石膏板组成,可以满足吊顶防火的要求,因而被广泛应用于现代建筑(如商厦、医院、会堂、展览馆、候车室等民用设置),以及室内净空较大的而需吊顶的内装修工程中。轻钢龙骨吊顶组合如图 6.12 所示。

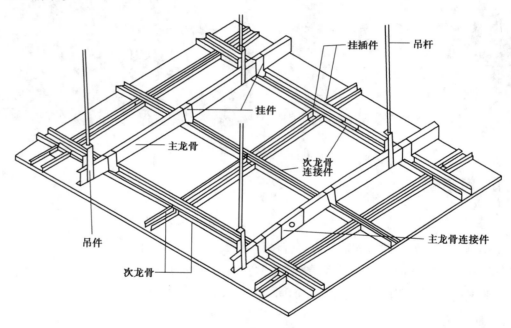

图 6.12　轻钢龙骨吊顶组合样图

6.2.1　施工准备

1)技术准备

①轻钢龙骨吊顶的施工图、设计说明及其他设计文件完成。
②材料的产品合格证书、性能检测报告、进场验收记录和复验报告完成。
③施工技术交底(作业指导书)已完成。

2)材料要求

(1)轻钢龙骨

轻钢龙骨的断面形状可分为 U 形、C 形、Y 形、L 形等,分别作为主龙骨、覆面龙骨、边龙骨配套使用,如图 6.13 所示。常用规格型号有 U60、U50、U38 等系列,在施工中轻钢龙骨应做防锈处理。

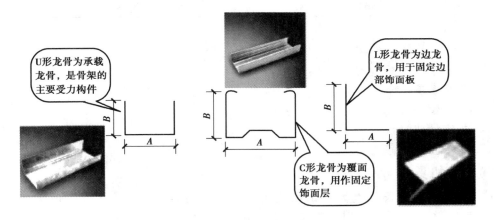

U 形龙骨为承载龙骨,是骨架的主要受力构件

L 形龙骨为边龙骨,用于固定边部饰面板

C 形龙骨为覆面龙骨,用作固定饰面层

图 6.13　轻钢断面形式

U 形轻钢龙骨配件如图 6.14 所示。

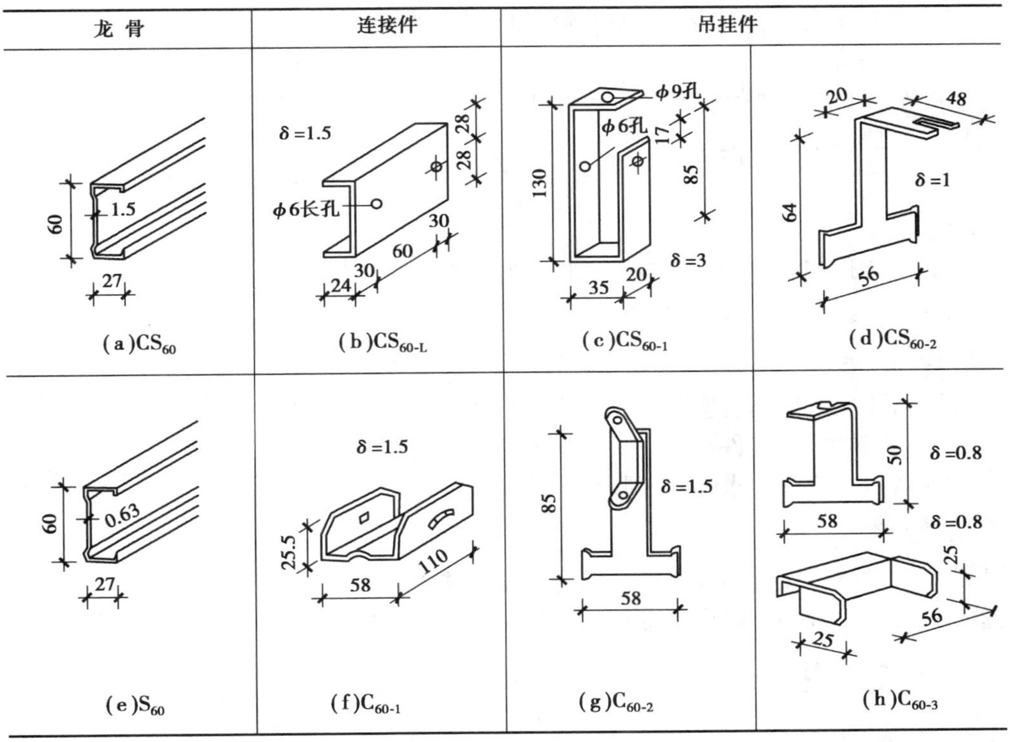

龙骨	连接件	吊挂件	
（a）CS₆₀	（b）CS₆₀₋ₗ	（c）CS₆₀₋₁	（d）CS₆₀₋₂
（e）S₆₀	（f）C₆₀₋₁	（g）C₆₀₋₂	（h）C₆₀₋₃

图 6.14　U 形龙骨配件示意图

吊顶荷载与轻钢吊顶主龙骨的关系表详见表6.2。

表 6.2　吊顶荷载与轻钢吊顶主龙骨的关系表

吊顶荷载	承载龙骨规格
吊顶自重+80 kg 附加荷载	U60 以上系列
吊顶自重+50 kg 附加荷载	U50 以上系列
吊顶自重	U38

（2）固结材料

圆钉、射钉、膨胀螺栓、吊杆。

（3）吊挂连接材料

6~8 mm 钢筋、角钢、钢板、8 号镀锌铅丝。

（4）其他材料

其他材料如防锈剂等。

3）主要机具

主要施工机具设备有：电动冲击钻、手电钻、电动修边机、电动或气动钉枪、木刨、槽刨、锯、锤、斧、螺丝刀、卷尺、水平尺、墨线斗等。

4）作业条件

①安装吊顶房间的墙、柱子为砌体的时候，要按照顶棚高度预埋好腐木砖。

②确定顶棚里的所有管线、通风口等空口位置。

③材料配备齐全。

④搭好施工的操作平台架子。

6.2.2　关键质量要点

1）材料要求

①吊顶工程所用的轻钢龙骨及其配件应符合有关现行的国家标准。

②安装罩面板的紧固件，应采用镀锌制品。

2）技术要求

①主龙骨中间起拱高度应不小于房间短向跨度，主龙骨安装后应及时校正其位置和标高，并将所有吊挂件、连接件拧紧夹紧。

②边龙骨应按设计要求弹线，固定在四周墙上。

3）质量要点

①通长次龙骨连接处的对接错位偏差不得超过 2 mm。

②吊杆距主龙骨端部距离不得超过 300 mm。

6.2.3　施工工艺

1）工艺流程

工艺流程为：弹线→确定吊点位置→确定吊点位置→安装吊杆→固定 L 形边龙骨→

安装承载龙骨固定→铺设绝缘材料及管线→安装覆面龙骨→校正龙骨骨架→安装纸面石膏板→处理板缝。

2）施工要点

对屋面(楼面)进行基层检查,对不符合设计要求的要及时进行处理。同时应检查房屋设备安装情况、预留孔位置是否符合设计要求。

3）操作工艺

（1）弹线

弹线包括顶棚标高线、造型位置线、吊挂点位置、大中型灯位线等。

（2）确定吊点位置

根据吊顶的设计,确定所有吊点的位置(其中包括特殊部位——上人检查或吊挂设备等),逐一并标出。

（3）吊点的固定

可根据施工方案在吊点安装膨胀螺栓紧固件。

（4）安装吊杆

按设计的方式将吊杆与吊点连接,但应注意:当楼板上有预埋吊杆需加长时,必须采取焊接,焊缝应饱满。

（5）固定 L 形边龙骨

采用钢钉将 L 形吊顶轻钢龙骨固定在墙壁四周(参照吊顶标高基准线),若四周墙、柱为砖砌体,应将其用钢钉钉在预埋防腐木砖上,间距应不大于次龙骨的间距且≤1 000 mm。

（6）安装承载龙骨

首先用龙骨吊件与吊杆下端连接,然后将承载龙骨与龙骨吊件相连接。在吊顶的特殊部位(如上人检查或吊挂设备等),应按设计要求加装附加龙骨。应注意的是:承载龙骨中间部分应起拱,其起拱高度应小于房间短向跨度的 1/200。承载龙骨安装完毕后,应及时校正其位置和标高。

（7）铺设绝缘材料及管线

承载龙骨安装完毕后,若要铺绝缘材料(如矿渣棉、岩棉或玻璃棉等,起保温、隔声作用),则将其铺放在承载龙骨上面;若有线路(如电线路),则将其放置在绝缘材料的上面。

（8）安装覆面龙骨

采用龙骨挂件将覆面龙骨按设计要求的间距与承载龙骨固定牢靠。

（9）校正龙骨骨架

对吊顶龙骨骨架进行全面检查,并校正其水平度。

6.2.4 质量标准

1）主控项目

①吊顶标高、尺寸、起拱和造型应符合设计要求。

②饰面材料的材质、品种、规格、图案和颜色应符合设计要求。

③暗龙骨吊顶工程的吊杆、龙骨和饰面材料的安装必须牢固。

④吊杆、龙骨的材质、规格、安装间距及连接方式应符合设计要求。金属吊杆、龙骨应经

过表面防腐处理;木吊杆、龙骨应进行防腐、防火处理。

2) 一般项目

① 饰面材料表面应洁净、色泽一致,不得有翘曲、裂缝及缺损;压条应平直、宽窄一致。

② 饰面板上的灯具、烟感器、喷淋头、风口箅子等设备的位置应合理、美观,与饰面板的交接应吻合、严密。

③ 金属吊杆、龙骨的接缝应均匀一致,角缝应吻合,表面应平整,无翘曲、锤印。

吊顶龙骨安装工程质量要求及检验方法见表6.3,吊顶龙骨安装允许偏差和检验方法见表6.4,顶罩面板质量要求和检验方法见表6.5。

表 6.3　吊顶龙骨安装工程质量要求及检验方法

项　目		质量要求	检验方法
轻钢龙骨外观	合格	角缝吻合、表面平整、无翘曲、无锤印	观察检查
	优良	角缝吻合、表面平整、无翘曲、无锤印、接缝均匀一致、周围与墙面密合	

表 6.4　吊顶龙骨安装允许偏差和检验方法

项　次	项　目	允许偏差/mm	检验方法
1	龙骨间距	2	尺量检查
2	龙骨平直	2	尺量检查
3	吊顶起拱高度	短向跨度 1/200±10	拉线、尺量检查
4	吊顶四周水平线	±5	尺量或水准仪检查

表 6.5　顶罩面板质量要求和检验方法

项　次	项　目	质量等级	质量要求	检验方法
1	罩面板表面质量	合格	表面平整、清洁,无明显变色、污染、反锈、麻点和锤印	观察检查
		优良	表面平整、清洁,颜色一致,无污染、反锈、麻点和锤印	
2	罩面板的接缝或压条质量	合格	接缝宽窄均匀,压条顺直,无翘曲	观察检查
		优良	接缝宽窄一致、整齐;压条宽窄一致、平直,接缝严密	

任务单元 6.3 金属装饰板吊顶施工

金属装饰板吊顶是用 L 形、T 形轻钢(或铝合金)龙骨或金属嵌龙骨、条板卡式龙骨作龙骨架,用 0.5~1.0 mm 厚的金属板材罩面。

金属装饰板吊顶表面光泽美观,防火性好,安装简单,适用于大厅、楼道、会议室、卫生间和厨房吊顶。金属装饰板吊顶的形式有方板吊顶和条板吊顶两大类。方形金属装饰板吊顶如图 6.15 所示。

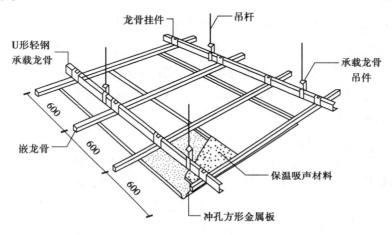

图 6.15 金属装饰板吊顶

6.3.1 施工准备

1)技术准备

①金属吊顶的施工图、设计说明及其他设计文件已完成。
②材料的产品合格证书、性能检测报告、进场验收记录和复验报告已完成。
③施工技术交底(作业指导书)已完成。

2)材料要求

(1)方形金属吊顶板规格与技术性能

①方形金属吊顶板的材质有两种:铝合金板和彩色镀锌钢板。其中,方形铝合金吊顶板是由铝合金板经冲压、裁边、表面处理(氧化镀膜)而成;方形彩色镀锌钢板吊顶板是由镀锌钢板经冲压、裁边、烤漆(或喷漆)而成。

②方形金属吊顶板按其表面有无冲孔来分,可分为两种:非冲孔吊顶板和冲孔吊顶板。

(2)方形金属吊顶龙骨及配件

①嵌龙骨:可用于组装龙骨骨架的纵向龙骨,也可用于卡装方形金属吊顶板。

②半嵌龙骨:可用于组装龙骨骨架的边缘龙骨,也可用于卡装方形金属吊顶板。

3)主要机具

主要施工机具设备有:电焊机、电动圆盘锯、冲击钻、手枪钻、射钉枪、无齿锯、角磨机、型材切割机。除此之外还有手动工具,如手锯、钳子、活扳手、螺丝刀等;测量工具有水准仪、水平管、靠尺、钢角尺、水平尺、塞尺、钢卷尺等。

6.3.2 关键质量要点

1)材料要求

①吊顶工程所用轻钢龙骨和型钢,以及与铝合金扣板配套使用的铝合金龙骨和龙骨连接配件的规格、型号及材质、厚度必须符合设计要求及现行国家标准,无变形、锈蚀和质量缺陷。

②应保证饰面的金属板材的厚度、板块规格符合设计要求。

2)技术要求

①吊顶标高、造型与现场及吊顶内隐蔽管道、设备无冲突。

②施工方案编制完成并审批通过,对施工人员进行安全技术交底,并做好记录。

3)质量要求

①保证吊顶面层的刚度,以保证吊顶表面的平整度。

②有花纹、图案、纹理的金属板其颜色花纹应均匀一致,图案完整,表面无明显划痕。标准板应有检验报告及出厂合格证,非标定制板材其规格应符合设计要求。

6.3.3 施工工艺

1)工艺流程

工艺流程为:现场检查测量→放线→安装吊杆→安装主龙骨→安装扣板配套龙骨及边龙骨→安装扣板→安装灯具及设备。

2)施工要点

根据设计要求及房间的跨度,结合现场实际情况,确定吊点和预埋件的数量、计算所需要的主龙骨及副龙骨的数量和金属板的数量。

3)施工工艺

(1)放线

根据水平控制线,量出设计要求的顶棚标高,并在四周墙面弹出水平标准线。按照设计确定的吊点及主骨位置,在楼板底面上弹出主龙骨位置控制线。根据房间的开间与进深尺寸排板,以棚面四周无小于整板尺寸二分之一的板块为原则,同时兼顾灯具的安装位置,在棚面或墙面上做出主副龙骨位置标记。

(2)安装吊杆

吊杆的形式、材质、断面尺寸及连接构造等,必须符合设计要求。通常采用直径 6～10 mm 的冷拔钢筋或全丝螺杆制作吊杆。冷拔钢筋吊杆顶端焊制角码,通过 M8～M12 的膨胀螺栓与混凝土结构顶棚连接,下端加工或焊接 100 mm 左右的螺纹,以连接轻钢龙骨吊件。

(3)安装主龙骨

安装主龙骨需按设计要求的位置、距离与方向,用吊挂件将主龙骨连接在吊杆上。

（4）安装扣板配套嵌龙骨及边龙骨

扣板嵌龙骨应采用专用挂件与主龙骨连接。

（5）安装金属板

扣板边缘都有卡条,安装扣板时应注意必须卡、插到位后表面平整、接缝顺直。安装方式有搁置式和嵌入式两种。方板吊顶安装示意图如图 6.16 所示。

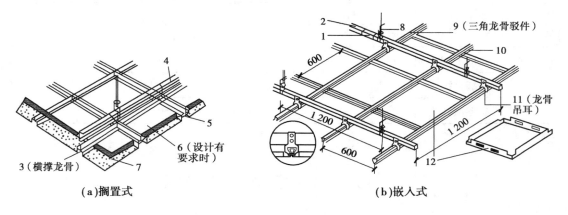

（a）搁置式　　　　　　　　　　　　　（b）嵌入式

图 6.16　方板吊顶安装示意图

1、9—连接件;2—UC 形主龙骨;3—T 形小龙骨;4—U 形承载龙骨;
5—T 形次龙骨;6—吸声保温材料;7—明装金属方板;8—吊杆;
10—SR6 三角龙骨;11—挂件;12—金属方板

（6）安装灯具及设备

金属板吊顶上的灯具、风口及烟感喷淋等装置安装完成后应统一调整,保证板块接缝整体顺直及平整,吊顶与灯具等镶嵌吻合,灯具风口等明装设备整齐顺直。

6.3.4　质量标准

1）主控项目

①吊顶标高、尺寸起拱及造型应符合设计要求。

②吊杆龙骨的品种、规格及安装间距、固定方法必须符合设计要求。金属吊杆及龙骨表面必须经防腐防锈处理,吊顶内木质结构件必须经防火处理。

③吊杆及主龙骨必须安装牢固,T 形龙骨安装连接方式必须符合设计或相关材料安装说明的要求,安装牢固无松动。

④金属板的品牌、规格、型号必须符合设计要求。板材在 T 形龙骨上的搭接应大于其受力面的三分之二。

2）基本项目

①金属板应表面洁净,色泽一致,无翘曲、裂缝等质量缺陷。金属扣板与三角龙骨或花龙骨搭接平整、吻合,压条平直,宽窄一致。

②面上的灯具、烟感、喷淋及空调风口等设备安装位置合理美观,与吊顶表面交接吻合严密。

③杆安装应顺直,T形龙骨安装接缝平整、颜色一致,无划伤、擦伤等质量缺陷。

④对于有保温吸声要求的吊顶工程,吊顶内保温吸声材料的品种、厚度应符合设计要求,并应有防散落措施。

⑤金属板吊顶工程安装的允许偏差和检验方法见表6.6所示。

表6.6 金属板吊顶工程安装允许偏差和检验方法表

项次	项目	允许偏差/mm		检查方法
		明龙骨	暗龙骨	
1	表面平整度	2	2	用2 m靠尺和塞尺检验
2	接缝直线度	2	1.5	拉5 m线, 不足5 m拉通线,用钢直尺检查
3	接缝高低差	1	1	用钢直尺和塞尺检查

任务单元 6.4   铝格栅吊顶施工

铝格栅吊顶的主副龙骨纵横分布,层次分明,立体感强,造型新颖,防火耐温,通风性好,且冷气口、排气口、叠级、灯具等可装在天花内,大方美观,因此广泛应用于大型商场、酒吧、候车室、机场、超市、地铁等场站。

如图6.17所示,铝格栅吊顶的空间比较开阔,金属格栅是用0.5 mm厚的薄铝板架构而成,其表面色彩多种多样,格栅面层有利于通风设施和消防喷淋的布置和安排,但不影响整体装饰效果,并可以与明架系统配合,也易于与各种灯具和装置相配,连接牢固,每件可以重复多次装拆,设备维修方便。

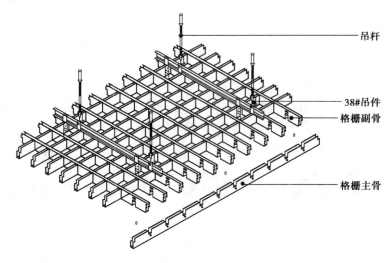

图6.17 铝格栅装饰吊顶

6.4.1 施工准备

1)技术准备

①安装铝格栅前应完成吊顶内隐蔽工程的验收。

②管道系统要求试水、打压完成。

③提前完成吊顶的排板施工大样图,确定好通风口及各种明露孔口位置。

2)材料要求

①轻钢龙骨按荷载分上人和不上人两种。

②轻钢骨架主件为大、中、小龙骨,配件有吊挂件、连接件、插接件。

③零配件:主要有吊杆、膨胀螺栓、铆钉等。

④按设计要求选用铝格栅,其材料品种、规格、质量应符合设计要求。格栅单体构件有直线形、多边形、方块形、圆形等形状,如图6.18所示。

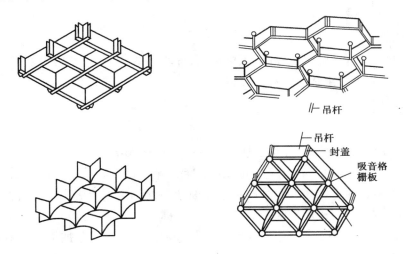

图 6.18 铝合金格栅单体构件形式

3)主要机具

主要施工机具有:电锯、无齿锯、手锯、手枪钻、螺丝刀、方尺、钢尺、钢水平尺。

4)作业条件

①屋面或楼面的防水层施工完成并且验收合格,门窗安装完成并且验收合格,墙面抹灰完成。

②顶棚内其他作业项目已经完成。

③墙面体预埋木砖及吊筋的数量和质量经检查验收,符合规范要求。

6.4.2 关键质量要点

1）材料要求

铝格栅面层涂饰必须色泽一致、表面平整,几何尺寸误差在允许范围内,宜为负误差。

2）技术要求

弹线必须准确,经复验后方可进行下道工序。铝格栅加工尺寸必须准确,安装时拉通线检查。

3）质量要点

①吊顶龙骨必须牢固、平整,龙骨的尺寸应符合设计要求,纵横拱度均匀,互相适应。吊顶龙骨严禁有硬弯,如有必须调直再进行固定。

②吊顶面层必须平整,吊件必须安装牢固,严禁松动变形。

6.4.3 施工工艺

1）工艺流程

工艺流程为:吊杆→弹吊顶标高、顶棚标高,弹水平线→安装吊杆→轻钢龙骨安装→弹簧片安装→格栅主副骨组装→铝格栅安装。

2）操作工艺

（1）弹线

用水准仪在房间内每个墙柱角上抄出水平点。若墙体较长,中间也应适当抄几个点,弹出水准线。水准线距地面一般为 500 mm,从水准线量至吊顶设计高度用粉线沿墙柱弹出水准线,即为吊顶格栅的下皮线。同时按吊顶平面图在混凝土顶板弹出主龙骨的位置。主龙骨应从吊顶中心向两边分,最大间距为 1 000 mm,标出吊杆的固定点。吊杆的固定点间距 900~1 000 mm。如遇到梁和管道固定点大于设计和规程要求,应增加吊杆的固定点。

（2）定吊挂杆件

采用膨胀螺栓固定吊挂杆件,可以采用 φ6 的吊杆。吊杆可以采用冷拔钢筋和盘圆钢筋,但采用盘圆钢筋应采用机械将其拉直。吊杆的一端同L30×30×3 角码焊接,角码的孔径应根据吊杆和膨胀螺栓的直径确定,另一端可以用攻丝套出大于 100 mm 的丝杆,也可以买成品丝杆焊接。制作好的吊杆应做防锈处理,吊杆用膨胀螺栓固定在楼板上用冲击电锤打孔,孔径应稍大于膨胀螺栓的直径。

（3）轻钢龙骨安装

轻钢龙骨应吊挂在吊杆上（如吊顶较低可以省略掉本工序,直接进行下道工序）。一般采用 38 轻钢龙骨,间距为 900~1 000 mm。轻钢龙骨应平行房间长向安装,同时应按房间短向跨度的 1/300~1/200 起拱。轻钢龙骨的悬臂段不应大于 300 mm,否则应增加吊杆。主龙骨的接长应采取对接,相邻龙骨的对接接头要相互错开。轻钢龙骨挂好后应基本调平。龙骨安装时要注意调平,但超过 4 m 跨度或较大面积的吊顶安装要适当起拱,跨度大于 12 m 以上的吊顶应在主龙骨上每隔 12 m 加一道大龙骨,并垂直主龙骨焊接牢固。

（4）弹簧片安装

用吊杆与轻钢龙骨连接（如吊顶较低可以将弹簧片直接安装在吊杆上省略掉本工序），间距为 900~1 000 mm,再将弹簧片卡在吊杆上。

（5）格栅主副骨组装

将格栅的主副骨在下面按设计图纸的要求预装好。单体构件之间的连接拼装,可以使用托架或专用十字连接件连接,如图 6.19 所示。也可以采用插接、挂接或榫接的方法,如图 6.20所示。

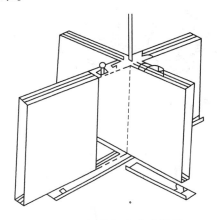

图 6.19　铝格栅十字连接件

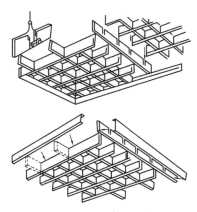

图 6.20　铝格栅吊顶拼装

（6）格栅安装固定

将预装好的格栅天花用吊钩穿在主骨孔内吊起,将整栅的天花连接后调整至水平即可。铝合金单元体安装一般有两种方法:一种是将组装后的格栅单元体直接用吊杆与结构体连接固定,不另设骨架支撑;另一种是将数个单元体先固定在骨架上,使其相互连接形成一个局部整体,再整体吊起,并将骨架与结构体连接。安装时,使用专门卡具先将数个单元体连成整体,再用通长管将其与吊杆连接,如图 6.21 所示;或用带卡口的吊管及插管将多个单元体担住,连成整体,用吊杆将吊管固定于结构基体下,如图 6.22 所示。

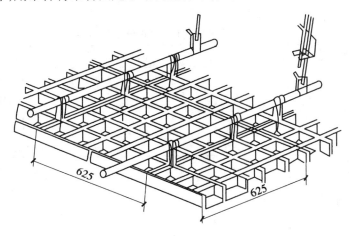

图 6.21　使用卡具通长管安装

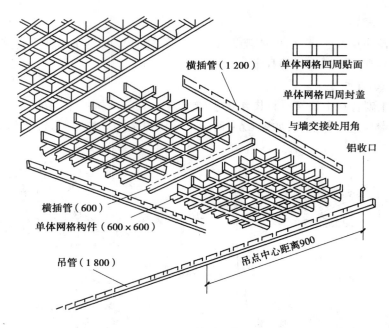

图 6.22　不使用卡具吊装

6.4.4　质量标准

1）主控项目

①轻钢龙骨和格栅的材质、品种、式样、规格应符合设计要求。

②轻钢骨架的吊杆、龙骨安装必须位置正确,连接牢固,无松动。

③格栅无翘曲、折裂、变形等缺陷,安装必须整齐。

2）基本项目

①整面轻钢骨架应顺直、无弯曲、无变形,吊挂件、连接件应符合产品组合的要求。

②格栅表面平正、洁净、颜色一致,无污染等缺陷。

③格栅吊顶工程允许偏差项目详见表 6.7。

表 6.7　格栅吊顶工程允许偏差项目表

序　号	项　类	项　目	允许偏差/mm	检验方法
1	龙骨	龙骨间距	2	尺量检查
2		龙骨平直	3	尺量检查
3		起拱高度	±10	拉线尺量
4		龙骨四周水平	±5	尺量或水准仪检查
5	铝格栅	表面平整	2	用 2 m 靠尺检查
6		接缝平直	1.5	拉 5 m 线检查
7		接缝平直	1	用直尺或塞尺检查
8		顶棚四周水平	±5	拉线或用水准仪检查

学习情境小结

本学习情境主要介绍了常规几种吊顶的施工方法及要求,主要包括:木龙骨吊顶、轻钢龙骨吊顶、金属装饰板吊顶、铝格栅吊顶等装饰施工的施工准备、材料要求、施工工艺及质量验收标准。

本学习情境的教学目标是掌握吊顶工程的施工技能,解决吊顶工程施工过程中的实际问题,掌握施工操作要点和质量验收标准。

习题 6

1.简述木龙骨吊顶的施工工艺和操作要点。

2.简述轻钢龙骨吊顶的施工工艺和操作要点。

3.装饰板吊顶的施工准备工作有哪些?

4.简述铝格栅吊顶的质量标准。

5.轻钢龙骨吊顶的质量验收有哪些内容?

学习情境 7

楼地面工程施工

- **教学目标**

(1)了解楼地面工程的常见类型及其特点。

(2)通过对施工工艺的深刻理解,掌握楼地面工程的施工工艺流程和施工要点。

(3)掌握楼地面工程质量检验的方法。

- **教学要求**

能力目标	知识要点	权重/%
选用楼地面施工机具的能力	楼地面工程施工机具	15
楼地面工程的施工操作及指导技能	楼地面工程施工工艺及方法	50
楼地面工程质量验收技能	楼地面工程质量验收标准	35

任务单元 7.1 概述

7.1.1 建筑楼地面构造组成

建筑楼地面是建筑物的底层地面(地面)和楼层地面(楼面)的总称。底层地面的基本构造层次为面层、垫层和基层(地基);楼层地面的基本构造层次为面层、基层(楼板)。面层的主要作用是满足使用要求,基层的主要作用是承担面层传来的荷载。为满足找平、结合、防水、防潮、隔声、弹性、保温隔热、管线敷设等功能的要求,往往还要在基层与面层之间增加若干中间层。建筑楼地面构造组成如图 7.1 所示。

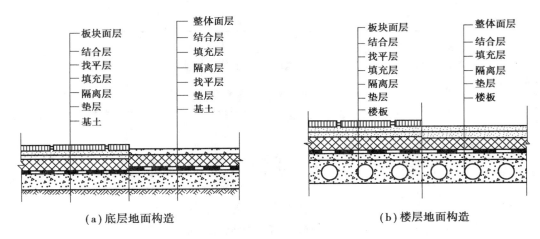

（a）底层地面构造 　　　　　　　（b）楼层地面构造

图 7.1　楼地面构造组成

7.1.2　建筑楼地面的功能要求

楼地面在建筑中主要起分隔空间,对结构层进行加强和保护,满足人们的使用要求,以及隔声、保温、找坡、防水、防潮、防渗等作用。楼地面与人、家具、设备等直接接触,承受各种荷载及物理、化学作用,并且在人的视线范围内所占比例比较大,因此必须满足以下要求:

（1）坚固、耐久性的要求

楼地面面层的坚固、耐久性由室内使用状况和材料特性来决定。楼地面面层应当不易被磨损、破坏,表面应平整、不起尘,其国际通用的耐久性标准一般为 10 年。

（2）安全性的要求

安全性是指楼地面面层使用时防滑、防火、防潮、耐腐蚀、电绝缘性好等。

（3）舒适感要求

舒适感是指楼地面面层应具备一定的弹性、蓄热系数及隔声性。

（4）装饰性要求

装饰性是指楼地面面层的色彩、图案、质感效果必须考虑室内空间的形态、家具陈设、交通流线及建筑的使用性质等因素,以满足人们的审美要求。

7.1.3　室内楼地面的分类

室内楼地面的种类很多,可以从不同的角度进行分类,详见表 7.1。

表 7.1　室内楼地面的分类

分　类	种　类
按面层材料分类	水泥砂浆楼地面、细石混凝土楼地面、水磨石楼地面、涂料楼地面、塑料楼地面、橡胶楼地面、花岗岩、大理石楼地面、地砖楼地面、木楼地面、地毯楼地面
按使用功能分类	不发火楼地面、防静电楼地面、防油楼地面低温辐射热水采暖楼地面、防腐蚀楼地面、种植土（绿化）楼地面、综合布线楼地面

续表

分　类	种　类
按装饰效果分类	美术楼地面、底纹楼地面、拼花楼地面
按构造方法和施工工艺分类	整体工楼地面、板块式楼地面、木竹楼地面

任务单元 7.2　水泥砂浆面层施工

水泥砂浆楼地面是应用最普遍的一种地面,它是直接在现浇混凝土垫层的水泥砂浆找平层上施工的一种传统整体地面。水泥砂浆楼地面属低档地面,造价低,施工方便,但不耐磨,易起砂、起灰。水泥砂浆楼地面示意图见图 7.2,水泥砂浆楼面构造做法见表 7.2。

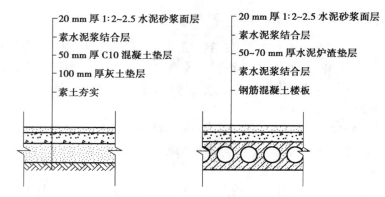

- 20 mm 厚 1:2~2.5 水泥砂浆面层
- 素水泥浆结合层
- 50 mm 厚 C10 混凝土垫层
- 100 mm 厚灰土垫层
- 素土夯实

- 20 mm 厚 1:2~2.5 水泥砂浆面层
- 素水泥浆结合层
- 50~70 mm 厚水泥炉渣垫层
- 素水泥浆结合层
- 钢筋混凝土楼板

（a）首层地面水泥砂浆做法示意　　（b）楼板面构造做法示意

图 7.2　水泥砂浆楼地面示意图

表 7.2　水泥砂浆楼面构造做法

构造层次	做　法	说　明
面层	20 mm 厚 1:2.5 水泥砂浆	各种不同填充层的厚度应适应不同暗管敷设的需要。暗管敷设时应以细石混凝土满包卧牢
结合层	刷水泥浆 1 道(内掺建筑胶)	
填充层	60 mm 厚 1:6 水泥焦渣层或 CL7.5 轻集料混凝土	
楼板	现浇钢筋混凝土楼板或预制楼板现浇叠合层	

7.2.1　基本规定

水泥砂浆楼地面装饰应符合如下规定:

①水泥砂浆面层的厚度应符合设计要求,且不应小于 20 mm。

②当水泥砂浆垫层铺设在水泥类的基层上时,其基层的抗压强度不得小于 1.2 MPa;基

层表面应粗糙、洁净、湿润并不得有积水;铺设前宜涂刷界面处理剂。

③面层施工后,养护时间不得少于 7 d;抗压强度应达到 5 MPa 后,方准上人行走;抗压强度达到设计要求后,方可正常使用。

④当采用掺有水泥的拌合料做踢脚线时,不得用石灰砂浆打底。

⑤面层的抹平工作应在水泥初凝前完成,压光工作应在水泥终凝前完成。

⑥面层的允许偏差应符合国家标准《建筑地面工程施工质量验收规范》(GB 50209—2010)中表 5.1.7 的规定。

7.2.2　施工准备

1)技术准备

①水泥砂浆面层下的各层做法应已按设计要求施工并验收合格。

②铺设前应根据设计要求通过实验确定配合比。

2)材料要求

①水泥:宜采用硅酸盐水泥、普通硅酸盐水泥或矿渣硅酸盐水泥,其强度等级应在 32.5 级以上;不同品种、不同强度等级的水泥严禁混用。

②砂:应选用水洗中、粗砂;当选用石屑时,其粒径为 1~5 mm,且含泥量不大于 3%。

3)主要机具设备

①应根据施工条件,合理选用适当的机具设备和辅助用具,以能达到设计要求为基本原则,兼顾进度、经济要求。

②常用的机具设备有:砂浆搅拌机、手推车、计量器、筛子、木耙、铁锹、小线、钢尺、胶皮管、木拍板、刮杠、木抹子,以及铁抹子等。

4)作业条件

①配合比已经试验确定。

②已对所覆盖的隐蔽工程进行隐蔽检验并会签。

③基层清理干净,浇捣前一天应洒水湿润。

④门框及预埋件已安装并验收。

⑤施工前,应做好水平标志,以控制铺设的高度和厚度,可采用竖尺、拉线、弹线等方法。

⑥对所有技术人员进行技术交底,特殊工种必须持证上岗。

⑦作业时的环境(如天气、温度、湿度等状况)应满足施工质量可达到标准的要求。

⑧如有泛水和坡度,垫层的泛水和坡度应符合设计要求。

7.2.3　施工工艺

1)施工准备

(1)材料

准备好水泥、砂、水等材料。

(2)机具、工具

常用的机具、工具主要有:砂浆搅拌机、手推车、抹光机、水平尺、钢卷尺、尼龙线、木抹子、铁抹子、长木杠、钢丝刷、喷壶和扫帚等。

（3）施工条件

①楼地面混凝土基层强度达到要求，楼地面结构层已验收合格。

②楼地面上的预埋件、管线、立管等安装牢固，并经检查合格。

③门框已安装好并经验收合格，已弹好室内+50 cm标准水平线。

④冬期施工必须采取防冻措施，保证室内有一定温度；刮风天气做水泥地面应遮挡门窗，避免直接受风吹，防止表面水分迅速蒸发而产生龟裂。

2）施工工序

施工工序为：清理、润湿基层→弹面层线→做灰饼、标筋→刷水泥素浆→铺灰抹压、刮平→木抹子压实、搓平→铁抹子压光（三遍）→盖草帘养护。

3）施工要点

①清理、润湿基层。垫层上的一切浮灰、油渍、杂质必须清理干净，表面较光滑的基层应凿毛，并用清水冲洗干净，冲洗后的基层最好不要上人。

②弹面层线。根据+50 cm水平标准线在地面及四周相邻房间的墙面上弹出楼（地）面水平标高线，且应与门框上锯口线吻合；先在四周做出灰饼，再用尼龙线按两边灰饼做出中间灰饼，用长木杠按间距1.5 m做好标筋。

③坡度、地漏。有坡度、地漏的房间，应找出不小于5%的坡度，地漏标筋应做成放射状，以保证流水坡向。

④水泥砂浆应拌和均匀，砂浆配合比不低于1：2（水泥：砂），拌成的砂浆以手捏成团稍出浆为准。

⑤铺灰。在标筋中间铺砂浆，铺抹时应先在基层上均匀刮素水泥浆一道，随刮随铺灰随拍实，用短木杠根据灰饼或冲筋刮平，用木抹子搓平，再用铁抹子抹压。

⑥抹压。抹压分三遍进行，三遍成活。

⑦分格。在水泥初凝后弹分格线，用劈缝溜子压缝，其缝格宽度、深浅应一致，线条应顺直。

⑧养护。水泥砂浆面层压光1昼夜后，应在常温湿润的条件下养护，可覆盖草包或锯末且保持覆盖物湿润，养护时间不少于7个昼夜，养护期间不得上人或使用。

7.2.4 质量标准

1）主控项目

①水泥、砂应符合质量要求。

②水泥砂浆面层强度等级应符合设计要求，且体积比应为1：2，强度等级不应小于M15。

③面层与下一层应结合牢固，无空鼓、裂纹。

④检验方法：同GB 50209—2010。

2）一般项目

①面层表面的坡度应符合设计要求，不得有倒泛水和积水现象。

②面层表面应洁净，无裂纹、脱皮、麻面、起砂等缺陷。

③踢脚线与墙面应紧密结合,高度一致,出墙厚度均匀。

④楼梯踏步的宽度、高度应符合设计要求。楼层梯段相邻踏步高度差不应大于 10 mm,每踏步两端宽度差不应大于 10 mm;旋转楼梯梯段的每踏步两端宽度的允许偏差为 5 mm。楼梯踏步的齿角应整齐,防滑条应顺直。

⑤砂浆垫层表面的允许偏差应符合 GB 50209—2010 中表 5.1.7 的规定。

⑥检验方法:同 GB 50209—2010 的检验方法及其中表 5.1.7 的规定。

任务单元 7.3 水磨石面层施工

水磨石(也称磨石)是将碎石、玻璃、石英石等骨料拌入水泥黏结料或环氧黏结料制成混凝制品后经表面研磨、抛光的制品。以水泥黏结料制成的水磨石又称水泥基磨石或无机磨石,用环氧黏结料制成的水磨石又称环氧磨石或有机磨石。水磨石按施工制作工艺又分现场浇筑水磨石(见图 7.3)和预制水磨石。

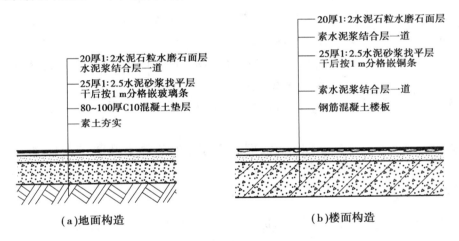

（a）地面构造 （b）楼面构造

图 7.3　现浇水磨石楼地面基本构造示意

7.3.1　基本规定

水磨石面层装饰施工应该符合下面规定:

①水磨石面层应采用水泥与石粒的拌合料铺设。面层厚度除有特殊要求外,宜为 12～18 mm,且按石粒粒径确定。水磨石面层的颜色和图案应符合设计要求。

②当水磨石面层铺设在水泥类的基层上时,其基层的抗压强度不得小于 1.2 MPa。基层表面应粗糙、洁净、湿润并不得有积水,铺设前宜涂刷界面处理剂。

③白色或浅色的水磨石面层,应采用白水泥;深色的水磨石面层,宜采用硅酸盐水泥、普通硅酸盐水泥或矿渣硅酸盐水泥;同颜色的面层应使用同一批水泥。同一彩色面层应使用同厂、同批的颜料,其掺入量宜为水泥质量的 3%～6%或由试验确定。

④水磨石面层的结合层的水泥砂浆体积比宜为 1:3 相应的强度等级不应小于 M10,水泥砂浆稠度(以标准圆锥体沉入度计)宜为 30～35 mm。

⑤普通水磨石面层磨光遍数不应少于3遍。高级水磨石面层的厚度和磨光遍数由设计决定。在水磨石面层磨光后,涂草酸和上蜡前,其表面不得污染。

⑥面层的允许偏差应符合国家标准《建筑地面工程施工质量验收规范》(GB 50209—2010)中表5.1.7的规定。

7.3.2 施工准备

1)技术准备

①水磨石面层下的各层做法应已按设计要求施工并验收合格。

②铺设前应根据设计要求通过试验确定配合比。

2)材料要求

①水泥:宜采用硅酸盐水泥、普通硅酸盐水泥或矿渣硅酸盐水泥,其强度等级应在32.5级以上;不同品种、不同强度等级的水泥严禁混用。

②石粒:应选用坚硬可磨白云石、大理石等岩石加工而成,石粒应清洁无杂物,其粒径除特殊要求外应为6~15 mm,使用前应过筛洗净。

③分格条:玻璃条(3 mm厚平板玻璃裁制)或铜条(1~2 mm厚铜板裁制),宽度根据面层厚度确定,长度根据面层分格尺寸确定。

④砂、草酸:砂过8 mm孔径的筛子,含泥量不得大于3%;草酸块状粉状皆可,用前用清水稀释。

⑤颜料:应选用耐碱、耐光性强、着色力好的矿物颜料,不得使用酸性颜料。颜料色泽必须符合设计要求。水泥与颜料一次进场为宜。

3)主要机具设备

①应根据施工条件,合理选用适当的机具设备和辅助用具,以能达到设计要求为基本原则,兼顾进度、经济要求。

②常用的机具设备有:水磨石机、滚筒、油石(粗、中、细)、手推车、计量器、筛子、木耙、铁锹、小线、钢尺、胶皮管、木拍板、刮杠、木抹子、铁抹子等。

4)作业条件

①配合比已经试验确定。

②已对所覆盖的隐蔽工程进行验收且合格,并进行隐检会签。

③施工前应做好水平标志,以控制铺设的高度和厚度,可采用竖尺、拉线、弹线等方法。

④已对所有作业人员进行了技术交底,特殊工种必须持证上岗。

⑤作业时的环境(如天气、温度、湿度等状况)应满足施工质量可达到标准的要求。

⑥地面立管安装完毕并已装套管,门框及地面预埋已安装完毕且验收合格。

⑦屋面防水施工完毕。

⑧基层清理干净,缺陷处理完毕。

7.3.3 施工工艺

1)工艺流程

工艺流程为:检验水泥、石粒质量→配合比试验→技术交底→准备机具设备→基底处理→找标高→铺抹找平层砂浆→养护→弹分格线→镶分格条→搅拌→铺设水磨石拌和料→滚压抹平→养护→试磨→粗磨→细磨→磨光→清洗→打蜡上光→检查验收。

2)操作工艺

①基层处理:把粘在基层上的浮浆、落地灰等用錾子或钢丝刷清理掉,再用扫帚将浮土清扫干净。

②找标高:根据水平标准线和设计厚度,在四周墙、柱上弹出面层的上平标高控制线。

③贴饼:按线拉水平线抹找平墩(60 mm×60 mm,与找平层完成面同高,用同种砂浆),间距双向不大于2 m。有坡度要求的房间应按设计坡度要求拉线,抹出坡度墩。

④冲筋:面积较大的房间为保证房间地面平整度,还要做冲筋。应以做好的灰饼为标准抹条形冲筋,高度与灰饼同高,形成控制标高的"田"字格,用刮尺刮平,作为砂浆面层厚度控制的标准。

⑤铺设找平层砂浆:铺设前应将基底湿润,并在基底上刷一道素水泥浆或界面结合剂,随刷随铺设砂浆,将搅拌均匀的砂浆,从房间内退着往外铺设。用大杠依冲筋将砂浆刮平,立即用木抹子搓平,并随时用2 m靠尺检查平整度。

⑥将找平层砂浆养护24 h后、强度达到1.2 MPa时,方可进行下道工序。

⑦弹分格线:根据设计要求的分格尺寸,一般采用1 m见方或依照房屋模数分格。在房间中部弹十字线,计算好周围的镶边尺寸后,以十字线为准弹分格线。如设计有图案要求时,应按照设计图案弹出准确分格线,并做好标记,以防出现差错。

⑧镶分格条(见图7.4):将分格条用稠水泥膏两边抹八字的方式固定在分格线上,水泥膏八字呈30°角,比分格条低4~6 mm。分格条应平直通顺,上平按标高控制线必须一致,应牢固、接头严密,不得有缝隙。在分格条十字交接处,距交点40~50 mm内不做水泥膏八字。铜条还应穿22号铅丝锚固于水泥膏八字内。镶分格条12 h后开始浇水养护,最少养护2 d。

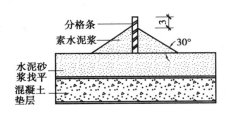

图7.4 分格条固定示意

⑨搅拌:

a.水磨石面层拌和料的体积比应根据设计要求通过试验确定,且为1:1.5~2.5(水泥:石粒)。

b.投料必须严格过磅或过体积比的斗,精确控制配合比。应严格控制用水量,搅拌要均匀。

c.彩色水磨石拌合料,除彩色石粒外,还加入耐光、耐碱的矿物颜料;各种原料的掺入量均要以试验确定。同颜色的面层应使用同一批水泥;同一彩色面层应使用同厂、同批的颜料。

⑩铺设:

a.将找平层洒水湿润,涂刷界面结合剂,将拌和均匀的拌合料先铺抹分格条边,后铺抹分格条方框中间,用铁抹子由中间向边角推进,在分格条两边及交角处特别注意压实抹平,随抹随检查平整度,不得用大杠刮平。

b.集中颜色的水磨石拌合料不可同时铺抹,要先铺深色的、后铺浅色的,待前一种凝固后再铺下一种。

⑪滚压抹平:滚压前应先将分格条两侧10 cm内用铁抹子轻轻拍实。滚压时用力均匀,应从横竖两个方向轮换进行,达到表面平整密实、出浆石粒均匀为止。待石粒浆稍收水后,再用铁抹子将浆抹平压实,24 h后浇水养护。

⑫试磨:当气温在20~30 ℃时,养护2~3 d即可开始机磨。过早石粒容易松动,过晚会磨光困难。

⑬粗磨:用60~90号金刚石磨,使磨石机在地上走倒"8"字形,边磨边加水,随时清扫水泥浆,并用靠尺检查平整度,直至表面磨平、磨匀,分格条和石粒全部露出(边角用手工磨至同样效果);用水清洗晾干,然后用较浓的水泥浆(掺有颜色的应用同样配合比的彩色水泥浆)擦一遍,特别是面层的洞眼小孔隙要填实抹平;浇水养护2~3 d。

⑭细磨:用90~120号金刚石磨,直至表面光滑(边角用手工磨至同样效果);用水清洗,满擦第二遍水泥浆(掺有颜色的应用同样配合比的彩色水泥浆),特别是面层的洞眼小孔隙要填实抹平;浇水养护2~3 d。

⑮磨光:用200号细金刚石磨,磨至表面石子显露均匀,无缺石粒现象,平整、光滑、无空隙。

⑯草酸擦洗:用10%的草酸溶液,用扫帚蘸后洒在地面上;用油石轻轻磨一遍,磨出水泥及石粒本色;用水清洗,软布擦干,再细磨出光。

⑰打蜡上光:采用机械打蜡的操作工艺,用打蜡机将蜡均匀渗透到水磨石的晶体缝隙中,打蜡机的转速和温度应满足要求。

⑱冬季施工时,环境温度不应低于5 ℃。

7.3.4　质量标准

1)主控项目

①原料应符合相关质量标准的要求。

②水磨石面层拌合料的体积比及强度等级符合设计要求,分格、图形、色泽应符合设计要求且体积比应为1∶2,强度等级不应小于M15。

③面层与下一层应结合牢固,无空鼓、裂纹。

④检验方法:同 GB 50209—2010。

2)一般项目

①面层表面应光滑,无明显裂纹、砂眼和磨纹;石粒密实,显露均匀;颜色图案一致,不混

色;分格条牢固、顺直、清晰。

②踢脚线与墙面应紧密结合,高度一致,出墙厚度均匀。

③楼梯踏步的宽度、高度应符合设计要求。楼层梯段相邻踏步高度差不应大于 10 mm,每踏步两端宽度差不应大于 10 mm;旋转楼梯梯段的每踏步两端宽度的允许偏差为 5 mm。楼梯踏步的齿角应整齐,防滑条应顺直。

④水磨石面层表面的允许偏差应符合 GB 50209—2010 中表 5.1.7 的规定。

⑤检验方法:同 GB 50209—2010 的检验方法及其中表 5.1.7 的规定。

任务单元 7.4 大理石面层和花岗岩面层施工

石材按其组成成分可分为两大类:一类是大理石,主要成分是氧化钙;另一类是花岗岩,主要成分为长石、石英。大理石表面图案流畅,但硬度不高,耐腐蚀性能较差,一般多用于墙面的装修;花岗石表面硬度高,抗风化、抗腐蚀能力强,使用期长。

在地面上装饰石材中,主要使用花岗岩板材,地面使用的石材一般为磨光的板材,板厚 20 mm 左右。花岗岩板材的图案虽然不如大理石流畅,但其色彩极为丰富、自然,有黑、红、绿、黄等花色,各种装修色彩设计都能得到满足,可以根据装修的要求进行选购。大理石和花岗石的图示见图 7.5。

| 大花绿 | 大花白 | 金线米黄 | 啡网皇大理石 |

(a)大理石

| 香槟金麻 | 珍珠白抛光板 | 虎皮黄 | 粉红钻 |

(b)花岗岩

图 7.5 石材图示

石材常用规格有 300 mm×300 mm、400 mm×400 mm、500 mm×500 mm、600 mm×600 mm、300 mm×800 mm 等,石材地面的构造做法见图7.6。

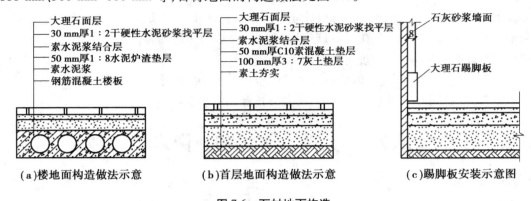

（a）楼地面构造做法示意　　　（b）首层地面构造做法示意　　　（c）踢脚板安装示意图

图7.6　石材地面构造

7.4.1　基本规定

①大理石、花岗岩面层应采用天然大理石、花岗岩（或碎拼大理石、碎拼花岗岩）板材在结合层上铺设。

②天然大理石、花岗岩的技术等级、光泽度、外观等质量要求应符合国家现行行业标准《天然大理石建筑板材》（JC/T 79—2001）和《天然花岗石建筑板材》（JC 205）的规定。

③板材有裂缝、掉角、翘曲和表面有缺陷时应予剔除,品种不同的板材不得混杂使用。在铺设前,应根据石材的颜色、花纹、图案、纹理等按设计要求试拼编号。

④铺设大理石、花岗岩面层前,板材应浸湿、晾干;结合层与板材应分段同时铺设。

⑤采用大理石和花岗岩面层时,应符合现行国家标准《民用建筑室内环境污染控制规范》（GB 50325—2001）的规定。

⑥大理石和花岗岩面层的允许偏差应符合国家标准《建筑地面工程施工质量验收规范》（GB 50209—2002）中表6.1.8的规定。

⑦应遵守其他相关规范的规定。

7.4.2　施工准备

1）技术准备

①大理石和花岗岩面层下的各层做法已按设计要求施工并验收合格。

②样板间或样板块已获认可。

2）材料要求

①水泥:宜采用硅酸盐水泥或普通硅酸盐水泥,其强度等级应在32.5级以上;不同品种、不同强度等级的水泥严禁混用。

②砂:应选用中砂或粗砂,含泥量不得大于3%。

③大理石和花岗岩:规格品种均应符合设计要求;外观颜色一致,表面平整,形状尺寸、图案花纹正确,厚度一致并符合设计要求;边角齐整,无翘曲、裂纹等缺陷。大理石、花岗岩

石材的具体质量要求见表7.3。

表7.3 大理石、花岗岩石材质量要求

种 类	允许偏差/mm			外观要求
	长度、宽度	厚度	平整度最大偏差值	
花岗石板材	+0、−1	±2	长度：≥400,0.6	花岗石、大理石板材表面要求光洁、明亮,色泽鲜明,无刀痕旋纹。边角方正,无扭曲、缺角、掉边
大理石板材		+1~±2	长度：≥800,0.8	

注：板材厚度小于或等于15 mm时,同一块板材上的厚度允许偏差为1.0 mm;板材厚度大于15 mm时,同一块板材上的厚度允许偏差为2.0 mm。

3)主要机具设备

①应根据施工条件,合理选用适当的机具设备和辅助用具,以能达到设计要求为基本原则,兼顾进度、经济要求。

②常用的机具设备有:云石机、手推车、计量器、筛子、木耙、铁锹、大桶、小桶、钢尺、水平尺、小线、胶皮锤、木抹子、铁抹子等。

4)作业条件

①材料检验已经完毕并符合要求。

②已对所覆盖的隐蔽工程进行验收且合格,并进行隐检会签。

③施工前应做好水平标志,以控制铺设的高度和厚度,可采用竖尺、拉线、弹线等方法。

④对所有作业人员已进行了技术交底,特殊工种必须持证上岗。

⑤作业时的环境(如天气、温度、湿度等状况)应满足施工质量达标的要求。

⑥竖向穿过地面的立管已安装完,并装有套管。如有防水层,则基层和构造层应已找坡,管根已做防水处理。

⑦门框安装到位,并通过验收。

⑧基层洁净,缺陷已处理完,并作隐蔽验收。

7.4.3 施工工艺

1)工艺流程

工艺流程为:检验水泥、砂、大理石和花岗岩质量→试验→技术交底→试拼编号→准备机具设备→找标高→基底处理→铺抹结合层砂浆→铺大理石和花岗岩→养护→勾缝→检查验收。

2)操作工艺

①试拼编号:在正式铺设前,应对每一房间的石材板块按图案、颜色、纹理试拼,将非整块板对称排放在房间靠墙部位。试拼后按两个方向编号排列,然后按编号码放整齐。

②找标高:根据水平标准线和设计厚度,在四周墙、柱上弹出面层的上平标高控制线。

③基层处理:把粘在基层上的浮浆、落地灰等用錾子或钢丝刷清理掉,再用扫帚将浮土清扫干净。

④排大理石和花岗岩：将房间依照大理石或花岗岩的尺寸，排出大理石或花岗岩的放置位置，并在地面弹出十字控制线和分格线。

⑤铺设结合层砂浆：铺设前应将基底湿润，并在基底上刷一道素水泥浆或界面结合剂，随刷随铺设搅拌均匀的干硬性水泥砂浆。

⑥铺大理石或花岗岩：将大理石或花岗岩放置在于拌料上，用橡皮锤找平，之后拿起大理石或花岗岩，在干拌料上浇适量素水泥浆，同时在大理石或花岗岩背面涂厚度约 1 mm 的素水泥膏，再将大理石或花岗岩放置在找过平的干拌料上，用橡皮锤按标高控制线和方正控制线坐平坐正。

⑦铺大理石或花岗岩时，应先在房间中间按照十字线铺设十字控制板块，之后按照十字控制板块向四周铺设，并随时用 2 m 靠尺和水平尺检查平整度。大面积铺贴时应分段、分部位铺贴。

⑧设计有图案要求时，应按照设计图案弹出准确分格线，并做好标记，防止差错。

⑨养护：大理石或花岗岩面层铺贴完后应养护，养护时间不得小于 7 d。

⑩勾缝：当大理石或花岗岩面层的强度达到可上人时（结合层抗压强度达到 1.2 MPa），用同种、同强度等级、同色的掺色水泥膏或专用勾缝膏进行勾缝。颜料应使用矿物颜料，严禁使用酸性颜料。缝要求清晰、顺直、平整、光滑、深浅一致，缝色与石材颜色一致。

⑪冬季施工时，环境温度不应低于 5 ℃。

7.4.4　质量标准（见表 7.4）

表 7.4　大理石、花岗岩地面质量标准及验收方法

项　目	项　次	质量要求	检验方法
主控项目	1	大理石、花岗石面层所用板块的品种、质量应符合设计要求	观察检查和检查材质合格记录
	2	面层与下一层应结合牢固，无空鼓	用小锤轻击检查
一般项目	3	大理石、花岗石面层的表面应洁净、平整、无磨痕，且应图案清晰、色泽一致、接缝均匀、周边顺直、镶嵌正确，板块无裂纹、掉角、缺棱等缺陷	观察检查
	4	踢脚线表面应洁净，高度一致，结合牢固，出墙厚度一致	观察和用小锤轻击及钢尺检查
	5	面层表面的坡度应符合设计要求，不倒泛水、无积水；与地漏、管道结合处应严密牢固，无渗漏	观察、泼水或坡度尺及蓄水检查

注：凡单块板块边角有局部空鼓、且每自然间（标准间）不超过总数的 5%时可不计。

任务单元 7.5　木楼地面施工

木楼地面一般是指楼地面表面由木板铺钉或硬质木块胶合而成的地面。

7.5.1　木饰面特点

木楼地面常用于高级住宅、宾馆、剧院舞台等室内楼地面,它具有以下的特点:
①纹理及色泽自然美观,具有较好的装饰效果。
②有弹性,人在木地面上行走有舒适感。
③自重小。
④吸热指数小,具有良好的保温隔热性能。
⑤不起尘,易清洁。
⑥耐火性、耐久性较差,潮湿环境下易腐朽。
⑦易产生裂缝和翘曲变形。
⑧造价较高。

7.5.2　材料选用及要求

木楼地面所用的材料可分为面层材料、基层材料和黏结材料三类。

1)面层材料

面层是木楼地面直接受磨损的部位,也是室内装饰效果的重要组成部分。因此要求面层材料耐磨性好、纹理优美清晰、有光泽、不易腐朽、开裂及变形。根据材质不同,面层可分为普通纯木地板、软木地板、复合木地板和竹地板。

（1）普通纯木地板

普通纯木地板又有条木地板和拼花木地板两种。

a.条木地板。条木地板是我国传统的木地板,它一般采用径级大、缺陷少的优良树种经干燥处理和设备加工而成,具有整体感强、自重轻、弹性好、脚感舒适、冬暖夏凉和导热性小等特点。常用树种有松木、杉木、柳桉木、水曲柳、樱桃木、柚木、柞木、桦木及榉木等。条木地板的宽度一般不大于 120 mm,厚度不大于 25 mm。地板拼缝可为平头、企口或错口。

条木地板是公认的高级室内地面装饰材料,有上漆和不上漆之分。不上漆的地板是用户安装完毕后再上油漆,而上漆地板是指生产厂家在木地板生产过程中就涂上了油漆,也简称实木漆板。实木漆板油漆质量好、安装简便,但价格高。

b.拼花木地板。拼花木地板是由水曲柳、柞木、胡桃木、柚木、枫木、榆木及柳桉等优良木材,经加工处理,制成具有一定几何尺寸的木块,再拼成一定图案而成的地板材。它具有纹理美观、弹性好、耐磨性强、坚硬与耐腐等特点。此外,拼花木地板一般均经过远红外线干燥,含水率恒定(约为 12%),因此其外形稳定,易保持地面平整、光滑而不变形。

拼花木地板有平头接缝地板和企口拼接地板两种,其木块尺寸,一般长度为 250~300 mm;宽度为 40~60 mm,最宽可达 90 mm;厚度为 10~20 mm。

拼花木地板通过小木板条不同方向的组合,可拼造出多种图案花纹,常用的有正芦席纹、斜芦席纹、人字纹及清水砖墙纹等,如图 7.7 所示。拼花木地板均采用清漆进行油漆,以显露出木材漂亮的天然纹理。

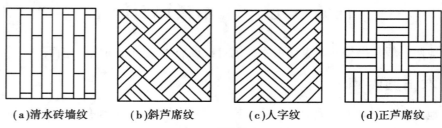

(a)清水砖墙纹　　(b)斜芦席纹　　(c)人字纹　　(d)正芦席纹

图7.7　拼花木地板图案

（2）软木地板

软木是一种没有被砍伐的自然橡树的树皮。橡树生长25年（即有25年的树龄）后，开始采剥一次，以后每9年采剥一次。橡树树皮可以再生，采剥树皮完全不会对树木造成伤害，因此是一种能够完全适应环保需要的资源。

软木地板楼地面具有自然本色、美观大方、质量轻、弹性好、脚感舒适、耐磨耐用、防滑阻燃、保温隔热、无毒无味、吸音隔声、防霉防腐、防静电、绝缘、耐稀酸及皂液、不生虫螨等特点。但软木产地较少，产量不高，故造价高，目前国内市场上的优质软木地板主要靠进口，常用于高级体育馆的比赛场地。

（3）复合地板（强化木地板）

复合地板是以防潮薄膜为平衡层，以硬质纤维板、中密度纤维板、刨花板为基层，木纹图案浸汁纸为装饰层，耐磨高分子材料为面层复合而成的新型地面装饰材料。因复合地板的装饰层是木纹图案浸汁纸，所以复合地板的花样很多，色彩丰富，几乎覆盖了所有的珍贵树种，如榉木、栎木、樱桃木、橡木、枫木等。同时复合地板还有色彩丰富、造型别致的拼接图案，这使得复合地板能做出许多别具一格的效果。

复合地板耐磨、阻燃、防潮、易清理、花纹美丽、色泽均匀、不变形、防虫蛀、易清理且安装方便，但弹性不足，而且尽管有防潮层，也不宜用于易受潮的场所。

（4）竹地板

竹地板是20世纪90年代兴起的地面装饰材料，它采用中上等竹材，经严格选材、制材、漂白、硫化、脱水、防虫和防腐等工序加工处理后，再经高温、高压下的热固胶合而成。竹地板板面光洁平滑，外观呈现自然竹纹，色泽高雅美观，符合人们崇尚回归大自然的心理。同时竹地板具有耐磨、耐压、防潮、阻燃、富有弹性及经久耐用的优点。此外，竹地板还能弥补木地板易损变形的缺点，因此是高级宾馆、写字楼及现代家庭地面装饰的新型材料。

按外观形状竹地板可分为条形竹地板和方形竹地板，按涂料不同又可分为原色地板和上色地板。

2）基层材料

基层的主要作用是承托和固定面层。基层可分为水泥砂浆（或混凝土）基层和木基层。水泥砂浆（或混凝土）基层，一般多用于粘贴式木地面。常用水泥砂浆配合比为1:2.5~1:3，混凝土强度等级一般为C10~C15。

木基层有架空式和实铺式两种，由木搁栅、剪刀撑、垫木、沿游木和毛地板等部分组成，一般选用松木和杉木作用料。

3）**黏结材料（胶黏剂）**

长途汽车结材料的主要作用是将木地板条直接黏结在水泥砂浆或混凝土基层上，目前应用较多的粘贴剂有氯丁橡胶型、环氧树脂型、合成橡胶溶剂、石油沥青、聚氨酯及聚醋酸乙烯乳液等。具体选用时，应根据面层及基层材料、使用条件、施工条件等综合确定。

7.5.3　木楼地面的构造

木楼地面有以下4种构造形式：

1）**粘贴式木楼地面**

粘贴式木楼地面是在钢筋混凝土楼板上或底层地面的素混凝土垫层上做找平层，再用黏结材料将各种木板直接粘贴在找平层上而成，如图7.8所示。这种做法构造简单、造价低、功效快、占空间高度小，但弹性较差。

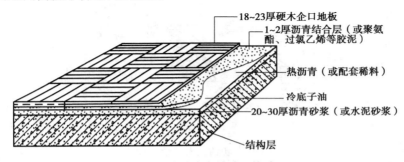

图 7.8　粘贴式木楼地面构造

2）**架空式木楼地面**

架空式木楼地面主要是用于使用要求弹性好，或面层与基底距离较大的场合。通过地垄墙、砖墩或钢木支架的支撑来架空，如图7.9所示。其优点是使木地板富有弹性、脚感舒适、隔声、防潮，缺点是施工较复杂、造价高。

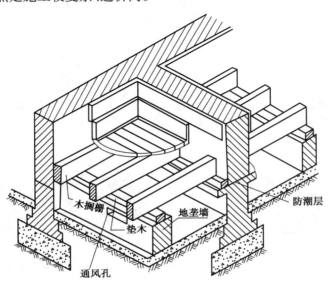

图 7.9　架空式木地面构造地面

3)实铺式木楼地面

实铺式木楼地面直接在基层的找平层上固定木搁栅,然后将木地面铺钉在木搁栅上,如图 7.10 所示。这种做法具有架空木地板的大部分优点,而且施工较简单,所以实际工程中应用较多。

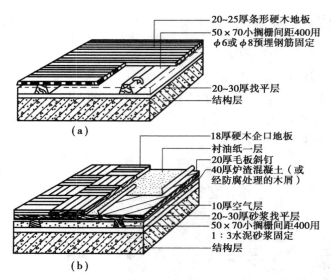

图 7.10　实铺式木楼地面构造

4)组装式木楼地面

组装式木楼地面的木地板是浮铺式安装在基层上的,即木地板和基层之间无需连接,板块之间只需用防水胶黏结,施工方便,如图 7.11 所示。目前常见的组装式木楼地面多采用复合木地板(强化木地板)。复合木地板的基材一般是高密度板,该板既有原木地板的天然木感,又有地砖大理石的坚硬,安装无需木搁栅,不用上漆打蜡保养,多用于办公用房和住宅的楼地面。

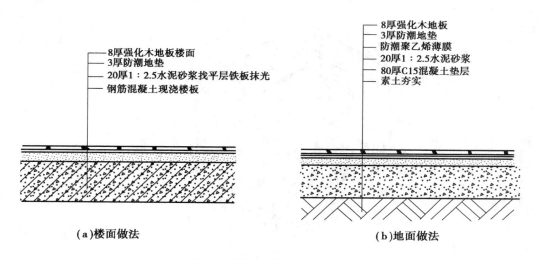

图 7.11　组装式木楼、地面做法示意图

7.5.4 施工工艺

目前的房屋建筑中较广泛地采用实铺式和组装式木楼地面,因此本书重点介绍实铺式木楼地面和组装式木楼地面的施工技术。

1)施工准备

(1)材料

①面层材料:按设计准备好相应的地板。

②基层材料:木搁栅(又称木楞、木龙骨)、垫木、杉木或松木毛地板。

③其他材料:防潮纸、胶黏剂、2~3 寸铁钉、12 号镀锌铁丝、橡胶垫块等。

(2)工具、机具

常用的工具、机具有:小电锯、小电刨、平刨、冲击电钻、刨地板机、磨地板机、手锯、手刨、斧子、凿子、螺钉旋具、方尺、角尺、墨斗等。

(3)施工条件

①顶棚和内墙抹灰已完成,抹灰达八成干。

②外门及玻璃已安装完成。

③墙面上已弹好+50 cm 水平基准线。

2)实铺式木楼地面施工技术

(1)施工工序

施工工序如下:基层清理→弹线、找平→安装木龙骨、剪刀撑→弹线、钉毛地板→找平、刨平→墨斗弹线、钉硬木面板→找平、刨平→钉踢脚板→刨光、打磨→油漆。

(2)施工要点

①木龙骨安装。按弹线位置,用双股 12 号镀锌铁丝将龙骨绑扎在预埋 Ω 形铁件上,或在基层上用墨线弹出十字交叉点(木搁栅的位置和孔距的交叉点),然后用 $\phi 6$ 的冲击电钻在交叉点处打孔,之后在孔内下木楔,用长钉将木搁栅固定在木楔上。龙骨铺钉完毕、检查水平度合格后,钉卡横档木或剪刀撑,中距一般为 600 mm。

②弹线、钉毛地板。铺钉毛地板一般采用斜向铺设,与龙骨成 30°~45°角,留板缝约 3 mm,并用刨子修平。

③铺面板。铺钉长条地板时将条形地板直接固定在毛地板上,通常采用企口板,与墙壁留 8~10 mm 缝隙。拼花木地板的拼花形式有席纹、人字纹、方块和阶梯式等。铺钉前,在毛地板弹出花纹施工线和圈边线。铺钉时,先拼缝铺钉标准条,铺出几个方块或几档作为标准,再向四周按顺序拼缝铺钉。

④面层刨光、打磨。长条或拼花木地板宜采用刨地板机刨光(转速在 5 000 r/min 以上),与木纹成 45°角斜刨,边角部位用手刨。刨平后用细刨净面,最后用磨地板机装砂布磨光。

⑤油漆。将地板清理干净,然后补凹坑、刮批腻子、着色,最后刷清漆。当木地板为清漆罩面时,需上软蜡。

3）组装式木楼地面施工工艺

（1）施工工序

施工工序如下：基层处理→弹线、找平→铺垫层→试铺预排→铺地板→铺踢脚板→清洗表面。

（2）施工要点

①铺垫层。垫层为聚乙烯泡沫塑料薄膜，铺时横向搭接150 mm。垫层可增加地板隔潮作用，改善地板的弹性、稳定性，并减少行走时地板产生的噪声。

②铺地板。复合木地板与四周墙必须留缝，以备地板伸缩变形，缝宽为8~10 mm，用木楔调直。

③铺贴时，按板块顺序，在板缝涂胶拼接。胶刷在企口舌部，而非企口槽内。

④复合木地板铺装48 h后方可使用。

7.5.5 质量验收

木地板质量标准及验收方法严格按照相关标准，详见表7.5所示。

表7.5　木地板质量标准及验收方法

项　目	项　次	质量要求	检验方法
主控项目	1	实木地板面层所采用的材质和铺设时的木材含水率必须符合设计要求。木搁栅、垫木和毛地板等必须做防腐、防蛀处理	观察检查和检查材质合格证明文件及检测报告
	2	木搁栅安装应牢固、平直	观察、脚踩检查
	3	面层铺设应牢固；黏结无空鼓	观察、脚踩或用小锤轻击检查
	4	复合地板面层所采用的条材和块材，其技术等级和质量要求应符合设计要求	观察检查和检查材质合格记录
一般项目	5	实木地板面层应刨平、磨光，无明显刨痕和毛刺等现象；图案清晰、颜色均匀一致	观察、手摸和脚踩检查
	6	面层缝隙应严密；接头位置应错开、表面洁净	观察检查
	7	拼花地板接缝应对齐，粘、钉严密；缝隙宽度均匀一致；表面洁净，胶粘无溢胶	观察检查
	8	踢脚线表面应光滑，接缝严密，高度一致	观察和钢尺检查
	9	实木复合地板面层图案和颜色应符合设计要求，图案清晰，颜色一致，板面无翘曲	观察检查

任务单元 7.6　软质制品楼地面施工

软质制品楼地面是指以质地较软的地面覆盖材料所形成的楼地面饰面，如橡胶地毡、聚氯乙烯塑料地板、化纤地毯等楼地面。

7.6.1　橡胶地毡楼地面

橡胶地毡是以天然橡胶或合成橡胶为主要原料,加入适量的填充料加工而成的地面覆盖材料。

1)饰面特点

橡胶地毡地面具有弹性较好、保温、隔撞击声、耐磨、防滑、不导电等性能,适用于展览馆、疗养院等公共建筑,也适用于车间、实验室的绝缘地面以及游泳池边、运动场等防滑地面。

2)基本构造

橡胶地毡表面有平滑或带肋两类,其厚度为 4~6 mm,其与基层的固定一般用胶黏剂粘贴在水泥砂浆基层上。橡胶地毡楼地面构造如图 7.12 所示。

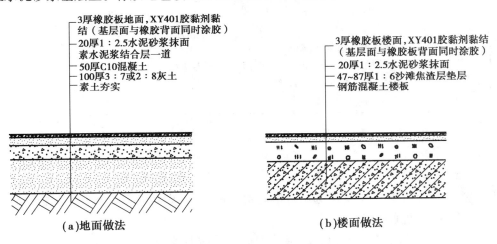

图 7.12　橡胶地毡楼地面构造示意图

7.6.2　塑料地板楼地面

塑料地板楼地面是指用聚氯乙烯或其他树脂塑料地板作为饰面材料铺贴的楼地面。

1)饰面特点

塑料地面具有美观、质轻、耐腐、绝缘、绝热、防滑、易清洁、施工简便、造价较低的优点,但不耐高温、怕明火、易老化,因此多用于一般性居住和公共建筑,不适宜人流较多密集的公共场所。

2)塑料地板种类

塑料地板的种类很多,从不同的角度划分如下:
①按产品形状,分为块状塑料地板和卷状塑料地板。
②按结构,分为单层塑料地板、双层复合塑料地板、多层复合塑料地板。
③按材料性质,分为硬质塑料地板、软质塑料地板、半硬质塑料地板。
④按树脂性质,分为聚氯乙烯塑料地板、氯乙烯—醋酸乙烯塑料地板和聚丙烯地板。

目前盛行的有塑胶地板、EVA 豪华地板、彩色石英地板等,属中档装饰材料。

3)塑料地板楼地面基本构造

塑料板楼地面构造做法见表7.6。

表7.6　塑料板面层楼地面构造做法

构造层次	做　法	说　明
面层	塑料板(8~15 mm 厚 EVA,1.6~3.2 mm 厚彩色石英),用专用胶粘贴	1.防潮层可采用其他新型防潮材料 2.括号内为地面构造做法
找平层	20 mm 厚1:2.5 水泥砂浆,压实抹光	
防潮层	1.5 mm 厚聚氨酯防潮层2道	
找坡层	1:3水泥砂浆找坡层,最厚处20 mm,抹平	
结合层	水泥浆1道	
填充层 (垫层)	60 mm 厚1:6水泥焦渣填充层 (60 mm 厚 C10 混凝土垫层)	
楼板 (垫层)	现浇钢筋混凝土楼板 (粒径5~32 mm 卵石灌 M2.5 混合砂浆振捣密实或150 mm 厚3:7灰土)	
(基土)	(素土夯实)	

4)施工技术

(1)施工准备

①材料准备:可根据具体情况选用合格的塑料板材(或卷材)、黏结剂(如聚醋酸乙烯乳液、氯丁橡胶型、聚氨酯环氧树脂等)。

②常用的工具、机具有:齿形刮板(弹簧钢板制)、橡胶滚筒或铁滚筒、割刀或多用刀、钢卷尺、尼龙线、油灰刀、橡胶锤、墨斗、砂袋、小胶桶、剪刀、油漆刷、擦布等。

(2)施工条件

①顶棚、墙的抹灰、沟槽、暗管、暖气装置和门窗等工程均已完成。

②水泥类基层表面平整、坚硬、干燥、无油脂及其他杂物,其含水率不大于9%。

③施工时室内相对湿度不大于80%。

(3)施工工序

施工工序如下:基层处理→弹线→试铺→刷底子胶→铺贴地板→贴塑料踢脚板→擦光上蜡→养护。

(4)施工要点

①基层处理。塑料地板基层一般为水泥砂浆地面,基层应坚实、平稳、清洁和干燥。表面如有麻面、凹坑,应用108 胶水泥腻子(水泥:108 胶水:水 =1:0.75:4)修补平整。

②铺贴。塑料卷材要求根据房间尺寸定位裁切,裁切时应在纵向上留有0.5%的收缩余量(考虑卷材切割下来后会有一定的收缩)。切好后在平整的地面上静置3~5 d,使其充分收缩后再进行裁边。粘贴时先卷起一半粘贴,然后再粘贴另一半,如图7.13 所示。

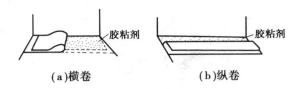

图 7.13 卷材粘贴示意图

7.6.3 地毯楼地面

1)饰面特点

地毯是一种高级地面饰面材料。地毯楼地面具有美观、脚感舒适、富有弹性、吸声、隔声、保温、防滑、施工和更新方便的特点,被广泛应用于宾馆、酒家、写字楼、办公用房、住宅等建筑中。

2)地毯种类、特点和选用

(1)地毯分类

①按材料分为:纯毛地毯、混纺地毯、化纤地毯、剑麻地毯和塑料地毯等。

②按加工工艺分为:机织地毯、手织地毯、簇绒编织地毯和无纺地毯。

(2)各类地毯的特点及选用

纯毛地毯的特点是柔软、温暖、舒适、豪华、富有弹性,但它价格昂贵,易虫蛀霉变。

其余种类的地毯由于经过改性处理,可得到与羊毛地毯相近的耐老化、防污染等特性,而且具有价格较低、资源丰富、耐磨、耐霉、耐燃、颜色丰富、毯面柔软强韧的特点,可用于室内外,还可做成人工草皮等特点,因此应用范围较纯毛地毯广。

各种场所地毯的选用可参照表 7.7。

表 7.7 常用地毯适用场所

名　称	断面形状	适用场所
高簇绒		居室、客房
低簇绒		公共场所
粗毛高簇绒		公共场所
粗毛低簇绒		居室或公共场所
一般圈绒		公共场所
高低圈绒		公共场所

续表

名　称	断面形状	适用场所
圈绒、簇绒组合式	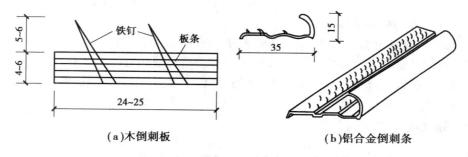	居室或公共场所
切绒		居室、客房

3)地毯楼地面基本构造

地毯的铺设分为满铺和局部铺设两种。铺设方式有固定和不固定两种,其中不固定铺设是将地毯浮搁在基层上,不需将地毯与基层固定。

地毯固定铺设的方法又分为两种:一种是胶黏剂固定法,另一种是倒刺板固定法。胶黏剂固定法用于单层地毯,倒刺板固定法用于有衬垫地毯。

局铺地毯一般采用活动式,若采用固定式,则可以用胶黏剂固定或四周用铜钉固定。

地毯在楼梯踏步转角处需用铜质防滑条和铜质压毡杆进行固定处理,如图 7.14 和图 7.15所示。

(a)木倒刺板　　**(b)铝合金倒刺条**

图 7.14　倒刺板、倒刺条示意图

4)满堂铺地毯施工技术

(1)施工准备

①材料准备:地毯。

②工具准备:剪刀、地毯撑子、扁铲、尖嘴、钳子、熨斗、地毯修边器、直尺、米尺、粉线袋、手枪式电钻、调胶容器、裁毯刀、修整电铲等。

(2)施工工序

施工工序为:清理基层→裁剪地毯→钉卡条、压条→接缝处理→铺接→修整、清理。

(3)施工要点

①基层处理。地毯铺设对基层要求不高,主要是要求平整,底层地面基层应做防潮层。

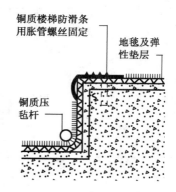

图 7.15　楼梯踏步转角处地毯固定

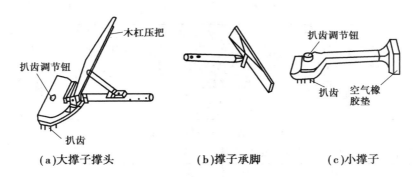

（a）大撑子撑头　　　　（b）撑子承脚　　　　（c）小撑子

图 7.16　地毯撑子

②裁剪地毯。根据房间尺寸和形状弹线裁剪，用裁边机从长卷上裁下地毯，每段地毯的长度要比房间长度长约 20 mm，宽度要以裁出地板边缘后的尺寸计算。

③钉倒刺板和门口压条。采用倒刺板固定地毯时，应沿房间四周靠墙脚 10~20 mm 处，将倒刺板固定于基层上，如图 7.17 所示。在门口处，为防地毯被踢起来和边缘受损，同时达到美观的效果，常用铝合金门口压条固定，门口压条内有倒刺扣牢地毯。倒刺板和压条可用钉条、螺钉、射钉固定在基层上。

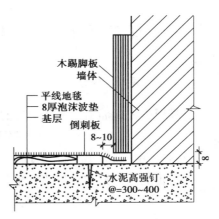

图 7.17　倒刺板固定地毯

④接缝处理。地毯采用背面接缝，接缝时需将地毯翻过来，使两条缝平接，用线缝合后，刷白胶，贴上牛皮胶纸。缝线应结实，线脚不必太密。

⑤铺接工艺。用地毯撑子将地毯在纵横方向逐段推移伸展，使之拉紧，平伏地面，以保证地毯在使用过程中遇到一定的推力而不隆起。张紧后，将地毯四周挂在卡条上或铝合金条上固定。

⑥修整、清理。地毯全部铺完后，用剪刀裁去多余部分，并用扁铲将边缘塞入卡条和墙壁之间的缝中，用吸尘器吸去灰尘等。

7.6.4　质量标准

地毯质量标准及验收方法详见表 7.8。

表 7.8　地毯质量标准及验收方法

项　目	项　次	质量要求	检验方法
主控项目	1	地毯的品种、规格、颜色、花色、胶料和辅料及其材质必须符合设计要求和国家现行地毯产品标准的规定	观察检查和检查材质合格记录
	2	地毯表面应平整，拼缝处粘贴牢固、严密平整、图案吻合	观察检查

续表

项　目	项　次	质量要求	检验方法
一般项目	3	地毯表面不应起鼓、起皱、翘边、卷边、显拼缝、露线和无毛边,绒面毛顺光一致,毯面干净,无污染和损伤	观察检查
	4	地毯同其他面层连接处、收口处和墙边、柱子周围应顺直、压紧	观察检查

任务单元 7.7　楼地面特殊部位的装饰构造

7.7.1　踢脚板

踢脚板是楼地面与墙面相交处的构造处理。设置踢脚板的作用是遮盖楼地面与墙面的接缝,保护墙面根部免受外力冲撞及避免清洗楼地面时被沾污,同时满足室内美观的要求。踢脚板的高度一般为 100~150 mm。

踢脚板的构造方式有与墙面相平、凸出、凹进 3 种,如图 7.18 所示。踢脚板按材料和施工方式分有抹灰类踢脚板、铺贴类踢脚板、木质踢脚板等。

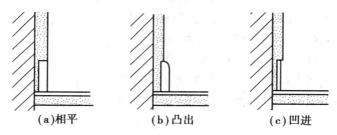

(a)相平　　　　　(b)凸出　　　　　(c)凹进

图 7.18　踢脚板的构造形式

抹灰类踢脚板做法主要有水泥砂浆抹面、现浇水磨石、丙烯酸涂料涂刷等,其做法与楼地面相同。当采用与墙面相平的构造方式时,为了与上部墙面区分,常做 10 mm 宽凹缝,其构造做法如图 7.19 所示。

铺贴类踢脚板常用的有预制水磨石踢脚板、彩色釉面砖踢脚板、通体砖踢脚板、微晶玻璃板踢脚、石材板踢脚等,其构造做法如图 7.20 所示。

木质踢脚板多用墙体内预埋木砖来固定,为了避免受潮反翘,在靠近墙体一侧做凹口,如图 7.21 所示。

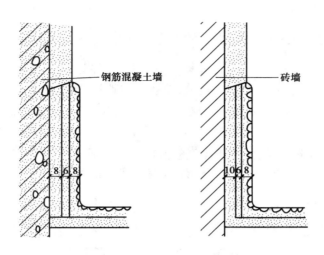

图 7.19　现浇水磨石踢脚板的构造做法

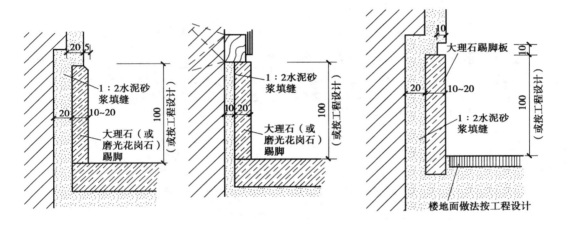

图 7.20　铺贴类踢脚板的构造做法

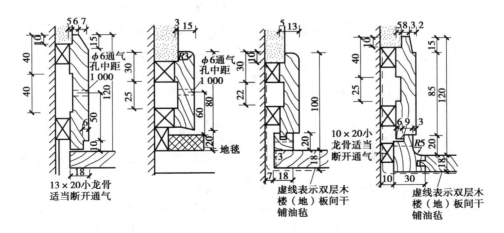

图 7.21　木质踢脚板的构造做法

7.7.2　不同材质楼地面交接处的过渡构造

使用功能不同的房间或同一功能房间内楼地面的不同部位有时采用不同的材质,不同材质之间(如地毯与石材、不同质地的地毯、地毯与木地板、木地板与石材或地砖等)的交接处,均应采用坚硬材料作边缘构件(如硬木、铜条、铝条等)做过渡构造处理,以免出现起翘或参差不齐的现象。不同材质的分界线在同一功能的房间内时,应根据使用要求或室内装饰设计确定,使用功能不同的房间,其楼地面分界线宜与门洞口内门框的裁口线一致。

常见不同材质楼地面间的交接过渡构造如图7.22所示。

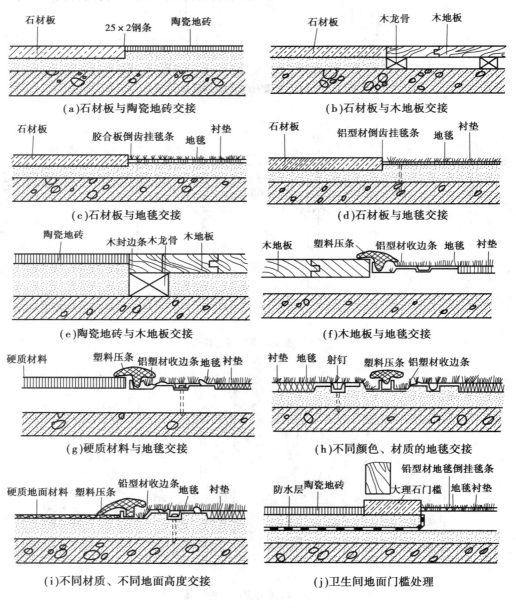

(a)石材板与陶瓷地砖交接　　　　(b)石材板与木地板交接

(c)石材板与地毯交接　　　　(d)石材板与地毯交接

(e)陶瓷地砖与木地板交接　　　　(f)木地板与地毯交接

(g)硬质材料与地毯交接　　　　(h)不同颜色、材质的地毯交接

(i)不同材质、不同地面高度交接　　　　(j)卫生间地面门槛处理

图7.22　常见不同材质楼地面交接处构造

7.7.3 变形缝构造

变形缝是为了满足建筑结构变形的需要而设的,包括伸缩缝、沉降缝和防震缝三种。变形缝贯通各层墙体、楼地面和顶棚。楼地面变形缝的位置、材质、装饰风格均应与墙体变形缝和顶棚变形缝协调一致,形成封闭的环形整体。

楼地面变形缝的几种构造做法如图 7.23 所示。

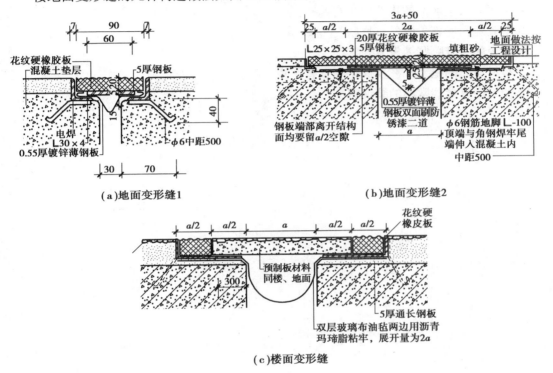

(a)地面变形缝1   (b)地面变形缝2

(c)楼面变形缝

图 7.23 地面变形缝构造

学习情境小结

楼地面装饰是装饰工程中必不可少的组成部分。人们在楼地面上从事各项活动,放置各种家具物品,地面要经受各种侵蚀、摩擦和冲击破坏,因此楼地面的装修提高了耐磨耐腐蚀性能,同时也取得了美好的装饰效果。

本学习情境主要介绍了常见类型的楼地面装饰施工的方法及要求,主要包括:水泥砂浆楼地面、块料楼地面、木质楼地面、软质楼地面等装饰施工的施工准备、材料要求、施工工艺及质量验收标准。

习题 7

1.楼地面的基本构造层次有哪些？

2.楼地面常用的装饰材料有哪些？

3.简述大理石、花岗岩地面的装饰施工工艺。

4.水泥砂浆楼地面的构造做法有哪些？

5.塑胶地面的施工条件有哪些？

6.地毯施工有哪些铺设方式？

7.石材地面的施工工艺及操作要点有哪些？

8.楼地面有哪些常用的装饰类型？

学习情境 8
幕墙工程施工

● **教学目标**

（1）了解建筑幕墙的常见类型及其特点。

（2）通过对施工工艺的深刻理解，掌握幕墙工程的施工工艺流程和施工过程的检查项目。

（3）掌握幕墙工程质量检验的方法。

● **教学要求**

能力目标	知识要点	权重/%
选用幕墙施工机具的能力	幕墙工程施工机具	15
幕墙工程的施工操作及指导技能	幕墙工程施工工艺及方法	50
幕墙工程质量验收技能	幕墙工程质量验收标准	35

任务单元 8.1 玻璃幕墙工程施工

建筑幕墙是指由金属构件与各种板材组成的，悬挂在主体结构上、不承担主体的结构荷载与作用的建筑外维护结构。按其面层材料的不同，建筑幕墙可分为玻璃幕墙、金属幕墙、石材幕墙等。

玻璃幕墙是指在建筑物主体外设置骨架并镶嵌玻璃形式的整片玻璃墙面。玻璃幕墙多用于混凝土结构体系的建筑物。建筑物主体建成后，外墙面用铝合金、不锈钢或型钢制成骨架，与框架主体的柱、梁、板连接固定，骨架外再安装玻璃组成玻璃幕墙，如图 8.1 所示。

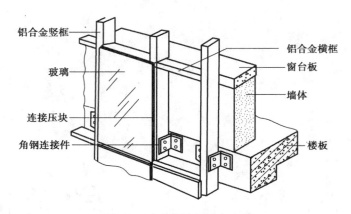

图 8.1　玻璃幕墙组成示意图

8.1.1　玻璃幕墙种类

玻璃幕墙分有框玻璃幕墙和无框全玻璃幕墙。而有框玻璃幕墙又分为明框、隐框和半隐框玻璃幕墙 3 种;无框全玻璃幕墙又分为底座式全玻璃幕墙、吊挂式玻璃幕墙和点式连接式玻璃幕墙等多种。

①明框玻璃幕墙:是玻璃镶嵌在铝框内、四边都有铝框的幕墙构件,横梁、立柱均外露。

②隐框玻璃幕墙:玻璃用结构硅酮胶黏结在铝框上,铝框全部隐蔽在玻璃后面。

③半隐框玻璃幕墙:玻璃两对边嵌在铝框内,两对边用结构胶黏结构在铝框上,形成立柱外露、横梁隐蔽的竖框横隐的玻璃幕墙或横梁外露、竖框隐蔽的竖隐横框的玻璃幕墙。

④全玻璃幕墙:使用大面积玻璃板,而且支撑结构也采用玻璃肋的,称为全玻璃幕墙。高度小于 4.5 m 的玻璃幕墙,可直接以下部为支撑,如图 8.2 所示;超过 4.5 m 的全玻璃幕墙,宜在上部悬挂,玻璃肋通过结构硅酮胶与面玻璃黏合,如图 8.3 所示。

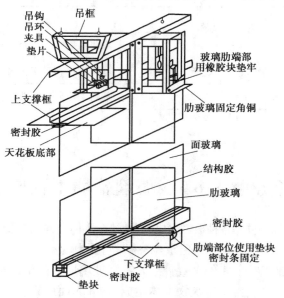

图 8.2　落地式全玻璃幕墙结构示意图

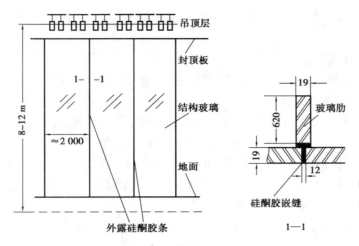

图 8.3 悬挂式全玻璃幕墙结构示意图

⑤挂架式玻璃幕墙:采用四爪式不锈钢挂件与立柱焊接,挂件的每个爪与一块玻璃的一个孔相连接,即一个挂件同时与 4 块玻璃相连接,如图 8.4 所示。

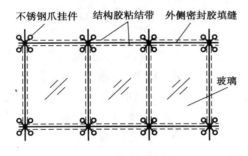

图 8.4 挂架式玻璃幕墙

8.1.2 材料和质量要求

1)材料要求

①玻璃幕墙工程中使用的材料必须具备相应的出厂合格证、质保书和检验报告。

②玻璃幕墙工程中使用的铝合金型材,其壁厚、膜厚、硬度和表面质量必须达到设计及规范要求。

③玻璃幕墙工程中使用的钢材,其壁厚、长度、表面涂层厚度和表面质量必须达到设计及规范要求。

④玻璃幕墙工程中使用的玻璃,其品种型号、厚度、外观质量、边缘处理必须达到设计及规范要求。

⑤玻璃幕墙工程中使用的硅酮结构密封胶、硅酮耐候密封胶及密封材料,其相容性、黏结拉伸性能、固化程度必须达到设计及规范要求。

2)技术要求

①安装前对构件加工精度进行检验,检验合格后方可进行上墙安装。

②安装前应做好施工准备工作,保证安装工作顺利进行。

③预埋件安装必须符合设计要求,安装牢固,严禁歪、斜、倾。安装位置偏差控制在允许范围以内。

④严格控制放线精度。

⑤幕墙立柱与横梁安装应严格控制水平、垂直度及对角线长度,在安装过程中应反复检查,达到要求后方可进行玻璃的安装。

⑥玻璃安装时,应拉线控制相邻玻璃面的水平度、垂直度及大面平整度;用木模板控制缝隙宽度,如有误差,应均分在每一条缝隙中,防止误差积累。

⑦进行密封工作前应对密封面进行清扫,并在胶缝两侧的玻璃上粘贴保护胶带,防止注胶时污染周围的玻璃面;注胶应均匀、密实、饱满,胶缝表面应光滑;同时应注意注胶方法,防止产生气泡,同时避免浪费。

⑧清扫时应选用合适的清洗溶剂,清扫工具禁止使用金属物品,以防止擦伤玻璃或构件表面。

3)质量要点

施工过程中质量控制要点如下:

①预埋件和锚固件:检查其位置、施工精度和固定状态,有无变形、生锈,防锈涂料是否完好。

②连接件:检查其安装部位、加工精度、固定状态、防锈处理,以及垫片是否安放完毕。

③构件安装:检查其安装部位和加工精度,安装后应横平竖直、大面平整,螺栓、铆钉安装固定;外观方面看其色调、有无色差、污染、划痕;功能方面看其雨水泄水通路、密封状态和防锈处理。

④五金件安装:检查其安装部位、加工精度、固定状态和外观。

⑤密封胶嵌缝:检查其注胶有无遗漏,检查其施工状态、胶缝品质(形状、气泡)、外观、色泽和周边污染情况。

⑥安装前幕墙应进行气密性、水密性及风压性能试验,并达到设计及规范要求。

⑦清洁:检查其清洗溶剂是否符合要求,有无遗漏未清洗的部分,有无残留物。

8.1.3 施工工艺

1)有框玻璃幕墙施工工艺

有框玻璃幕墙施工是指明框玻璃幕墙、隐框玻璃幕墙和半隐框玻璃幕墙的施工。

(1)安装施工工艺流程

有框玻璃幕墙施工工艺流程为:施工人员进场→放线→复检预埋件→偏差修正处理→安装钢支座→安装立柱→支座校正、焊接紧固→避雷系统安装→防火材料安装→安装横梁(明框)→安装玻璃板块(明框)→安装幕墙单元→固定角码→幕墙嵌缝打胶→清洁→自检→验收。

(2)施工前的准备工作

①有框玻璃幕墙在施工前,首先要做好施工前的设计、技术交底工作。要参加设计单位主持的设计交底会议,并应在会前仔细阅读施工图纸,以便在设计交底会议上充分理解幕墙

设计人员的意图,同时能向幕墙设计人员提出自己的疑问。施工前还必须进行全面的技术和质量交底,熟悉图纸、熟悉安装施工工艺及质量验收标准。通常交底会议分 3 个阶段,首先是幕墙设计人员对该工程的概况、重点、难点作简要说明;其次,到会人员提出疑问;最后,对会议内容做文字性的总结,形成文件发至各到会人员及有关部门。做好设计交底会议记录,重点是记录施工的要点、难点及解决方案。

②施工前必须编制施工方案,施工方案内容应包含:工程概况,施工组织机构,构件运输,现场搬运,安装前的检查和处理,安装工艺流程,工程设计安装材料供应进度表,劳动力使用计划,施工机具、设备使用计划,资金使用,质量要求,安全措施,成品保护措施,设计变更解决方法和现场问题协商解决的途径等。

施工方案编写的步骤如下:了解工程概况→编制机构图→确定构件的运输和搬运→明确施工前的准备内容→编制安装工艺流程图→设计施工进度计划→编写施工质量要求→编制施工安全措施→确定工程验收资料内容。

③施工前必须对现场人员进行安全规范教育,并备齐防火和安全器材与设施。构件进场搬运、吊装时需加强保护。构件应放在通风、干燥、不与酸碱类物质接触的地方,并要严防雨水渗入。构件应按品种、规格、种类和编号堆放在专用架子或垫木上,玻璃构件应按要求摆放,在室外堆放时,应采取防护措施。构件安装前均应进行检验与校正,构件应符合设计图纸及机关质量标准的要求,不得有变形、损伤和污染,不合格构件不得安装使用。对易损坏和丢失的构件、配件、玻璃、密封材料、胶垫等,应有一定数量的更换储备。幕墙与主体结构连接的预埋件,应在主体结构施工时按设计要求埋设。各种电动工具的临时电源已预先接好,并已进行安全试运转。

（3）对主体结构的复测及测量放线

根据幕墙分格大样图和土建单位给出的标高点、进出位线及轴线位置,采用重锤、钢丝线、墨线、测量器具等工具在主体上定出幕墙平面、立柱、分格及转角等基准线,并用经纬仪进行调校、复测,再从基准线向外测出设计要求间距的幕墙平面位置。以此线为基准确定立柱的前后位置,从而决定整片幕墙的位置。

对于由纵横杆件组成的幕墙骨架,一般先弹出竖向杆件的安装位置,再确定其锚固点,最后再弹出横向杆件的安装位置。若玻璃直接与主体结构连接固定,应将玻璃的安装位置弹到地面上后,再由外缘尺寸确定锚固点。

幕墙分格轴线的测量应与主体结构测量相配合,其偏差应及时调整,不得累积。应定期对幕墙的安装定位基准进行校核。对高层建筑的测量,应在风力不大于 4 级时进行。在测量放线的同时,应对预埋件的偏差进行检验,预埋件标高偏差不应大于 10 mm,预埋件位置与设计位置的偏差不应大于 20 mm。超过偏差的预埋件必须办理设计变更,与设计单位商洽后进行适当处理,方可进行安装施工。质检人员应对测量放线与预埋件进行检查。

（4）幕墙立柱的安装

立柱先与连接件连接,连接件再与主体预埋件连接,并进行调整和及时固定。无预埋件时可采用后置钢锚板加膨胀螺栓的方法连接,但要经过试验决定其承载力。目前采用化学浆锚螺栓代替普通膨胀螺栓效果较好。如图 8.5 所示为立柱与墙里结构连接构造。

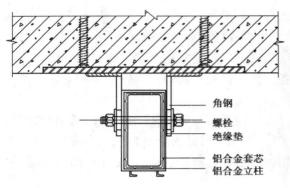

角钢
螺栓
绝缘垫
铝合金套芯
铝合金立柱

图 8.5　立柱与角钢连接构造示意图

立柱安装误差不得积累,且开启窗处应为正公差。立柱与连接件(支座)接触面之间必须加防腐隔离柔性垫片。上、下立柱之间应留有不小于 15 mm 的缝隙,闭口型材可采用长度不小于 250 mm 的芯柱连接,芯柱与立柱应紧密配合。立柱先进行预装,立柱按偏差要求初步定位后应进行自检,对不合格的应进行调校修正。自检合格后,需报质检人员进行抽检,抽检合格后才能将连接(支座)正式焊接牢固。焊缝位置及要求按设计图纸,焊缝高度不小于 7 mm,焊接质量应符合现行国家标准《钢结构工程施工质量验收规范》。焊接完毕后应进行二次复核。相邻两根立柱安装标高偏差不应大于 3 mm,同层立柱的最大标高偏差不应大于 5 mm,相邻两根立柱固定点的距离偏差不应大于 2 mm。立柱安装牢固后,必须取掉上、下两立柱之间用于定位伸缩缝的标准块,并在伸缩缝处打上密封胶。

(5)幕墙防雷系统的安装

安装防雷系统的不锈钢连接片时,必须把连接处立柱的保护胶纸撕去,确保不锈钢连接片与立柱直接接触。水平避雷圆钢与钢支座相焊接时,要严格按图纸要求保证搭接长度和焊缝的高度,避免形成虚焊而降低导电性能。

(6)幕墙防火、保温的施工

由于幕墙挂在建筑外墙,各竖向龙骨之间的孔隙通向各楼层,因此,幕墙与每层楼板、隔墙处的缝隙要采用不燃材料填充。防火材料要用镀锌铁板固定,镀锌铁板的厚度应不低于 1.5 mm,不得用铝板代替。有保温要求的幕墙,将矿棉保温层从内向外用胶黏剂粘在钢板上,并用已焊的钢钉及不锈钢片固定保温层。防火、保温材料先采用铝铝箔或塑料薄膜包扎,避免防火、保温材料受潮失效。防火、保温材料应铺设平整且可靠固定,拼接处不应留缝隙。

(7)幕墙横梁的安装

横梁安装必须在土建作业完成及立柱安装后进行,不同楼层自上而下进行安装,同层自下而上安装。当安装完一层高度时,应进行检查、调整、校正、固定,使其符合质量要求。同一根横梁两端或相邻两根横梁的水平标高偏差不应大于 1 mm。同层标高偏差:当一幅幕墙宽度不大于 35 m 时,不应大于 5 mm;当一幅幕墙宽度大于 35 m 时,不应大于 7 mm。应按设计要求安装横梁,横梁与立柱接缝处应打上与立柱、横梁颜色相近的密封胶。横梁与立注连接处应加弹性橡胶垫,弹性橡胶垫应有 20% ~ 35% 的压缩性,以适应和消除横向温度变形的要求。

（8）幕墙玻璃板块的加工制作和安装

钢化玻璃和夹丝玻璃都不允许在现场切割，而应按设计尺寸在工厂进行切割。玻璃切割、钻孔、磨边等加工工序应在钢化前进行。玻璃切割后，边缘不应有明显的缺陷，经切割后的玻璃，应进行边缘处理（倒棱、倒角、磨边），以防止应力集中而发生破裂。中空玻璃、圆弧玻璃等特殊玻璃，应由专业的厂家进行加工。玻璃加工应在专用的工作台上进行，工作台表面平整，并有玻璃保护装置。加工后的玻璃要合理堆放，并做好标志，注明所用工程名称、尺寸、数量等。

结构硅酮胶注胶应严格按规定要求进行，以确保胶缝的黏结强度。结构硅酮胶应在清洁干净的车间内、在温度 23±2 ℃、相对湿度为 45%～55% 的条件下打胶。打胶前必须对玻璃及支撑物表面进行清洁处理。为防止二次污染，每一次擦抹要求更换一块干净布。为控制双组分胶的混合情况，混胶过程中应留出蝴蝶试样和胶杯拉断试样，并做好当班记录。注胶后的板材应在温度为 18～28 ℃，相对湿度为 65%～75% 的静置场静置养护，以保证结构胶的固化效果。双组分结构胶静置 3 d、单组分结构胶静置 7 d 后才能运输。此时切开试验样品切口发现胶体表面平整、颜色发暗，说明已完全固化。完全固化后，板材运至现场仓库内继续放置 14～21 d，用剥离试验检验其黏结力，确认达到黏结强度后方可安装施工。

单元式幕墙安装应由下往上进行，元件式幕墙框料宜由上往下进行安装。玻璃安装前应将表面尘土和污染物擦拭干净。热反射玻璃安装应将镀膜面朝向室内，非镀膜面朝向室外。幕墙玻璃镶嵌时，对于插入槽口的配合尺寸应按《玻璃幕墙工程技术规范》(JGJ 102—2003) 中的有关规定进行校核。玻璃与构件不得直接接触，玻璃四周与构件槽口应保持一定间隙，玻璃的下边缘必须按设计要求加装一定数量的硬橡胶垫块。垫块厚度应不小于 5 mm，长度不小于 100 mm，并用胶条或密封胶密封玻璃与槽口两侧之间的间隙。玻璃安装后应先自检，自检合格后报质检人员进行抽检，抽检量应为总数的 5% 以上，且不小于 5 件。

（9）密缝处理

玻璃或玻璃组件安装完后，应即使用耐候密封胶嵌缝密封，保证玻璃幕墙的气密性、水密性等性能。嵌缝密封做法如图 8.6—图 8.8 所示。玻璃幕墙使用的密封胶，其性能必须符合规范规定。耐候密封胶必须是中性单组分胶，酸碱性胶不能使用。使用前，应由经国家认可的检测机构对与硅酮结构胶相接触的材料进行相容性和剥离黏结性试验，并应对邵氏硬度和标准状态下拉伸黏结性能进行复验。

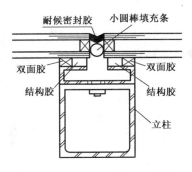

图 8.6 隐框幕墙耐候胶嵌缝

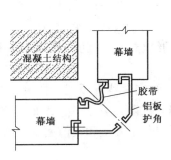

图 8.7 幕墙转角封缝构造

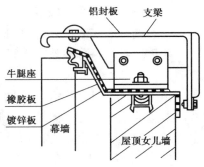

图 8.8 幕墙顶部封缝做法

（10）幕墙封口的安装

建筑物女儿端上的幕墙上封口，其安装应符合设计要求。首先制作钢龙骨，以女儿墙厚度的最大值确定钢龙骨架的外轮廓。安装钢龙骨应从转角处或两端开始，钢龙骨制作完毕后应进行尺寸复核，无误后对其进行二次防腐处理。二次防腐处理后，应及时通知监理进行隐蔽工程验收，并做好隐蔽工程验收记录。安装压顶铝板的顺序与钢龙骨的安装顺序相同，铝板分格与幕墙分格相一致。封口铝板打胶前先把胶缝处的保护膜撕开，清洁胶缝后打胶，封口铝板其他位置的保护膜，待工程验收前方可撕去。

幕墙边缘部位的封口，采用金属板或成型板封盖。幕墙下端封口设置挡水板，防止雨水渗入室内。

2）无框全玻璃幕墙施工工艺

如图 8.9 所示，全玻璃幕墙是采用玻璃肋或点式钢爪作为支撑体系的一种全透明、全视野的玻璃幕墙。高度不超过 4.5 m 的全玻璃幕墙，可以用下部直接支撑的方式来进行安装；超过 4.5 m 的全玻璃幕墙，宜用上部悬挂方式安装。采用下部支撑方式的玻璃幕墙，在立面上通常采用玻璃肋作为支撑结构。采用上部悬挂方式的玻璃幕墙，通常是以间隔一定距离设置的吊钩或以特殊的型材从上部将玻璃悬吊起来，将吊钩或特殊型材固定在槽钢主框架上，再将槽钢悬吊于梁或板底下，同时在上下部各加设支撑框架和支撑横档，以增强玻璃幕墙的刚度。

图 8.9　无框全玻璃幕墙

下面以吊挂式全玻璃幕墙为例，介绍全玻璃幕墙的施工。

全玻璃幕墙安装工艺流程如下：测量放线→底框安装→顶框安装→玻璃就位→玻璃固定→肋玻璃黏结→幕墙玻璃之间的缝隙处理→肋玻璃端头处理→清洁→验收。

（1）测量放线

施工前，采用重锤、钢丝线、墨线、测量器具等工具在主体上进行测量放线。幕墙定位轴线的测量放线必须与主体结构的测量配合，其误差应及时调整，不得累积，以免幕墙施工与室内外装饰施工发生矛盾，造成阴阳角不方正和装饰面不平行等缺陷。

（2）顶框和底框安装

幕墙下部和侧边边框的安装要严格按照放线定位和设计标高施工，所有钢结构表面和焊接应进行防腐处理。上部承重钢结构安装时,锚栓位置不宜靠近钢筋混凝土构件的边缘,钻孔孔径和深度要符合锚栓厂家的技术规定。每个构件安装位置和高度都应严格按照放线定位和设计图纸要求进行。承重钢横梁的中心线必须与幕墙中心线相一致,椭圆螺孔中心与幕墙的吊杆螺栓位置应一致。内金属扣夹安装必须通顺平直,对焊接造成的偏位要进行调直。内外金属扣夹的间距应均匀一致,尺寸应符合设计要求。所有钢结构焊接完毕后,应进行隐蔽工程质量验收,验收合格后应进行防腐处理。

（3）玻璃安装

吊装玻璃前,每个工位的人员必须到位,各种机具、工具必须齐全、正常,安全措施必须可靠。安装前应检查玻璃的质量,玻璃不得有裂纹和崩边等缺陷。安装玻璃时应进行试起吊;定位后应先将玻璃试起吊 20～30 mm,以检查各个吸盘是否牢固,同时应在玻璃适当位置安装手动吸盘、绳索和侧边保护胶套。安装玻璃的上下边框内侧应粘贴低发泡间隔胶条,胶条的宽度与设计的胶缝宽度相同,粘贴胶条时要留出足够的注胶厚度。吊运安装玻璃时,应防止玻璃在升降移位时碰撞钢架和金属槽口。玻璃定位后应反复调整,使玻璃正确就位。第一块玻璃就位后,要检查玻璃侧边的垂直度,确保以后就位的玻璃上下缝隙符合设计要求。

（4）缝隙处理及肋玻璃安装

在玻璃两侧缝隙内填填充料(肋玻璃位置除外)至距缝口 10 mm 位置后,用注射枪再往缝内均匀、连续、严密地注入密封胶,使其上表面与玻璃或框表面成 45°角,并将多余的胶迹清理干净。注胶部位的玻璃和金属表面应清洗干净,注胶部位表面必须干燥。注胶工作不能在风雨天进行,防止雨水和风沙侵入胶缝;注胶不宜在 5 ℃的低温条件下进行(温度太低胶液会发生流淌,延缓固化时间,甚至会影响强度)。

按设计要求将肋玻璃粘贴在幕墙玻璃上后,向肋玻璃两侧的缝隙内填填充料并连续、均匀地注入深度大于 8 mm 的密封胶。

3）点支式玻璃幕墙施工工艺

点支式玻璃幕墙的全称为金属支撑结构点式玻璃幕墙,它由玻璃面板、点支撑装置和支撑结构构成。根据支撑结构,点支式玻璃幕墙可分为工形截面钢架、格构式钢架、柱式钢桁架、鱼腹式钢架、空腹弓形钢架、单拉杆弓形钢架、双拉杆梭形钢架、拉杆(索)形式等。点支式玻璃幕墙的骨架主要由无缝钢管、不锈钢拉杆(或拉索)和不锈钢爪件组成,在其幕墙玻璃角位打孔后,用金属接驳件连接到支撑结构的全玻璃幕墙上。

点支式玻璃幕墙的钢型材应符合国家现行标准要求,其主要金属构件均需经车钻、冲压机床的精密加工,成批工厂化生产,以确保现场安装精度高而质量好。不锈钢拉杆、钢爪、扣件的材质应符合国家现行标准要求,耐候密封胶、结构硅酮胶应符合有关规定和标准,点式玻璃幕墙所用的低辐射或白钢化中空玻璃应符合国家现行标准。

点支式玻璃幕墙是一门新兴技术,它体现的是建筑物内外的流通和融合,改变了过去用玻璃来表现窗户、幕墙、天顶的传统做法,体现玻璃的透明性。透过玻璃,人们可以清晰地看到支撑玻璃幕墙的整个结构系统,将单纯的支撑结构系统转化为可视性、观赏性和表现性,如图 8.10 所示。

钢架式点支玻璃幕墙是最早的点支式玻璃幕墙结构,也是采用最多的结构类型,下面以

图 8.10　点支式玻璃幕墙

钢架式点支玻璃幕墙为例,介绍点支式玻璃幕墙的施工。

(1)钢架式点支玻璃幕墙安装工艺流程

钢架式点支玻璃幕墙安装工艺流程如下:检验并分类堆放幕墙构件→现场测量放线→安装钢桁架→安装不锈钢拉杆→安装接驳件(钢爪)→玻璃就位→钢爪紧固螺钉、固定玻璃→玻璃纵、横缝打胶→清洁。

(2)施工前的生产准备

施工前,应根据土建结构的基础验收资料复核各项数据,并标注在检测资料上。预埋件、支座面和地脚螺栓的位置、标高的尺寸偏差应符合相关的技术规定及验收规范,钢柱脚下的支撑预埋件应符合设计要求。

安装前,应检验并分类堆放幕墙构件。钢结构在装卸、运输堆放的过程中,应防止损坏和变形。钢结构运送到安装地点的顺序应满足安装程序的需要。

(3)测量放线

钢架式点支玻璃幕墙分格轴线的测量应与主体结构的测量配合,其误差应及时调整,不得累积。钢结构的复核定位应使用轴线控制点和测量标高的基准点,保证幕墙主要竖向构件及主要横向构件的尺寸允许偏差符合有关规范及行业标准。

(4)钢桁架安装

钢桁架安装应按现场实际情况及结构采用整体或综合拼装的方法施工。首先确定主要构件的几何位置,如柱、桁架等应吊装在设计位置上。在松开吊挂设备后应做初步校正,构件的连接接头必须经过检查合格后,方可紧固和焊接。对焊缝要求进行打磨,消除棱角和尖角,达到光滑过渡要求的钢结构表面,且应根据设计要求喷涂防锈、防火漆。

(5)接驳件(钢爪)安装

在安装横梁的同时,应按顺序及时安装横向及竖向拉杆。对于拉杆驳接结构体系,应保证驳接件位置的准确。紧固拉杆或调整尺寸偏差时,宜采用先左后右、由上自下的顺序,逐步固定驳接件位置,以单元控制的方法调整校核结构体系的安装精度。不锈钢爪的安装位置要准确。在固定孔、点和驳接爪间的连接应考虑可调整的余量。所有固定孔、点和玻璃连接的驳接螺栓都应用测力扳手拧紧,其力矩的大小应符合设计规定值,并且所有的驳接螺栓都应用自锁螺母固定,如图8.11和图8.12所示。

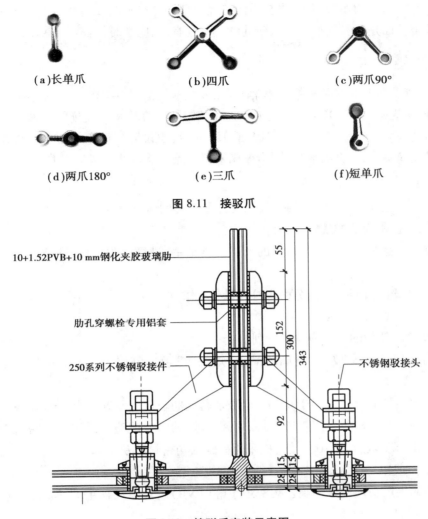

(a)长单爪　　　　　(b)四爪　　　　　(c)两爪90°

(d)两爪180°　　　　(e)三爪　　　　　(f)短单爪

图 8.11　接驳爪

图 8.12　接驳爪安装示意图

（6）玻璃安装

玻璃安装前,首先应检查校对钢结构主支撑的垂直度、标高、横梁的高度和水平度等是否符合设计要求,特别要注意安装孔位的复查。然后清洁钢件表面杂物,驳接玻璃底部 U 形槽内应装入橡胶垫块,对应于玻璃支撑面的宽度边缘处应放置垫块。

玻璃安装前应清洁玻璃及吸盘上的灰尘,根据玻璃自重及吸盘规格确定吸盘个数。然后检查驳接爪的安装位置是否正确,确保无误后,方可安装玻璃。安装玻璃时,应先将驳接头与玻璃在安装平台上装配好,然后再与驳接爪进行安装。为确保驳接头处的气密性和水密性,必须使用扭矩扳手,且根据驳接系统的具体规格尺寸来确定扭矩的大小。

玻璃现场初装后,应调整玻璃上下左右的位置,保证玻璃的水平偏差在允许范围内。玻璃全部调整好后,应进行立面平整度的检查,确认无误后,才能打密封胶。

（7）玻璃缝打胶

打胶前应进行清洁。打胶前在需打胶的部位粘贴保护胶纸,注意胶纸与胶缝要平直。

打胶时要持续均匀,操作顺序为:先打横向缝,后打竖向缝;竖向胶缝宜自上而下进行。胶注满后,应检查里面是否有气泡、空心、断缝、夹杂,若有,则应及时处理。

8.1.4　质量标准

　　幕墙工程质量验收必须根据《玻璃幕墙工程技术规范》(JGJ 102—2003)和《金属与石材幕墙工程技术规范》(JGJ 133—2001)中关于材料、构件检验及安装施工验收的强制性条文进行。该验收标准适用于建筑高度不大于150 m、抗震设防烈度不大于8度的隐框玻璃幕墙、半隐框玻璃幕墙、明框玻璃幕墙、全玻璃幕墙及点支承玻璃幕墙工程的质量验收。

　　1)主控项目

　　①玻璃幕墙工程所使用的各种材料、构件和组件的质量,应符合设计要求及国家现行产品标准和工程技术规范的规定。

　　检验方法:检查材料、构件、组件的产品合格证书、进场验收记录、性能检测报告和材料的复验报告。

　　②玻璃幕墙的造型和立面分格应符合设计要求。

　　检验方法:观察,尺量检查。

　　③玻璃幕墙使用的玻璃应符合下列规定:

　　a.幕墙应使用安全玻璃,玻璃的品种、规格、颜色、光学性能及安装方向应符合设计要求。

　　b.幕墙玻璃的厚度不应小于6 mm,全玻璃幕墙肋玻璃的厚度不应小于12 mm。

　　c.幕墙的中空玻璃应采用双道密封。明框幕墙的中空玻璃应采用聚硫密封胶及丁基密封胶;隐框和半隐框幕墙的中空玻璃应采用硅酮结构密封胶及丁基密封胶;镀膜面应在中空玻璃的第二面或第三面上。

　　d.幕墙的夹层玻璃应采用聚乙烯醇缩丁醛(PVB)胶片干法加工夹层玻璃。点支承玻璃幕墙夹层胶片(PVB)厚度不应小于0.76 mm。

　　e.钢化玻璃表面不得有损伤,8.0 mm以下的钢化玻璃应进行引爆处理。

　　f.所有幕墙玻璃均应进行边缘处理。

　　检验方法:观察,尺量检查,检查施工记录。

　　说明:幕墙应使用安全玻璃,安全玻璃是指夹层玻璃和钢化玻璃,但不包括半钢化玻璃。夹层玻璃是一种性能良好的安全玻璃,它的制作方法是用聚乙烯醇缩丁醛胶片(PVB)将两块玻璃牢固地黏结起来,受到外力冲击时,玻璃碎片粘在PVB胶片上,可以避免飞溅伤人。钢化玻璃是普通玻璃加热后急速冷却形成的,被打破时变成很多细小无锐角的碎片,不会造成割伤。半钢化玻璃虽然强度也比较大,但其破碎时仍然会形成锐利的碎片,因而不属于安全玻璃。

　　④玻璃幕墙与主体结构连接的各种预埋件、连接件、紧固件必须安装牢固,其数量、规格、位置、连接方法和防腐处理应符合设计要求。

　　检验方法:观察,检查隐蔽工程验收记录和施工记录。

⑤各种连接件、紧固件的螺栓应有防松动措施,焊接连接应符合设计要求和焊接规范的规定。

检验方法:观察,检查隐蔽工程验收记录和施工记录。

⑥隐框或半隐框玻璃幕墙,每块玻璃下端应设置两个铝合金或不锈钢托条,其长度不应小于 100 mm,厚度不应小于 2 mm,托条外端应低于玻璃外表面 2 mm。

检验方法:观察,检查施工记录。

⑦明框玻璃幕墙的玻璃安装应符合下列规定:

a.玻璃槽口与玻璃的配合尺寸应符合设计要求和技术标准的规定。

b.玻璃与构件不得直接接触,玻璃四周与构件凹槽底部应保持一定的空隙,每块玻璃下部应至少放置两块宽度与槽口宽度相同、长度不小于 100 mm 的弹性定位垫块。玻璃两边嵌入量及空隙应符合设计要求。

c.玻璃四周橡胶条的材质、型号应符合设计要求,镶嵌应平整。橡胶条长度应比边框内槽长 1.5%~2.0%。橡胶条在转角处应斜面断开,并应用黏结剂黏结牢固后嵌入槽内。

检验方法:观察,检查施工记录。

⑧高度超过 4 m 的全玻璃幕墙应吊挂在主体结构上,吊夹具应符合设计要求。玻璃与玻璃、玻璃与玻璃肋之间的缝隙,应采用硅酮结构密封胶填嵌严密。

检验方法:观察,检查隐蔽工程验收记录和施工记录。

⑨点支承玻璃幕墙应采用带万向头的活动不锈钢爪,其钢爪间的中心距离应大于 250 mm。

检验方法:观察,尺量检查。

⑩玻璃幕墙四周、玻璃幕墙内表面与主体结构之间的连接节点、各种变形缝、墙角的连接节点,应符合设计要求和技术标准的规定。

检验方法:观察,检查隐蔽工程验收记录和施工记录。

⑪玻璃幕墙应无渗漏。

检验方法:在易渗漏部位进行淋水检查。

⑫玻璃幕墙结构胶和密封胶的打注应饱满、密实、连续、均匀、无气泡,宽度和厚度应符合设计要求和技术标准的规定。

检验方法:观察,尺量检查,检查施工记录。

⑬玻璃幕墙开启窗的配件应齐全,安装应牢固;安装位置和开启方向、角度应正确;开启应灵活,关闭应严密。

检验方法:观察,手扳检查,开启和关闭检查。

⑭玻璃幕墙的防雷装置必须与主体结构的防雷装置可靠连接。

检验方法:观察,检查隐蔽工程验收记录和施工记录。

2)一般项目

①玻璃幕墙表面应平整、洁净;整幅玻璃的色泽应均匀一致;不得有污染和镀膜损坏。

检验方法:观察。

②每平方米玻璃的表面质量和检验方法应符合表 8.1 的规定。

表 8.1　每平方米玻璃的表面质量和检验方法

项次	项　目	质量要求	检验方法
1	明显划伤和长度<100 mm 的轻微划伤	不允许	观察
2	长度≤100 mm 的轻微划伤	≤8 条	用钢尺检查
3	擦伤总面积	≤500 mm²	用钢尺检查

③一个分格铝合金型材的表面质量和检验方法应符合表 8.2 的规定。

表 8.2　一个分格铝合金型材的表面质量和检验方法

项次	项　目	质量要求	检验方法
1	明显划伤和长度<100 mm 的轻微划伤	不允许	观察
2	长度≤100 mm 的轻微划伤	≤2 条	用钢尺检查
3	擦伤总面积	≤500 mm²	用钢尺检查

④明框玻璃幕墙的外露框或压条应横平竖直,颜色、规格应符合设计要求,压条安装应牢固。单元玻璃幕墙的单元拼缝或隐框玻璃幕墙的分格玻璃拼缝应横平竖直、均匀一致。

检验方法:观察,手扳检查,检查进场验收记录。

⑤玻璃幕墙的密封胶缝应横平竖直、深浅一致、宽窄均匀、光滑顺直。

检验方法:观察,手摸检查。

⑥防火、保温材料填充应饱满、均匀,表面应密实、平整。

检验方法:检查隐蔽工程验收记录。

⑦玻璃幕墙隐蔽节点的遮封装修应牢固、整齐、美观。

检验方法:观察,手扳检查。

⑧明框玻璃幕墙安装的允许偏差和检验方法应符合表 8.3 的规定。

表 8.3　明框玻璃幕墙安装的允许偏差和检验方法

项次	项　目		允许偏差/mm	检验方法
1	幕墙垂直度	幕墙高度≤30 m	10	用经纬仪检查
		30 m<幕墙高度≤60 m	15	
		60 m<幕墙高度≤90 m	20	
		幕墙高度>90 m	25	
2	幕墙水平度	幕墙幅宽≤35 m	5	用水平仪检查
		幕墙幅宽>35 m	7	
3	构件直线度		2	用 2 m 靠尺和塞尺检查

续表

项次	项目		允许偏差/mm	检验方法
4	构件水平度	构件长度≤2 m	2	用水平仪检查
		构件长度>2 m	3	
5	相邻构件错位		1	用钢直尺检查
6	分格框对角线长度差	对角线长度≤2 m	3	用钢尺检查
		对角线长度>2 m	4	

⑨隐框、半隐框玻璃幕墙安装的允许偏差和检验方法应符合表 8.4 的规定。

表 8.4　隐框、半隐框玻璃幕墙安装的允许偏差和检验方法

项次	项目		允许偏差/mm	检验方法
1	幕墙垂直度	幕墙高度≤30 m	10	用经纬仪检查
		30 m<幕墙高度≤60 m	15	
		60 m<幕墙高度≤90 m	20	
		幕墙高度>90 m	25	
2	幕墙水平度	层高≤3 m	3	用水平仪检查
		层高>3 m	5	
3	幕墙表面平整度		2	用 2 m 靠尺和塞尺检查
4	板材立面垂直度		2	用垂直检测尺检查
5	板材上沿水平度		2	用 1 m 水平尺和钢直尺检查
6	相邻板材板角错位		1	用钢直尺检查
7	阳角方正		2	用直角检测尺检查
8	接缝直线度		3	拉 5 m 线,不足 5 m 拉通线,用钢直尺检查
9	接缝高低差		1	用钢直尺和塞尺检查
10	接缝宽度		1	用钢直尺检查

任务单元 8.2　金属幕墙工程施工

　　金属幕墙是一种新型的建筑幕墙形式,是将玻璃幕墙中的玻璃更换为金属板材的一种幕墙形式,但由于面材的不同,二者之间又有很大的区别。由于金属板材具有优良的加工性能,具有色彩的多样及良好的安全性,可以任意增加凹进和凸出的线条,而且可以加工各种形式的曲线线条,能完全适应各种复杂造型的设计,给建筑师以巨大的发挥空间,因此备受

建筑师的青睐,近年来获得了突飞猛进的发展,如图8.13所示。

图 8.13　金属幕墙

8.2.1　材料及机具

1)材料

（1）板材

金属幕墙的板材主要有铝合金单板（简称单层铝板）、铝塑复合板和铝合金蜂窝板（简称蜂窝铝板,如图8.14所示）。铝合金板材应达到国家相应标准及设计的要求,并应有出厂合格证。

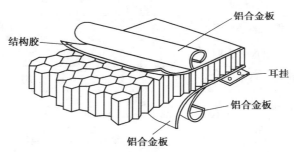

图 8.14　蜂窝铝板构造

铝复合板是由内外两层均为0.5 mm厚的铝板中间夹持2~5 mm厚的聚乙烯或硬质聚乙烯发泡板构成。板面涂有氟碳材脂涂料,形成了一种坚韧、稳定的膜层,因此附着力和耐久性非常强,色彩丰富。板的背面涂有聚酯漆,以防止可能出现的腐蚀。铝复合板是金属幕墙早期出现时常用的面板材料。

单层铝板采用2.5 mm或3 mm厚铝合金板,外幕墙用单层铝板表面与铝复合板正面涂膜材料一致,膜层的坚韧性、稳定性、附着力和耐久性完全一致。单层铝板是继铝复合板之后的又一种金属幕墙常用面板材料,而且应用得越来越多。

蜂窝铝板是由两块铝板中间加蜂窝芯材黏结成的一种复合材料。根据幕墙的使用功能和耐久年限的要求可分别选用厚度为10 mm、12 mm、15 mm、20 mm和25 mm的蜂窝铝板。幕墙用的蜂窝铝板应为铝蜂窝,蜂窝的形状有正六角形、扁六角形、长方形、正方形、十字形、扁方形等。蜂窝芯材要经特殊处理（如对铝箔进行化学氧处理,其强度及耐蚀性能会有所增加),否则其强度低、寿命短。蜂窝芯材除铝箔外还有玻璃钢蜂窝和纸蜂窝,但实际中使用得不多。由于蜂窝铝板的造价很高,所以用量不大。如图 8.14 所示为蜂窝铝板构造。

铝合金板材(单层铝板、铝塑复合板、蜂窝铝板)表面进行氟碳树脂处理时,应符合下列规定:氟碳树脂含量不应低于 75%,海边及严重酸雨地区,可采用三道或四道氟碳树脂涂层,其厚度应大于 40 μm;其他地区,可采用两道氟碳树脂涂层,其厚度应大于 25 μm。氟碳树脂涂层应无气泡、裂纹、剥落等现象。幕墙用单层铝板厚度不应小于 2.5 mm。铝塑复合板上下两层铝合金板的厚度均应为 0.5 mm,铝合金板与夹心层的剥离强度标准值应大于 7 N/mm。蜂窝铝板应符合设计要求。厚度为 10 mm 的蜂窝铝板应由 1 mm 厚的正面铝合金板、0.5～0.82 mm 厚的背面铝合金板及铝蜂窝黏结而成;厚度在 10 mm 以上的蜂窝铝板,其正背面铝合金板厚度均应为 1 mm。

夹芯保温铝板与铝蜂窝板和铝复合板形式类似,只是中间的芯层材料不同,夹芯保温铝板芯层采用的是保温材料(岩棉等)。

不锈钢板有镜面不锈钢板、亚光不锈钢板、钛金板等。不锈钢板的耐久、耐磨性非常好,但过薄的板会鼓凸,过厚的钢板自重和价格又非常高,所以不锈钢板幕墙使用得不多,只是在幕墙的局部装饰上发挥着较大的作用。

彩涂钢板是一种带有有机涂层的钢板,具有耐蚀性好、色彩鲜艳、外观美观、加工成型方便等钢板原有的强度等优点,而且又独具成本较低的特点。彩涂钢板的基板为冷轧基板、热镀锌基板和电镀锌基板,涂层种类可分为聚酯、硅改性聚酯、偏聚二氟乙烯和塑料溶胶。彩涂钢板按表面状态可分为涂层板、压花板和印花板。彩涂钢板广泛用于建筑、家电和交通运输等行业,对于建筑业,主要用于钢结构厂房、机场、库房和冷冻等工业及商业建筑的屋顶、墙面和门等,民用建筑采用彩涂钢板的很少。

珐琅钢板的基材为厚 1.6 mm 的极低碳素钢板(其含碳量为 0.004,一般钢板含碳量是 0.060),它与珐琅层釉料的膨胀系数接近,烧制后不会产生张应力造成的翘曲和鼓凸现象,同时也提高了釉质与钢板的附着强度。珐琅钢板兼具钢板的强度与珐琅质的光滑和硬度,却没有玻璃的脆性,采用玻璃质混合料可调制成各种色彩、花纹。

(2)骨架材料

金属幕墙骨架是由横竖杆件排成的,主要材质为铝合金型材或型钢等。因型钢价格较便宜、强度高、安装方便,所以多数工程采用角钢或槽钢,但骨架应预先进行防腐处理。

幕墙采用的不锈钢宜采用奥氏体不锈钢材,其技术要求应符合设计要求和国家现行标准的规定。钢结构幕墙高度超过 40 m 时,钢构件宜采用高耐候结构钢,并应在其表面涂刷防腐材料。钢构件采用冷弯薄壁型钢时,壁厚不得小于 3.5 mm。

铝合金型材应符合设计要求和现行国家标准《铝合金建筑型材》(GB/T 5237—2008)中有关高精级的规定;铝合金的表面处理层厚度和材质应符合《铝合金建筑型材》的有关规定。

固定骨架的连接件主要有膨胀螺栓、铁垫板、垫圈、螺帽及与骨架固定的各种设计和安装所需要的连接件。各连接件均应符合设计要求,并应有出厂合格证,同时应符合现行国家标准的有关规定。

（3）建筑密封材料

幕墙采用的橡胶制品宜采用三元乙丙橡胶、氯丁橡胶；密封胶条应为挤出成形，橡胶块应为压膜成形。密封胶条的技术性能方法应符合设计要求和国家现行标准的规定。幕墙应采用中性硅酮耐候密封胶。同一幕墙工程应采用同一品牌的硅酮结构密封胶和硅酮耐候密封胶配套使用，其性能应符合有关规定。

（4）硅酮结构密封胶

幕墙应采用中性硅酮结构密封胶。硅酮结构密封胶分单组分和双组分，其性能应符合现行国家标准《建筑用硅酮结构密封胶》（GB 16776）的规定。同一幕墙工程应采用同一品牌的单组分或双组分的硅酮结构密封胶，并应有保质年限的质量证书和无污染的实验报告。

2）主要机具

金属幕墙施工主要机具有：切割机、成型机、弯边机具、砂轮机、连接金属板的手提电钻、混凝土墙打眼电钻等。

8.2.2　金属幕墙的类型及构造组成

从构造上可将金属幕墙分为金属单层板幕墙、铝合金蜂窝板幕墙、铝塑复合板幕墙和金属扣板幕墙等4种。

1）金属单层板幕墙

金属单层板幕墙面板可以是彩涂钢板、珐琅钢板或铝合金单层板，其中铝合金单层板是最常用的金属幕墙面板之一。如图8.15所示，铝合金单层板多为长方形板块，有上百种颜色可供选择，还可根据需要制成圆形、弧形等各种形状。

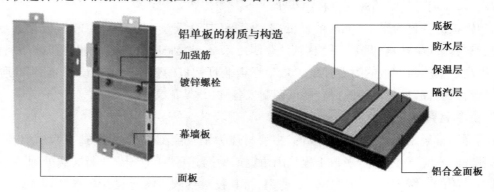

铝单板的材质与构造
加强筋
镀锌螺栓
幕墙板
面板

底板
防水层
保温层
隔汽层
铝合金面板

图 8.15　铝合金单层板

图8.16为铝合金单层幕墙的一种安装构造，它由型钢或铝合金型材组成骨架，并固定于建筑物的基体上，再将铝合金单层板与骨架连接，在板块之间形成的结构缝填充泡沫，并用密封胶密封。

另外一种安装构造为：铝合金单层板呈凹槽形状，为使板块适应较大规格的外墙装饰，常在板的背面加筋，加铝合金方框，以增加其强度，使每块板面的最大尺寸达到 1 600 mm×4 500 mm。在板的边缘拉铆固定 L 形角铝（称为挂耳），通过它可与骨架连接固定。

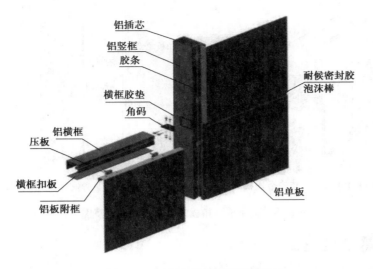

图 8.16 铝合金单层幕墙安装构造

2)铝合金蜂窝板幕墙

铝合金蜂窝板的外层为铝合金薄板,中间夹层为蜂窝状结构芯,由铝箔纤维复合材料制成。其安装构造与铝合金单层板幕墙相同,如图 8.17 所示。

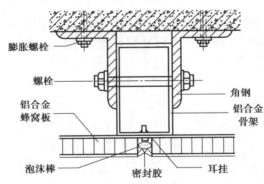

图 8.17 铝合金蜂窝板幕墙构造示意图

3)铝塑复合板幕墙

铝塑复合板也称夹芯铝合金复合板,板的表层为铝合金薄板,中间夹层为聚乙烯芯材,有单面和双面之分,板的厚度为 4~6 mm。铝塑复合板幕墙的安装构造与隐框玻璃幕墙相同。

4)金属扣板幕墙

金属扣板幕墙由金属扣板、龙骨和连接配件等组成。金属扣板也称金属企口板,因板的两边带有企口,故必须安装在特制的龙骨内。龙骨是由不锈钢钢片制成的,呈凹槽梯形状,一端带有卡口,另一端及两侧设有各种安装固定孔。连接配件在幕墙中起连接和固定的作用。金属幕墙扣板龙骨的安装构造示意图如图 8.18 所示。

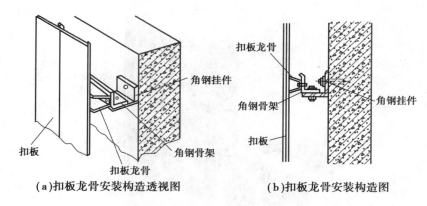

（a)扣板龙骨安装构造透视图　　　　　　（b)扣板龙骨安装构造图

图8.18　金属幕墙扣板龙骨安装构造示意图

8.2.3　金属幕墙的施工

（1）安装施工流程

金属幕墙的安装施工流程如下：建筑主体结构验收合格→放基准线→复测调整预埋件→安装固定铁码→金属横梁、竖梁安装→防雷、防火、保温层安装→金属板块安装→封边及收口→清洁胶缝并注胶→清洗→自检→验收。

（2）测量放线

首先根据设计图纸的要求和几何尺寸，对镶贴金属饰面板的墙面进行吊直、套方、找规矩，并依次实测和弹线，确定饰面墙板的尺寸和数量。在施工前应检查放线是否正确，用经纬仪对立柱、横梁进行贯通测量，尤其是对建筑转角、变形缝、沉降缝等部位进行详细测量放线。

（3）安装骨架和连接件

骨架的横、竖杆件是通过连接件与结构固定的，而连接件与结构之间，可以与结构的预埋件焊牢，也可以在墙上打膨胀螺栓。因后一种方法比较灵活，尺寸误差较小，容易保证位置的准确性，因此实际施工中采用得比较多。安装连接件必须按设计图加工，表面处理按现有国家标准的有关规定进行。连接件焊接时，应采用对称焊，以控制因焊接产生的变形。焊缝不得夹渣和气孔，敲掉焊渣后，对焊缝应进行防腐处理。

（4）固定骨架

骨架应预先进行防腐处理；安装骨架位置要准确，结合要牢固；安装后应全面检查中心线、表面标高等。对高层建筑外墙，为了保证饰面板的安装精度，宜用经纬仪对横、竖杆件进行贯通，对变形缝、沉降缝等作妥善处理。

立柱与连接件的连接应采用不锈钢螺栓，在立柱与连接件的接触面应防止金属电解腐蚀。横梁与立柱连接后，用密封胶密封间隙。所有不同金属接触面上都应防止金属电解腐蚀。

防锈处理不能在潮湿、多雾及阳光直接暴晒下进行，不能在尚未完全干燥或蒙尘的表面上进行。涂第二层防锈漆或以后涂防锈漆时，应确定之前的涂层已经固化，其表面已经砂纸打磨光滑。涂漆应表面均匀，勿使角部及接口处涂漆过量。在涂漆未完全干透时，不应在涂漆处进行其他施工。

（5）防火、防雷节点处理

防火材料的抗火期要达到设计要求，用镀锌钢板固定防火材料。幕墙框架应具有良好的防雷连接，使幕墙框架应具有连续而有效的电传导性。同时，还要使幕墙防雷系统与建筑物防雷系统有效连接，幕墙防雷系统应直接接地，不应与供电系统共用一地线。

（6）金属板的安装

金属板表面应平整、光滑，无肉眼可见的变形、波纹和凹凸不平，金属板无严重表观缺陷和色差。金属面板安装前，应检查对角线及平整度，并用清洁剂将金属板靠室内面一侧及框表面清洁干净。墙板的安装顺序是：从每面墙的上部竖向第 1 排下部第 1 块板开始，自下而上安装，安装完该面墙的第 1 排再安装第 2 排，每安装铺设完 10 排墙板后应吊线检查一次，以便及时消除误差。

（7）收口处理

水平部位的压顶、端部的收口、伸缩缝的处理、两种不同材料的交接处理等，不仅关系到装饰效果，而且对使用功能也有较大的影响，一般多用特制的两种材质性能相似的成型金属板进行妥善处理。

构造比较简单的转角处理方法，大多是用一条厚度为 0.5 mm 的直角形金属板，与外墙板用螺栓连接固定牢。

窗台及女儿墙的上部，均属于水平部位的压顶处理，即用铝合金板盖住，使之能阻挡风雨浸透。水平桥的固定，一般先在基层焊上钢骨架，然后用螺栓将盖板固定在骨架上。盖板之间的连接是采取搭接的方法，高处压低处，搭接宽度应符合设计要求，并用胶密封。

窗台边缘部位的收口处理，是用颜色相似的铝合金成型板将墙板端部及龙骨部位封住。墙面下端的收口处，是用一条特制的披水板将板的下端封住，同时将板与墙之间的缝隙盖住，防止雨水渗入室内。

伸缩缝、沉降缝的处理，首先要适应建筑物伸缩、沉降的需要，同时也应考虑装饰效果。另外，此部位也是防水的薄弱环节，其构造点应周密考虑，一般可用氯丁橡胶带起连接、密封作用。

墙板的外、内包角及钢窗周围的泛水板等需在现场加工的异形件，应参考图纸，对安装好的墙面进行实测套足尺，确定其形状尺寸，使其加工准确、便于安装。

8.2.4 质量标准

建筑高度不大于 150 m 的金属幕墙工程，其质量验收标准如下：

1）主控项目

①金属幕墙工程所使用的各种材料和配件，应符合设计要求及国家现行产品标准和工程技术规范的规定。

检验方法：检查产品合格证书、性能检测报告、材料进场验收记录和复验报告。

②金属幕墙的造型和立面分格应符合设计要求。

检验方法：观察，尺量检查。

③金属面板的品种、规格、颜色、光泽及安装方向应符合设计要求。

检验方法：观察，检查进场验收记录。

④金属幕墙主体结构上的预埋件、后置埋件的数量、位置及后置埋件的拉拔力必须符合设计要求。

检验方法:检查拉拔力检测报告和隐蔽工程验收记录。

⑤金属幕墙的金属框架立柱与主体结构预埋件的连接、立柱与横梁的连接、金属面板的安装必须符合设计要求,安装必须牢固。

检验方法:手扳检查,检查隐蔽工程验收记录。

⑥金属幕墙的防火、保温、防潮材料的设置应符合设计要求,并应密实、均匀、厚度一致。

检验方法:检查隐蔽工程验收记录。

⑦金属框架及连接件的防腐处理应符合设计要求。

检验方法:检查隐蔽工程验收记录和施工记录。

⑧金属幕墙的防雷装置必须与主体结构的防雷装置可靠连接。

检验方法:检查隐蔽工程验收记录。

⑨各种变形缝、墙角的连接节点应符合设计要求和技术标准的规定。

检验方法:观察,检查隐蔽工程验收记录。

⑩金属幕墙的板缝注胶应饱满、密实、连续、均匀、无气泡,宽度和厚度应符合设计要求和技术标准的规定。

检验方法:观察,尺量检查,检查施工记录。

⑪金属幕墙应无渗漏。

检验方法:在易渗漏部位进行淋水检查。

2)一般项目

①金属板表面应平整、洁净、色泽一致。

检验方法:观察。

②金属幕墙的压条应平直、洁净、接口严密、安装牢固。

检验方法:观察,手扳检查。

③金属幕墙的密封胶缝应横平竖直、深浅一致、宽窄均匀、光滑顺直。

检验方法:观察。

④金属幕墙上的滴水线、流水坡向应正确、顺直。

检验方法:观察,用水平尺检查。

⑤每平方米金属板的表面质量和检验方法应符合表 8.5 的规定。

表 8.5　每平方米金属板的表面质量和检验方法

项次	项　目	质量要求	检验方法
1	明显划伤和长度>100 mm 的轻微划伤	不允许	观察
2	长度≤100 mm 的轻微划伤	≤8 条	用钢尺检查
3	擦伤总面积	≤500 mm^2	用钢尺检查

⑥金属幕墙安装的允许偏差和检验方法应符合表 8.6 的规定。

表 8.6　金属幕墙安装的允许偏差和检验方法

项次	项　目		允许偏差/mm	检验方法
1	幕墙垂直度	幕墙高度≤30 m	10	用经纬仪检查
		30 m<幕墙高度≤60 m	15	
		60 m<幕墙高度≤90 m	20	
		幕墙高度>90 m	25	
2	幕墙水平度	层高≤3 m	3	用水平仪检查
		层高>3 m	5	
3	幕墙表面平整度		2	用 2 m 靠尺和塞尺检查
4	板材立面垂直度		3	用垂直检测尺检查
5	板材上沿水平度		2	用 1 m 水平尺和钢直尺检查
6	相邻板材板角错位		1	用钢直尺检查
7	阳角方正		2	用直角检测尺检查
8	接缝直线度		3	拉 5 m 线,不足 5 m 拉通线,用钢直尺检查
9	接缝高低差		1	用钢直尺和塞尺检查
10	接缝宽度		1	用钢直尺检查

任务单元 8.3　石材幕墙工程施工

随着建筑业的发展,建筑装饰材料可谓百花齐放、争奇斗艳,其中,石材以其自然、厚重、华贵等独特的优势,创造出越来越多或端庄或华贵或纯朴自然或富丽堂皇的建筑,因此被广泛应用于建筑外墙、室内外地面、墙面等。

根据不同的土建结构,石材幕墙的龙骨支撑方式分为支座式、钢龙骨支撑、钢铝龙骨结合支撑和全铝龙骨,目前普遍采用的是第二种方式。

典型的石材幕墙应由面板、横梁和立柱组成,其横梁连接在立柱上,立柱通过角码、螺栓连接在预埋件上,从而具有三向调整的能力。

8.3.1　石材幕墙的类型

石材幕墙是一种独立的围护结构系统,根据施工方法分为湿挂法(使用水泥砂浆将石材与墙体黏结)和干挂法。在当今施工中应用最多是干挂石材幕墙,它利用金属挂件将石材面板吊挂在与主体结构连接的金属骨架上。干挂石材幕墙按安装形式又分为挂钩式(板托式)和背栓式两大类。

1)挂钩式

挂钩式干挂石材是利用不锈钢挂件(或铝合金挂件)插入开好的石材边槽中,用环氧树脂胶或干挂快干胶黏结在槽内,用螺栓固定在安装好的金属骨架上(短槽式、通槽式、销钉式),如图8.19所示。

(a)短槽式　　　　　　　　(b)通槽式　　　　　　　　(c)销钉式

图8.19　挂钩式石材幕墙

　　①短槽式:短槽式挂法一般采用T形挂件或蝶形挂件(材质分不锈钢或铝合金),在每块石板上下边应各开两个短平槽,短平槽长度不小于100 mm,在有效长度内槽深度不宜小于15 mm,开槽宽度宜为6~8 mm,挂件厚度大于3 mm。

　　②通槽式:通槽式挂法一般采用铝合金SE组合挂件(部分采用T形或蝶形挂件),在每块石板上下边开通长槽,槽深度小于15 mm,开槽宽度宜为6 mm,挂件厚度大于4 mm。

　　③销钉式:销钉式石材干挂技术是石材幕墙的第一代产品,在石板的上下端面钻孔,采用托板与销钉固定。此结构简便,但施工难度较大,易产生打孔错位等问题。

2)背栓式

　　背栓式石材幕墙是目前国际较先进的技术,是国内石材幕墙技术发展的方向。背栓式用专用的柱锥式锚栓,在石材的背面钻孔(必须采用专用锥式钻头和钻机),保证准确的钻孔深度和尺寸,使锚栓被无膨胀力地装入圆锥形孔内紧固,然后挂于安装好的骨架上,如图8.20和图8.21所示。

背栓式石材幕墙内视效果　　　　　　　　背栓式石材幕墙外视效果

图8.20　背栓式石材幕墙视觉效果

背栓式石材幕墙的连接强度高,板块抗变形能力强,且板块破损后可实现更换,其特点如下:

　　①采用专用设备加工,精度高。

　　②石材背面采用不锈钢锚栓连接,实现无应力锚固,连接强度高。

　　③装配结构采用挂式,安装方便,并可实现三维方向调整,板块抗变位能力强,满足抗震性能要求。

图 8.21　背栓式石材幕墙锚栓安装、固定示意

④维修性能好,可随时更换破损石材板块。

⑤因板面承受荷载性能优良,更加适用于气候条件恶劣,荷载较大的高层建筑。

8.3.2　材料及机具

1)石材幕墙材料

(1)石材选用

应根据设计要求确定石材的品种、颜色、花色和尺寸规格,并严格控制、检查其抗折、抗拉及抗压强度,吸水率、耐冻融循环等性能。

①石材板质:幕墙石材宜采用火成岩,即花岗岩。因花岗岩的主要结构物质是长石和石英,具有质地坚硬、耐酸碱、耐腐蚀、耐高温、耐日晒雨淋、耐冰冻及耐磨性好等特点,故而较适宜用作建筑物的外饰面,也就是作为幕墙的饰面板材。

②板材厚度:幕墙石材的常用厚度为 25~30 mm,为满足强度计算的要求,幕墙石板的厚度最薄不得小于 25 mm。

火烧石板的厚度应比抛光石板的厚度尺寸大 3 mm。石材经火烧加工后,在板材表面形成细小的不均匀麻坑效果而影响了板材厚度,同时也影响了板材的强度,故规定在设计计算强度时,对同厚度火烧板一般需要按减薄 3 mm 进行。

③因石材是天然性材料,对于内伤或微小的裂纹有时用肉眼很难看清,但在使用时会埋下安全隐患。因此,设计时应考虑到天然材料的不可预见性,在石材幕墙立面划分时,单块板面积不宜大于 1.5 m^2。

(2)板材表面处理

石材的表面处理方法应根据环境和用途决定,其表面应采用机械加工,加工后的表面应用高压水冲洗或用水和刷子清理。严禁用溶剂型的化学清洁剂清洗石材,因为石材是多孔的天然材料,一旦使用溶剂型的化学清洁剂就会有残余的化学成分留在微孔内,与工程密封材料及黏结材料会起化学反应而造成饰面污染后果。

2)骨架及连接材料

(1)金属构架

用于幕墙的钢材有不锈钢、碳素钢、低合金钢、耐候钢、钢丝绳和钢绞线。

低碳钢 Q235 主要用于制作钢结构件和连接件(预埋件、角码、螺栓等),是应用最广泛的钢材。石材幕墙的金属构架主要采用低碳钢 Q235,高于 40 m 的幕墙结构,钢构件宜采用高耐候结构钢。

石材幕墙钢架主要由横梁和立柱组成,一般情况下,横梁主要采用角钢,立柱采用槽钢(有时也采用桁架)。至于选用多大的型钢、立柱布置间距如何确定,必须进行受力分析和计算。

钢型材应该符合设计及《钢结构设计规范》的要求,并应具有钢材厂家出具的质量证明书或检验报告,其化学成分、力学性能及其他质量要求必须符合国家标准的相关规定。

(2)连接件

石材幕墙的连接件主要用于石材与角钢的连接、角钢与槽钢的连接、槽钢与预埋支座的连接,如图 8.22 所示。

图 8.22　连接件示意图

(3)支座预埋件

支座埋件应在主体结构浇注水泥之前与主体结构配筋同时预埋。

对于未设预埋件、预埋件漏放、预埋件偏离设计位置太远、设计变更或是旧建筑加装幕墙等情况而采用锚固螺栓(膨胀螺栓或化学螺栓)时,应注意满足下列要求:

①采用质量可靠的品牌,有检验证书、出厂合格证和质量保证书。

②用于立柱与主体结构连接的后加螺栓,每处不少于 2 个,直径不小于 10 mm,长度不小于 110 mm,螺栓应为不锈钢或热镀锌碳素钢产品。

③必须进行现场拉拔试验,有试验合格报告书。

④优先设计成螺栓受剪的节点形式。

⑤螺栓承载力不得超过厂家规定的承载力,并要按厂家规定的方法进行计算。

(4)辅助材料

①合成树脂胶黏剂:用于粘贴石材背面的柔性背衬材料,要求具有防水和耐老化性能。

②玻璃纤维网格布:石材的背衬材料。

③防水胶泥:用于密封连接件。

④防污胶条:用于石材边缘,以防止污染。

⑤嵌缝膏:用于嵌填石材接缝。

⑥罩面涂料:用于大理石表面,防风化、防污染。

3)主要工具

石材幕墙的主要机具有:台钻、无齿切割锯、冲击钻、手枪钻、力矩扳手、开口扳手、嵌缝枪、尺、锤子、凿子、勾缝溜子等。

8.3.3 石材幕墙的施工

1)安装施工流程

安装施工流程如下:施工人员进场→测量放线→复检预埋件→偏差修正处理→连接件安装→钢架安装→挂件安装→避雷系统安装→石材安装→嵌缝、打胶→清洁→石材防护→自检→验收。

2)施工方法

（1）测量放线

①测量放线工依据总包单位提供的基准点线和水准点,用全站仪在底楼放出外控制线,用激光垂直仪将控制点引至标准层顶层进行定位。依据外控制线以及水平标高点,定出幕墙安装控制线。为保证不受其他因素影响,垂直钢线每两层一个设固定支点,水平钢线每4 m设一个固定支点。填写测量放线记录表,报监理验收,验收后进入下道工序。

②将各洞口相对轴线标高尺寸全部量出来。

③结构弹线。

④立柱的安装应依据放线的位置进行。安装立柱施工一般是自下而上安装。放线组施工人员首先应在预埋件上依据施工图标高尺寸弹出各层间的横向墨线,作为定位基准线。

（2）转接件安装

根据设计要求和预埋件所弹控制线进行转接件安装。转接件是通过不锈钢螺栓固定在埋件上的,安装时必须保证转接件的标高及前后、左右偏差,如超过偏差允许范围,则要进行调整。

（3）钢骨架安装

①先对照施工图检查钢管立柱的加工孔位是否正确,然后用螺栓连接钢管立柱与连接件。将钢管立柱吊到安装部进行安装,先将螺栓与转接件连接,进行初紧,然后进行调节。

②钢管就位后,依据测量组所布置的钢丝线进行调节,依据施工图进行安装检查,各尺寸符合要求后,对钢管进行直线的检查,确保钢管立柱的轴线偏差满足要求。

③钢管立柱安装好后,开始安装槽钢横梁,用角码和螺栓安装到钢管立柱上。

（4）钢挂件安装

将钢挂件型材按图纸设计下料、打孔,然后将钢挂件通过螺栓固定在角钢上,二者之间用橡胶垫片连成一体,依据控制线进行标高的左右调节。

（5）石材的安装

①为减少石材表面跟水和大气的接触,避免污物附在石材上,以保持石材的美观及延长其使用寿命。在石材进场前,要先进行石材防水、防污的处理,刷石材表面防护剂,避免施工过程中石材受到污染。

②花岗岩板片检查合格后依据垂直钢丝线与横向鱼丝线进行挂板,角位与玻璃幕墙连接的地方应由技术较高人员进行安装,安装后大面积铺开。

③石材进行试挂,并调整,进行花岗岩安装。在安装过程中,如有一块板材四个角不在同一平面,往往会造成一块石材安装不在同一平面上,此时应利用公差法进行调整。若三个

角与相邻板在一平面,其中一个角凹入 1 mm,则整个板向外调 0.5 mm。

（6）石材打胶防护

①花岗岩安装后,先清理板缝,特别要将板缝周围的干挂胶打磨干净,然后嵌入泡沫条。

②泡沫条嵌好后,贴上防污染的美纹纸,避免密封胶渗入石材造成污染。贴美纹纸应保证缝宽一致,待打胶完成、密封胶半干后撕下美纹纸。

③美纹纸贴完后进行打胶,胶缝要求宽度均匀、横平竖直,缝表面光滑平整。

④用两根角铝靠在打胶、刮胶部位,但要注意缝宽。

⑤采用橡胶刮刀进行刮胶,刮刀应能根据大小、形状任意切割。

8.3.4 质量标准

建筑高度不大于 100 m、抗震设防烈度不大于 8 度的石材幕墙工程,其质量验收标准如下:

1）主控项目

①石材幕墙工程所用材料的品种、规格、性能等级,应符合设计要求及国家现行产品标准和工程技术规范的规定。石材的弯曲强度不应小于 8.0 MPa,吸水率应小于 0.8%。石材幕墙的铝合金挂件厚度不应小于 4.0 mm,不锈钢挂件厚度不应小于 3.0 mm。

检验方法:观察,尺量检查,检查产品合格证书、性能检测报告、材料进场验收记录和复验报告。

②石材幕墙的造型、立面分格、颜色、光泽、花纹和图案应符合设计要求。

检验方法:观察。

③石材孔、槽的数量、深度、位置、尺寸应符合设计要求。

检验方法:检查进场验收记录或施工记录。

④石材幕墙主体结构上的预埋件和后置埋件的位置、数量,以及后置埋件的拉拔力必须符合设计要求。

检验方法:检查拉拔力检测报告和隐蔽工程验收记录。

⑤石材幕墙金属框架立柱与主体结构预埋件的连接、立柱与横梁的连接、连接件与金属框架的连接、连接件与石材面板的连接必须符合设计要求,安装必须牢固。

检验方法:手扳检查,检查隐蔽工程验收记录。

⑥金属框架的连接件和防腐处理应符合设计要求。

检验方法:检查隐蔽工程验收记录。

⑦石材幕墙的防雷装置必须与主体结构防雷装置可靠连接。

检验方法:观察,检查隐蔽工程验收记录和施工记录。

⑧石材幕墙的防火、保温、防潮材料的设置应符合设计要求,填充应密实、均匀、厚度一致。

检验方法:检查隐蔽工程验收记录。

⑨各种结构变形缝、墙角的连接节点应符合设计要求和技术标准的规定。

检验方法:检查隐蔽工程验收记录和施工记录。

⑩石材表面和板缝的处理应符合设计要求。

检验方法:观察。

说明:目前石材幕墙在石材表面处理上有不同做法,有些工程设计要求在石材表面涂刷保护剂,形成一层保护膜,有些工程设计要求石材表面不作任何处理,以保持天然石材本色的装饰效果。另外,在石材板缝的做法上也有开缝和密封缝的不同做法,在施工质量验收时应注意符合设计要求。

⑪石材幕墙的板缝注胶应饱满、密实、连续、均匀、无气泡,板缝宽度和厚度应符合设计要求和技术标准的规定。

检验方法:观察,尺量检查,检查施工记录。

⑫石材幕墙应无渗漏。

检验方法:在易渗漏部位进行淋水检查。

2)一般项目

①石材幕墙表面应平整、洁净,无污染、缺损和裂痕,颜色和花纹应协调一致,无明显色差,无明显修痕。

检验方法:观察。

说明:石材幕墙要求石板不能有影响其弯曲强度的裂缝。石板进场安装前应进行试拼,拼对石材表面花纹纹路,以保证幕墙整体观感无明显色差,石材表面纹路协调美观。天然石材的修痕应力求与石材表面质感和光泽一致。

②石材幕墙的压条应平直、洁净、接口严密、安装牢固。

检验方法:观察,手扳检查。

③石材接缝应横平竖直、宽窄均匀;阴阳角石板压向应正确,板边合缝应顺直;凸凹线出墙厚度应一致,上下口应平直;石材面板上洞口、槽边应套割吻合,边缘应整齐。

检验方法:观察,尺量检查。

④石材幕墙的密封胶缝应横平竖直、深浅一致、宽窄均匀、光滑顺直。

检验方法:观察。

⑤石材幕墙上的滴水线、流水坡向应正确、顺直。

检验方法:观察,用水平尺检查。

⑥每平方米石材的表面质量和检验方法应符合表8.7的规定。

表8.7 每平方米石材的表面质量和检验方法

项次	项 目	质量要求	检验方法
1	明显划伤和长度>100 mm的轻微划伤	不允许	观察
2	长度≤100 mm的轻微划伤	≤8条	用钢尺检查
3	擦伤总面积	≤500 mm^2	用钢尺检查

⑦石材幕墙安装的允许偏差和检验方法应符合表8.8的规定。

表 8.8 石材幕墙安装的允许偏差和检验方法

项次	项 目		允许偏差/mm		检验方法
			光面	麻面	
1	幕墙垂直度	幕墙高度≤30m	10		用经纬仪检查
		30 m<幕墙高度≤60 m	15		
		60 m<幕墙高度≤90 m	20		
		幕墙高度>90 m	25		
2	幕墙水平度		3		用水平仪检查
3	板材立面垂直度		3		用水平仪检查
4	板材上沿水平度		2		用 1 m 水平尺和钢直尺检查
5	相邻板材板角错位		1		用钢直尺检查
6	阳角方正		2	3	用垂直检测尺检查
7	接缝直线度		2	4	用直角检测尺检查
8	接缝高低差		3	4	拉 5 m 线,不足 5 m 拉通线,用钢直尺检查
9	接缝宽度		1	—	用钢直尺和塞尺检查
10	板材立面垂直度		1	2	用钢直尺检查

学习情境小结

本学习情境对建筑幕墙工程的施工技术进行了全面阐述,对玻璃幕墙、石材幕墙、金属幕墙这三类幕墙的施工及验收展开了详细讲解,主要包括这三种常见类型的幕墙装饰施工的材料机具要求、施工工艺及质量验收标准。本章的教学目标是掌握幕墙工程的施工技能,解决幕墙工程施工过程中的实际问题,掌握施工操作要点和质量要收标准。

习题 8

1.常见的玻璃幕墙有哪些? 它们各自有哪些特性?

2.玻璃幕墙按其结构分为哪几类? 各有什么特点?

3.简述无框全玻璃幕墙施工工艺及安装要点。

4.何为点式玻璃幕墙? 其材料及性能要求有哪些?

5.金属幕墙根据构造可分为哪几种类型?

6.金属幕墙的施工操作要点有哪些? 简述其质量验收要求。

7.石材幕墙按连接形式可分为哪些类型? 简述其各自特点。

8.简述石材幕墙的施工工艺及质量验收标准。

参考文献

[1] 中华人民共和国建设部. 建筑装饰装修工程质量验收规范[S]. 北京:中国建筑工业出版社,2001.

[2] 中国建筑工程总公司.建筑装饰装修工程施工工艺标准[M]. 北京:中国建筑工业出版社,2003.

[3] 何亚伯.建筑装饰装修工程施工工艺标准手册[M]. 北京:中国建筑工业出版社,2010.

[4] 李继业,刘福臣,盖文梯.现代建筑装饰工程手册[M]. 北京:化学工业出版社,2005.

[5] 中华人民共和国建设部.住宅装饰装修工程施工工艺标准[S]. 北京:中国建筑工业出版社,2001.

[6] 李继业,邱秀梅.建筑装饰施工技术[M]. 北京:化学工业出版社,2005.

[7] 蔡红.建筑装饰装修构造[M]. 北京:机械工业出版社,2007.

[8] 马占有.建筑装饰施工技术[M]. 北京:机械工业出版社,2004.

[9] 王军,马军辉.建筑装饰施工技术[M]. 北京:北京大学出版社,2009.

[10] 吴贤国. 建筑装饰工程施工技术[M]. 北京:机械工业出版社,2003.

[11] 王朝熙.建筑装饰装修施工工艺标准手册[M]. 北京:中国建筑工业出版社,2004.